江苏省"十四五"职业教育规划教材
高等职业教育农业农村部"十三五"规划教材

动物病理 第五版

於　敏　周铁忠　主编

中国农业出版社
北　京

第五版编审人员

主　编　於　敏　周铁忠

副主编　董亚青　刘　云　龚云登　赵　莉

编　者　(以姓氏笔画为序)

孔春梅　刘　云　刘素贞　周铁忠

於　敏　赵　莉　郭　楠　龚云登

董亚青

审　稿　王子轼　吕英军

第三版编审人员

主　编　王子轼　周铁忠

副主编　刘　云　龚云登

编　者　(以姓氏笔画为序)

　　　　王子轼　孔春梅　刘　云　刘素贞

　　　　周铁忠　於　敏　龚云登

审　稿　徐向明

第四版编审人员

主　编　於　敏　周铁忠

副主编　董亚青　刘　云　龚云登　赵　莉

编　者　(以姓氏笔画为序)

　　　　孔春梅　刘　云　刘素贞　周铁忠

　　　　於　敏　赵　莉　郭　楠　龚云登

　　　　董亚青

审　稿　王子轼

第五版前言

  教材是体现教学内容和教学方法的知识载体，是课堂教学的基本工具，是实现教学目标的基本保证。根据《职业院校教材管理办法》《全国大中小学教材建设规划（2019—2022 年)》等要求，全面贯彻党的教育方针，落实立德树人根本任务，深入推进"三教"改革，我们在保留第四版教材精华内容的基础上对教材进行了修订，以期使其更加适应新时代技术技能人才培养的新要求，具有服务经济社会发展、产业转型升级、技术技能积累和文化传承创新的功能。

  本教材除绪论外，共分十五个项目，项目一至项目十二分别介绍了动物疾病的原因、基本病理现象的形成机理和病理变化特点等基础病理内容；项目十三至项目十五分别介绍了动物器官病理、临床病理和病理诊断技术。每个项目中除设有"教学目标""必备知识"外，还为学有余力的学生设立了"知识拓展"内容。为了满足"1＋X"职业资格证书的要求，每个项目的最后还增加了历年执业兽医师考试真题。本版教材在内容编排上尽量做到循序渐进，难易兼顾，语言叙述力求表达准确、简洁通俗。

  新时代的教材要全面贯彻党的教育方针，落实习近平新时代中国特色社会主义思想进教材，扎根中国大地，站稳中国立场，充分体现社会主义核心价值观。为此，教材修订时充分发掘课程思政内容，增加课程思政案例 4 个，融入课程思政内容的微课视频 4 个，分别从家国情怀、家庭美德、文化自信和理想信念等方面将专业知识与思想教育深度融合，学生可通过教材中的"思政园地"或扫描二维码进行自主学习。

为了充分发挥数字资源的优势，适应互联网＋和信息化教学的需要，本版教材在原有 39 个动画、21 个视频、100 多幅彩色图片的基础上，又增加了 20 余幅病理组织学图片，以培养学生识片、读片和病变分析能力，学生可通过扫描二维码进行自主学习。

教材编写分工如下：绪论、项目一、项目十四由董亚青（江苏农牧科技职业学院）、赵莉（江苏省丹阳市农业农村局）编写，项目二、项目十由刘素贞（温州科技职业学院）编写，项目三、项目九由於敏（江苏农牧科技职业学院）、郭楠（江苏淮安苏食肉品有限公司）编写，项目四、项目八、项目十一由刘云（黑龙江农业职业技术学院）编写，项目五、项目十三由龚云登（恩施职业技术学院）编写，项目六由周铁忠（锦州医科大学）编写，项目七、项目十二、项目十五由孔春梅（保定职业技术学院）编写，每个项目中的"实践应用"和"历年执业兽医师考试真题"由於敏（江苏农牧科技职业学院）编写。全书由於敏、周铁忠统稿，王子轼（江苏农牧科技职业学院）、吕英军（南京农业大学）对本书进行了审定。

本教材在编写过程中，参考了大量专业文献和资料，在此谨对文献、资料的作者表示衷心的感谢！由于编者水平有限，教材中难免会有不少缺点甚至谬误，敬请使用本教材的各位师生和读者不吝赐教，以便今后进一步完善。

编　者

2021 年 12 月

第一版前言

本教材是根据《教育部关于加强高职高专教育人才培养工作的意见》，中国农业出版社关于首批畜牧兽医、园林类农业高等职业教育教材主编会议精神，以及高职《动物病理教学大纲》的要求编写的。

本教材的编写，从农业高职高专的特色出发，结合我国农业产业结构调整的实际情况，以适应社会需要为目标，以阐明基本理论、强化应用为重点，在保持科学性和系统性的基础上，突出应用性、实践性的原则，以必须、够用为度，适当体现本学科的新理论、新技术，力争在一定程度上反映本学科的发展水平。

本教材包括绪论、理论、实训指导、实践操作技能考核项目四部分。共分23章，绪论、第1章、第3章及实训一、第6章、第17章、实践操作技能考核项目由陆桂平编写；第6章及实训四、第7章及实训五、第8章、第10章由李家瑞编写；第9章及实训六、第11章、第12章、第13章及实训七由李玉冰编写；第15章及实训八、第16章及实训九、第17章及实训十、第18章及实训十一由黄爱芳编写；第19章及实训十一、第20章及实训十三、第21章及实训十四、第22章及实训十五、23章及实训十六由姜八一编写；第2章、第4章及实训二、第5章及实训三、第14章、实践操作技能考核项目由杨慧萍编写。全书由陆桂平统稿，最后由扬州大学畜牧兽医学院许益民教授审阅定稿。

　　在教材编写过程中，由于我们水平有限，经验不足，时间仓促，书中缺点和不足之处，恳切希望广大师生和读者批评指正，以便今后进一步修订。

编　者

2001 年 3 月

第四版前言

《动物病理》自2001年第一版出版以来，经全国各涉农职业院校多年使用，师生反响良好，目前已经是第三版。为了适应新的教学改革的需求，培养从事生产、管理第一线的高素质、高技能应用型人才，我们在第三版的基础上进行了修订，以期使教材的结构和内容更加合理和完善。

本教材除绪论外，共分十六个项目，分别介绍了动物疾病的原因、基本病理现象的形成机理和病理变化特点、动物器官病理等。在临床病理这一项目中，就部分动物疾病的发病机理、病变特点作了介绍，并且增加了近年来国内外新发且危害较大的畜禽传染病的主要病变特征。内容编排上尽量做到循序渐进、难易兼顾，语言叙述力求表达准确、简洁通俗。在使用本教材过程中，可根据本地区实际和专业、学时不同等特点，进行适当调整。

为了适应"互联网＋"和信息化教学的需要，本教材修订时增加了动画39个、视频21个、彩色图片100多幅，学生可通过扫描每个项目中附带的二维码，在手机上实时观看教学动画和视频，更加直观生动地学习彩色图片中疾病病理变化特点。

教材编写分工如下：绪论、项目一、项目十五由董亚青（江苏农牧科技职业学院）、赵莉（江苏省丹阳市农业农村局）编写，项目二、项目

七、项目十一由刘素贞（温州科技职业学院）编写，项目三、项目四、实训指导由於敏（江苏农牧科技职业学院）、郭楠（江苏淮安苏食肉品有限公司）编写，项目五、项目十、项目十三由刘云（黑龙江农业职业技术学院）编写，项目六、项目十四由龚云登（恩施职业技术学院）编写，项目八由周铁忠（锦州医科大学）编写，项目九、项目十二、项目十六由孔春梅（保定职业技术学院）编写。全书由於敏、周铁忠统稿，王子轼（江苏农牧科技职业学院）教授对本书进行了审定。

　　本教材在编写过程中，参考了大量专业文献和资料，在此谨对文献、资料的作者表示衷心的感谢！由于编者水平有限，教材中肯定会有不少缺点和谬误，敬请使用本教材的各位师生和读者提出宝贵意见，以便今后进一步完善。

编　者
2019 年 1 月

目　录

绪　　论

动物病理是关于动物疾病的发生、发展规律及疾病过程中机体代谢、功能和形态结构变化的一门科学。通过阐述动物疾病的发生原因、发病机制、病变特点、疾病发展与转归的一般规律，为临床认识疾病的本质，科学地进行疾病防控提供坚实的理论和实践基础。

（一）动物病理的基本内容

根据高职人才培养目标，本教材主要包含基础病理、器官病理、临床病理和病理诊断技术四个方面的内容。

基础病理部分，主要讲述各种疾病中可能出现的共同的病理过程及其病因、发病机制、病理变化及转归等一般规律。内容包括局部血液循环障碍、损伤和修复、炎症、水肿、肿瘤、酸碱平衡紊乱、缺氧、黄疸、发热等，是发现和认识各种疾病的特殊规律和本质的基础。

器官病理着重介绍各个组织器官不同疾病的病因、发病机制、病理变化，以便加深认识和理解不同病变过程器官组织形态结构变化特征。

临床病理则从具体疾病出发，介绍了部分动物疾病的发病原因、发病机理和动物机体各器官主要病理变化特征，为初步接触临床实践进行具体疾病诊疗奠定基础。

病理诊断技术主要包括各种畜禽尸体剖检技术、病理组织切片制作技术和病理诊断综合分析。

上述四部分内容循序渐进，有着紧密的内在联系，不可分割。只有掌握了基础病理的理论知识和病理剖检技能，才能更好地识别器官病理变化，并运用到兽医临床，对动物疾病进行检查、分析。

（二）动物病理在兽医科学中的地位

动物病理是畜牧兽医类专业的一门重要的专业基础课。本课程以动物解剖生理、动物生物化学、动物微生物等知识为基础，研究分析疾病发生发展的基本规律，揭示疾病的本质，既有较强的理论性，又有很强的实践性，是联系兽医基础与临床之间的桥梁，起着承上启下的作用。其病变识别、病理分析、剖检技术等与动物临床均有着密切的联系，是学习兽医临床的重要基础，也是培养畜牧兽医类专业高技能人才的必修课程。

（三）动物病理研究方法和技术

动物病理研究的对象主要是患病动物或实验动物及病变的器官组织，根据不同的目的而采取不同的研究方法。随着科学技术的飞速发展，其研究方法和技术不断得到改进和丰富。

1. 临床病理学检查　对自然发病的动物，采集其血液、尿液、粪便等进行实验室检验及分析，以了解动物机体的发病原因及机制，协助临床诊断，判断治疗效果。

2. 活体组织检查　简称活检，即采用搔刮、夹取、穿刺等手术方法，从患病动物活体采取病料进行病理检查。本法的优点在于组织新鲜，能基本保持原有病变，有助于及时准确地对疾病做出诊断和进行疗效判断。特别是对性质不明的肿瘤性疾患，准确而及时的诊断，对治疗和预后都具有十分重要的意义。

3. 尸体剖检技术　运用病理知识和技能对患病或死亡动物进行解剖检查，是病理学的基本研究方法之一。通过尸体剖检，可以直接观察各系统、器官的病理改变，查明死亡原因，明确疾病的诊断，验证临床诊断和治疗是否正确，提高临床诊疗工作的质量。而且还能及时发现和确诊某些传染病、寄生虫病和地方病，通过大量尸检还可以积累常见病、多发病以及其他疾病的病理材料，为疾病诊断、防治提供可靠依据。根据剖检目的和条件，尸体剖检可以采用各种观察方法。

（1）大体观察。利用肉眼或借助于放大镜、量尺、各种衡器等辅助工具，对检材进行病变的宏观观察。包括病变组织器官大小、形状、颜色、质量、弹性、硬度、表面及切面状态、病灶特征等。然后根据观察结果，进行综合分析，对疾病的性质做出判断。这种方法简便易行，在动物疾病防控实践中尤为广泛运用。

（2）光镜观察。将病变组织制成切片或将病变部位脱落的细胞制成涂片并染色，置于光学显微镜下，观察其细微病变，大大提高了肉眼观察的分辨能力，从而加深了对疾病和病变的认识，提高了病理诊断的准确性。

利用组织化学法和免疫学方法，可以大大提高光镜的应用范围。如利用某些能与细胞化学成分特异性结合的显色剂，显示病变组织细胞的蛋白质、脂类、糖类、酶类、核酸等化学成分的状况，从而加深对形态结构改变的认识和代谢变化的了解。这种方法称细胞化学和组织化学法。它不仅可以揭示普通形态学方法所不能观察到的组织、细胞化学成分的变化，而且还可在出现形态结构改变之前，就能查出其化学成分的变化。此外，还可运用免疫组织化学和免疫细胞化学的方法，了解组织、细胞的免疫学性状，对于病理学研究和诊断都有很大帮助。

（3）电镜观察。应用透射和扫描电子显微镜观察组织、细胞及一些病原因子的内部和表面超微结构变化。即从亚细胞（细胞器）或大分子水平上认识和了解细胞的病变，为人们了解和认识细胞结构变化与代谢改变及疾病之间的关系提供了有利条件。

4. 动物实验　在人为控制条件下，在实验动物身上复制某些疾病的模型，以了解该疾病或某一病理过程的发生发展经过，从而在一定程度上为临床诊断提供科学依据和线索。此外，还可利用动物实验研究某些疾病的病因、发病机制以及药物或其他因素对疾病的疗效和影响等。

5. 组织培养与细胞培养 用适宜的培养基在体外培养某种组织或单细胞，以观察细胞、组织病变的发生、发展。也可通过施加诸如射线、药物等外来因子，以观察其对细胞、组织的影响。本方法还可进一步施行定性或定量的分析，进行形态学以及生物化学、免疫学、分子生物学等方面的观察。但孤立的体外环境与体内的整体环境不同，因此不能将研究结果与体内过程等同看待。

6. 分子生物学技术 是以蛋白质、核酸等生物大分子的结构和功能为研究对象的一系列现代研究和诊断方法。包括分析电镜技术、核酸分子杂交技术、聚合酶链反应（PCR）技术、流式细胞分析技术（FCM）、DNA测序、计算机图像分析技术等，将病理学的研究由常规的形态学观察，提高到了将形态结构改变与组织、细胞的化学变化相结合的方式，由原先的定性研究发展到对病理改变进行形态的和化学成分的定量研究，从而获得了大量的更多更新的信息，大大加深了疾病研究的深度。

（四）学习动物病理的方法和要求

动物病理是研究动物疾病的科学，通过本课程的学习，应能正确掌握病理检查常用方法和技能，正确识别常见病理变化，能够运用病理基本知识和理论于临床实践，分析判断动物疾病的性质，为疾病防治提供科学依据。为此，在学习过程中，应对如下几方面予以重视。

1. 注重实践 动物病理是一门理论性和实践性都很强的课程，理论是实践的基础，实践是理论的应用。实践包括两个方面：一是要通过病理标本观察、动物实验、尸体剖检等实践教学熟练掌握病理基本技能，如动物尸体剖检技术、器官组织病变检查识别技术；二是要利用病例，将所学知识和技能与兽医临床紧密结合，在实践中加深对理论知识的理解，提高分析和解决实际问题的能力。

2. 注重理解 疾病是一个极其复杂的过程。在致病因子和机体反应功能的相互作用下，患病机体相关器官组织的功能、代谢和形态结构都会发生各种改变。尽管这种变化复杂多样，但并非杂乱无章，总是有一定规律可循的。学习过程中，对疾病发生发展和转归的基本规律、各种病变的形成和基本特征，应运用联系的、发展变化的观点从理解上下工夫，切忌囫囵吞枣或死记硬背。只有理解消化了的知识，才能牢固掌握，应用自如。

3. 注重分析 如果说，病变的识别仅是对发生疾病的组织器官直观的、肤浅的认识，还停留在感性认识阶段，而只有通过病理分析，才能对病变的发生发展有一个较为全面而深刻的了解，上升为理性认识。因此，提高病理分析技术和能力，是学好动物病理的核心。

疾病是致病因子与动物机体互相作用的过程，各个系统、器官都会发生相应的机能、代谢甚至形态结构的改变。不同的病因可引起相同的病理变化，同一病因也可能会引起不同的病变，临床上往往是多种病变同时或相继出现。这就需要人们善于从复杂的表面现象中，由表及里，去伪存真，综合思考分析，从而对病因、病变性质得出可靠的结论，对疾病的发展趋势做出符合科学的预测。分析的过程既是对病理理论知识加深理解、消化的过程，也是一个临床应用、实践的过程。在观察、分析过程中，必须坚持以下几个观点。

（1）整体的观点。动物机体是一个完整统一的个体，通过神经与体液的调节，全身各系统、器官保持着密切联系、互相协调，以维持机体的健康状态。疾病过程中，当某一局部组织器官发生病变时，会影响机体其他部位甚至全身，如心力衰竭可引起全身淤血。有些疾病虽然是全身性的，但其主要病变可集中表现在某些局部组织器官，如脓毒败血症可在局部形成脓肿。局部与整体是互相联系，不可分割的。此外，畜体与外界环境也是一个统一体，很多疾病与水源、地质、气候变化、畜禽舍卫生状况等有着密切的关系。

分析过程中应从整体观念出发，将疾病看成是完整机体的全身性反应。局部病变既受着整体的影响，又同时影响着整体，两者之间有着不可分割的密切联系，只看局部而忽视整体是错误的，那只会导致错误的结论。

（2）运动的、发展的观点。任何疾病从开始到最终结局都是在不断运动变化着的，疾病过程中出现的任何病理现象也是不断变化的，病理标本只反映了疾病过程中某一时刻的状态，而不是整个疾病过程的全貌。因此，在观察任何病变时，都必须以运动的、发展的观点去分析和理解，既要看清它的现状，也要分析其病变产生的机制、最终结局，这样才能了解病变的全过程，掌握疾病的本质。

（3）相互联系的观点。任何病理变化的发生都不是孤立的，是许多因素相互作用的结果。各因素之间往往相互联系，互相影响，互为因果。学习与分析过程中，既要注意理解与病变发生发展相关的横向联系，如在病因作用下器官组织的形态、功能、代谢之间的关系；也应注意各病变之间的纵向联系，如一种病变往往会引发另一个病变过程，如贫血可以引起缺氧等。只有坚持联系的观点，明确各病变的相互关系，才能做到全面认识、正确分析病变。

（五）病理学发展简史

病理学发展的过程，是人类认识疾病的过程。从古希腊的医师希波克拉底（Hippocrates，约公元前 460—前 370）创立液体病理学说开始，经过 2 千多年的发展，到 18 世纪中叶，自然科学的急速发展促进了医学的进步，意大利医学家莫尔加尼（Morgagni，1682—1771）根据积累的尸检材料创立了器官病理学（organ pathology），提出器官病变与疾病关系，标志着病理形态学的开端。

19 世纪初，伴随显微镜技术、切片染色技术的发展，使人们有可能对组织细胞的形态学变化进行深入观察。法国学者克劳德·贝尔纳（Claud Bernard，1813—1902）首先采用实验生理学方法研究疾病的机能障碍和发生机制，成为病理生理学的创始人。德国病理学家鲁道夫·魏尔肖（Rudolf Virchow，1812—1902）在显微镜帮助下，创立了细胞病理学（cellular pathology），认为细胞结构病理障碍是一切疾病的基础，奠定了近代病理学的基础。

我国秦汉时期的《黄帝内经》、隋唐时代巢元方的《诸病源候论》、南宋时期宋慈的《洗冤集录》、清代王清任的《医林改错》等世界名著，对病理学的发展作出了很大的贡献。祖国医学对病因、病机有独特的认识，并形成了独特的理论体系。如病因有外因（六淫，即风寒暑湿燥火）、内因（七情，即喜怒忧思悲哀乐）；疾病的发生是内外因素作用的结果（阴阳失调、五行生克制化失常、脏腑功能紊乱等）；内脏器官的生理病理现象还会在体表、五官等处表现出来（即所谓脏象）。

　　病理的发展与自然科学特别是基础科学的发展和技术进步有着密切的联系。20世纪以来，随着自然科学和医学基础科学的飞跃发展，以及电子显微镜等各种先进技术的广泛采用，现代病理学迅猛兴起和发展，使人们对许多医学基础理论问题和许多疾病机制的认识，提高到一个新的水平，出现了许多边缘学科和分支。超微病理学、分子免疫学、分子遗传学的兴起和发展，使病理学不仅局限于细胞和亚细胞水平，而是逐渐深入到从分子水平，从遗传基因突变和染色体畸变等去认识有关疾病，研究疾病的起因和发病机制，这些对保护人类健康、促进畜牧业发展发挥了重大作用。

项目一
疾 病 概 论

能说出疾病的概念和疾病的基本特征；能根据不同病因的致病特点和疾病发生、发展的基本规律，在兽医临床中分析病因，并采取相应措施控制病因。

任务一 动物疾病的概念和特点

（一）什么是动物疾病

一般认为，动物疾病是指动物机体在致病因素作用下，发生的损伤和抗损伤过程。在致病因素作用下，体内各器官组织之间、机体与外界环境之间的相对稳定破坏、平衡失调，表现为一系列机能、代谢、形态变化，临床出现一系列症状和体征，造成生产能力下降，经济价值降低的现象，称为疾病。

疾病是相对于健康而言的。所谓健康，是指动物机体内部的结构和功能完整而协调，在神经体液的调节下，各系统、各器官、各组织细胞之间的活动相互协调，保持着相对稳定和动态平衡，同时机体与不断变化的外环境保持协调（即稳态）。

疾病过程中，在致病因素对机体损伤的同时，机体也会调动一切抵抗力量进行抗损伤反应。损伤与抗损伤的对比关系，决定了疾病的发展与转归。因此要采取适当的措施，消除致病因素造成的损伤，增强机体的抗损伤能力，"扶正"与"祛邪"并举，促使机体向健康方向转化。

（二）动物疾病的特点

1. 疾病是病因与机体相互作用的结果 任何疾病都有其特定的病因，没有原因的疾病是不存在的。虽然有些疾病的病因到目前为止尚未能发现，但随着科学技术的不断进步，人们认识水平的提高，这些疾病的病因也终将会被揭示。同时，疾病的发生又与机体本身抵抗力、诱发疾病的条件有密切的关系。所以，只有正确认识疾病的发生原因，才能有效地预防和治疗疾病。

2. 疾病是损伤和抗损伤矛盾斗争的过程 当致病因素作用于机体产生损伤时，也激发了机体的抗损伤反应。例如创伤后的愈合作用，感染时的炎性细胞浸润。损伤和抗损伤贯穿于疾病的全过程，双方力量的消长决定了疾病的转归（痊愈或死亡）。如果在这一矛盾斗争过程中，抗损伤反应占优势，则大多不以疾病的形式表现出来，即使出现，症状也较轻微；若致病因素产生的损伤过程占优势，机体的组织器官就会出现一系列功能、代谢和形态结构的变化，疾病逐渐恶化甚至导致死亡。

3. **疾病是动物机体的异常生命活动过程**　动物健康的标志是机体与外界环境的统一和体内各器官系统的精密协调。疾病发生时，机体的稳态将会被破坏，功能、代谢和形态结构也将发生变化，机体与外界环境之间平衡失调，机体处于异常生命活动过程中（如炎症中的发热、白细胞增生；缺氧时心跳、呼吸加快），严重时甚至危及生命。

4. **疾病的标志是生产性能和经济价值降低**　患病时，动物的产蛋量、产乳量、产肉率，以及动物的繁殖、使役能力等均会下降，甚至包括观赏动物的观赏性能都会明显降低。

5. **疾病是完整统一机体的反应**　畜禽机体是一个完整个体，任何疾病都可以表现为以局部或全身为主。二者在疾病过程中能相互影响，并可在一定条件下相互转化。局部疾病总是受神经与体液调节因素的影响，同时又通过神经和体液因素而影响到全身，引起全身功能和代谢变化。局部病变可以引起全身反应，如心力衰竭可导致全身淤血，肾炎可引起全身水肿；全身疾病可以在局部表现，如猪瘟导致脾边缘梗死，口蹄疫形成虎斑心；某一器官病变可影响另一器官，如慢性支气管炎可引起肺源性心脏病，神经损伤可导致局部肌肉萎缩等。在观察组织器官病变、分析疾病时，应从整体的、相互联系的观点出发，辩证地处理好疾病过程中局部和全身的相互关系。切不可只注意局部，忽视全身，那样就会陷入"头痛医头，脚痛医脚"的泥潭。

6. **疾病是一个有规律的发展过程**　疾病在其发展的不同阶段，有不同的变化，这是我们认识疾病的基础。这些变化之间往往有一定的因果联系。掌握了疾病发展变化的规律，不仅可以了解当时所发生的变化，而且可以预计它可能的发展和转归，及早采取有效的预防和治疗措施。

（三）病理过程及病理状态

1. **病理过程**　是指存在于不同疾病中但具有共同的功能、代谢和形态结构的变化特点。它本身无特异性，但它是构成特异性疾病的一个基本组成部分。例如，肺炎、脑炎以及所有其他炎症性疾病，都是以炎症这一病理过程为基础构成的，都可以表现为发热、白细胞增多等。病理过程可以局部表现为主，如血栓形成、栓塞、梗死、炎症等；也可以全身反应为主，如发热、休克等。一种疾病可以包含几种病理过程，如大叶性肺炎时含有炎症、发热、缺氧甚至休克等病理过程。

2. **病理状态**　是指疾病的主要症状已经消失，致病因素对机体的损害作用已经停止，但是机体的功能、代谢障碍和形态结构的损伤并未完全康复，往往留下某些持久性的、不再变化的损伤残迹。病理状态常是病理过程的后果。例如烧伤后的皮肤瘢痕，关节炎后的关节强直，慢性猪丹毒引起的赘生性心瓣病变等。有些病理状态在一定条件下可转化为病理过程。如风湿病导致的心瓣膜改变是一种病理状态，当心脏负荷过度增加时可转化为心力衰竭，这就是病理过程。

任务二　病　　因

病因包括致病原因和条件两方面的因素。其中，原因是引起疾病的必备条件，是指那些能引起疾病并导致该疾病特异性的各种因素，如化学毒物、致病微生物等，没有原因的疾病是不存在的。条件是指除原因外，其他同时存在的与疾病发生有关的因素，可促进或阻止疾病的发生，包括动物畜别、个体差异及社会条件和自然条件等。原因在一定的条件下发挥致病作用，凡能促进疾病发生的条件因素称为诱因，如饥饱不匀、饲养管理不良等。

引起疾病的原因有很多，概括起来主要分两大类，即来自外界环境中的致病因素（外因）和机体内部的致病因素（内因）。

一、外　　因

（一）生物性致病因素

生物性致病因素主要包括各种微生物（病毒、细菌、支原体、衣原体、立克次体、真菌、螺旋体等）和寄生虫（原虫、蠕虫等），是引起动物疾病的最主要的原因，它们可引起各种传染病、寄生虫病、中毒病和肿瘤等疾病。

生物性因素致病作用较复杂，主要通过产生外毒素、内毒素、溶血素和蛋白分解酶等引起机体病理损伤，其致病作用具有一些共同特点。

1. 对动物机体的作用有一定的选择性　主要表现为对易感动物的种属、侵入门户、感染途径和作用部位等有一定的选择性。如兔不感染猪瘟，狂犬病毒只能从破损的伤口进入，鸡的法氏囊病毒主要侵害法氏囊，而其他组织器官通常不发生病变。

2. 具有传染性　患病动物可通过排泄物、分泌物、渗出物等将病原体排出体外，通过多种途径传染给其他易感动物，从而造成疾病的传播和流行。

3. 有一定的潜伏期　病原微生物从侵入机体开始到出现临床症状都需要经过一定的潜伏期。不同病原微生物引起的疾病，其潜伏期长短不尽相同。如鸡的新城疫潜伏期为 3～5 d，猪瘟的潜伏期为 5～7 d，但有的可长达 21 d，人的狂犬病潜伏期平均为 30～60 d 或更长，猪乙脑的潜伏期为 3～4 d。

4. 致病作用具有持续性　病原侵入机体后，只要未被机体消灭或清除，就能在体内生长、繁殖并产生毒素，持续发挥致病作用。

5. 有一定的特异性　不同的生物性致病因素作用于机体之后，都可产生相对恒定的潜伏期，比较规律的病程和特异性的病理变化（如猪瘟的肠纽扣状肿，猪丹毒的皮肤干性坏疽）与临床症状，同时还引起机体特异性免疫反应。

6. 疾病发生与机体免疫、抵抗力有关　动物的免疫、抵抗力决定着机体是否发病。当机体防御功能、抵抗能力都强时，虽有病原体的侵入也不一定发病；相反，当机体抵抗力低时，即使平时没有致病能力或毒力不强的微生物也可引起发病。

思政园地

2020 年初，新冠肺炎疫情在全球各地暴发，给人的生命安全带来了极大的威胁。

新冠肺炎是新型冠状病毒肺炎（Corona Virus Disease 2019，COVID-19）的简称，是由 2019 新型冠状病毒引起的，临床上以发热、干咳、乏力为主要表现。新冠肺炎的潜伏期一般为 1～14 d，也有部分患者的潜伏期更长，在潜伏期内同样具有传染性。人群普遍易感，感染后或接种新型冠状病毒疫苗后可获得一定的免疫力。

疫情期间，中国人民积极应对，无数医护人员临危受命，奔赴抗疫一线。奋战在此次抗疫一线的医护人员中，90 后、00 后的青年占到总人数的 1/3，留下了战疫中的最美青春。

（二）化学性致病因素

化学性致病因素是指对动物具有致病作用的化学物质。它可以来自动物体外，称为外源性毒物，包括农药、化学产品、重金属、有毒植物等；也可来自体内，称内源性毒物，如肾功能不足引起的尿毒症，肠内容物腐败产生的有毒物质等。凡是由化学毒物引起的疾病，统称为中毒。根据性质，化学性毒物可分为以下几类。

1. 无机毒物　主要有酸、碱、重金属盐等，这些物质作用于机体时能使蛋白质、核酸等大分子发生变化，引起组织变性、坏死，导致器官功能障碍。

2. 有机毒物　包括醇类、醚类、氯仿、有机磷农药（敌百虫、敌敌畏、乐果）、酚化物、氰化物、有机汞、有机砷以及动物毒液等。

3. 工业毒物　工业"三废"中含有二氧化硫、硫化氢、一氧化碳等有毒有害气体常引起环境污染，进而造成动物中毒。

4. 植物毒素　如蕨科植物、栎树叶等。另外，饲料使用不当也可发生中毒，如用调制不当的白菜喂猪，可发生亚硝酸盐中毒；用嫩高粱叶和亚麻叶喂家畜，常在体内水解为毒性强的氢氰酸。植物毒素是家畜饲料中毒的主要原因。

化学性致病因素的致病作用比较复杂，有的直接损伤细胞组织，有的引起神经系统功能障碍，有的破坏机体的酶系统。化学性致病因素共同的致病特点有：①有些化学物质对机体组织、器官的损伤有一定选择性，如四氯化碳主要引起肝细胞的变性和坏死（肝毒），一氧化碳主要作用于红细胞使其失去携氧功能（血液毒），氢氰酸主要导致细胞内呼吸障碍（细胞毒）；②除慢性中毒外，化学性致病因素引起的疾病一般都有较短的潜伏期；③化学性致病因素的作用通常取决于化学物质的性质、剂量和吸收速度，同时与动物的种类、性别、年龄、营养状况、个体反应性以及饲养管理条件等有一定关系。

（三）物理性致病因素

主要包括温度（高温、低温）、电流、光能、辐射、声音、机械力等，这些因素达到一定强度或持续作用一定时间即可以造成机体损伤。

1. 温度因素 高温作用于全身可引起体温升高、脱水、中暑等；作用于局部主要引起烫伤、烧伤、炎症等。低温作用于全身，可引起动物感冒、肺炎等，作用于局部则主要引起冻伤、血管痉挛、局部淤血、坏死等。

2. 电流因素 对动物造成危害的主要是雷电产生的强电流和日常使用的交流电，电流在局部可导致烧伤、血管麻痹等，如果接触高压电流超过 1 s，则可致死。心脏对电流最敏感。电流的损害作用主要是电热作用（电能转为热能造成烧伤）、电解作用（对组织的化学成分进行分解）、电机械作用（电能转化为机械能，引起组织的机械性损伤）。

3. 光和电离辐射因素

（1）光能的致病作用。普通光线对动物机体一般没有致病作用。但如果动物在高温条件下，光线长时间照射头部，则会导致脑部血管扩张充血或出血，最后体温上升，引发日射病。马、牛、猪等家畜采食了含有荧光物质的植物如三叶草、荞麦等，经过紫外线的照射，可引起感光过敏症。长期大量地照射紫外线，可引起光敏性眼炎、皮肤癌等。大强度的红外线直接照射眼睛时可引起白内障。

（2）电离辐射的致病作用。常见的电离辐射有 α 射线、β 射线、γ 射线、中子和质子等，均有很强的穿透能力，能够穿透深层组织直接引起细胞死亡、器官功能障碍、全身出血，以至神经功能紊乱，并易继发感染，最后可引起死亡。长期大剂量地接触电离辐射可引起严重的放射病，在临床上主要表现为软弱、拒食、出血、进行性贫血和体温升高。

4. 声波因素 有研究表明，动物在 40 dB 以下的声音条件下最有利于生长，超过70 dB 即为噪声。短时间的噪声可造成动物应激反应，如蛋鸡产蛋下降、泌乳奶牛产乳量降低等；长时间的噪声刺激可引起动物生长发育不良，生产性能降低。反之，如果动物长时间处于超声波或次声波的环境中，其大脑会受到强烈的刺激，表现为恐惧、狂癫不安，甚至突然晕厥或完全丧失自控能力，乃至死亡。

5. 大气压的变化 低气压和高气压对动物机体都有致病作用，但低气压对机体影响较大。如高山、高原地区或畜舍通风不良，导致氧分压下降，可引起机体缺氧症。

6. 机械性致病因素 是指机械力的作用，分为外源性和内源性的机械力。外源性的机械力主要包括各种锐器、钝器的损伤，冲击波的作用等，可使机体发生创伤、骨折、扭伤、挫伤和脱臼等；内源性的机械力主要来源于机体内部的肿瘤、脓肿、结石、寄生虫等，对组织细胞产生机械性的压迫或引起管腔的阻塞，引发相应的损伤和疾病。

物理性致病因素的特点是：①除光能外，一般没有潜伏期，或仅有很短的潜伏期；②致病方式简单，一般只在疾病开始时起作用，不参与以后的疾病发展过程；③对组织没有选择性，作用结果都会产生明显的组织损伤；④致病作用一般与机体的自身状态无关，主要取决于其强度、性质、作用部位和范围。

（四）营养性因素

机体生命活动所必需的营养物质主要包括糖、蛋白质、脂肪、各种维生素、水和无机盐类（钾、钠、钙等），以及某些微量元素（铁、铜、锌、碘等）。营养不足或过多皆能成为疾病发生的原因或条件。如维生素 A 缺乏可引起夜盲症，维生素 D 缺乏可引起佝偻病，日粮中缺乏维生素 E 或硒，可引起雏鸡脑软化、渗出性素质及肌营养不良；而摄入维生素 A 或维生素 D 过多也可引起中毒。此外，营养不良又可成为某些疾病如结核病的发生条件。

二、内　　因

疾病的内因主要是指机体的防御能力降低，机体对致病因素的反应性以及遗传性改变等。一般来说，机体对致病因素感受性小，防御能力强时，不易发病或病情较轻；反之则易发病，病情较重。应当指出，有的内因可单独作为病因而直接引起疾病，如遗传性疾病和自身免疫性疾病等。

（一）机体防御功能及免疫功能降低

1. 屏障功能　机体的屏障结构包括皮肤、黏膜、骨骼、肌肉、淋巴结、血脑屏障、胎盘屏障等。当屏障结构遭到破坏或其功能发生障碍时，可使机体防御能力下降而发病。

（1）皮肤。皮肤的表皮由鳞状上皮组成，其表层角质化，可以阻止病原微生物入侵和化学毒物的侵蚀；上皮细胞不断脱落更新，可清除皮肤表面的微生物；汗腺、皮脂腺的分泌有一定的杀菌和抑菌作用；皮肤中分布有丰富的感觉神经末梢，通过神经反射能使机体及时避开某些致病物质的损害。因此，当皮肤的完整性遭到破坏或其分泌功能和感觉功能障碍时，均可使机体发生感染和遭受各种有害因子的入侵。

（2）黏膜。黏膜分布于机体的消化道、呼吸道、泌尿生殖道等，具有机械阻挡和排除作用，如气管的纤毛柱状上皮会将呼吸道内的微粒、粉尘、病原微生物等排出体外，同时阻止异物的入侵；泪液、胃液有杀菌功能；黏膜的感受器也非常敏感，当受到刺激时，可以引起反射性的咳嗽、喷嚏、呕吐，将异物排出体外。当黏膜受损时，毒物易从损伤处吸收，成为感染的门户。

（3）肌肉、骨骼。保护神经系统和内脏免受外界因素的影响。

（4）淋巴结。是机体的免疫器官之一，当病原微生物通过皮肤、黏膜屏障时，首先被淋巴结阻留，由吞噬细胞吞噬，毒力较弱的病原体在淋巴结内大部分被杀灭，毒力强的病原体使淋巴结发炎肿大，呈现防御反应。因此，淋巴结的功能或结构受损，将有利于病原体在体内的蔓延扩散。

（5）血脑屏障（图1-1）。由介于血液循环与脑实质间的软脑膜、脉络膜、室管膜、毛细血管内皮细胞和星形胶质细胞的血管周足组成，可阻止细菌、某些毒素、大分子物质从血液进入脑脊液或中枢神经。若血脑屏障被破坏，则可使中枢神经系统遭受病原体的侵害，出现致命性疾病。如狂犬病毒、乙型脑炎病毒，可破坏血脑屏障，从而侵入脑组织，引起神经症状。

（6）胎盘屏障。由母体血管、胎盘组织和胎儿血管构成，可阻止母体的病原体通过绒毛膜进入胎儿血液循环感染胎儿，从而保护胎儿不受伤害。如布鲁菌能破坏胎盘屏障，引起流产。

2. 吞噬和杀菌作用 存在于脾、淋巴结、骨髓的网状细胞、肝脏中的枯否氏细胞、疏松结缔组织中的组织细胞、血液的单核细胞、肺泡壁的尘细胞、神经组织的小胶质细胞，包括淋巴结及脾脏的巨噬细胞构成了机体的单核巨噬细胞系统，可以吞噬一些病原体、异物颗粒、衰老的细胞，并靠细胞质内溶酶体中的酶将吞噬物消化、溶解（图1-2）。血液中的中性粒细胞能吞噬抗原抗体复合物，并通过酶本身的消化、分解作用，减弱有害物质的危害。此外，胃液、泪液、汗液等都有杀灭病原体的作用。当机体的吞噬和杀菌能力降低时，易发生感染性疾病。

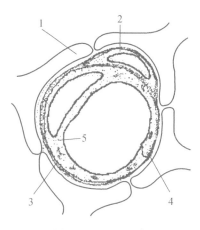

图1-1　血脑屏障

1. 星形胶质细胞脚板　2. 周细胞　3. 基板
4. 细胞之间紧密连接　5. 内皮细胞

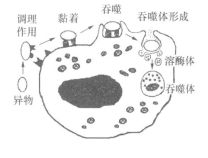

图1-2　白细胞吞噬过程

3. 解毒功能 肝脏是机体的解毒器官。肝细胞通过生物氧化过程，将来自血液中的各种有毒有害物质转化为无毒或低毒物质经肾脏排出体外。当肝功能不全或肝组织结构遭到破坏时，如肝炎、肝中毒性营养不良等，其解毒功能降低，易发生中毒性疾病。

4. 排泄功能 呼吸道黏膜上皮的纤毛运动，咳嗽、喷嚏以及消化道的呕吐、腹泻，肾脏的泌尿功能等，都可将有害物质排出。若机体的排泄功能降低，有毒物质在体内蓄积，则可促进某些疾病的发生，如水肿、尿毒症等。

5. 特异性免疫反应 机体的特异性免疫反应主要是由T淋巴细胞、B淋巴细胞来实现的。当受到抗原刺激后，T淋巴细胞可释放各种淋巴因子，实现细胞免疫；B淋巴细胞可转化为浆细胞，产生抗体，实现体液免疫。当特异性免疫功能降低时，易发生各种病原微生物和寄生虫的感染，而且恶性肿瘤的发生率也大大升高。

（二）机体的反应性

机体的反应性是机体对各种刺激的反应性能，对疾病的发生及其表现形式有重要的影响，它是动物在种系进化和个体发育过程中形成与发展起来的。机体的反应性主要与以下几方面相关：

1. 种属 动物种属不同，对同一致病因素的反应性不同。如食草动物感染炭疽杆菌，一般可引起败血症，而猪通常只引起局部感染；犬不会感染口蹄疫病毒，猪不感染牛瘟等。这是动物在进化过程中获得的一种先天性非特异性免疫能力。

2. 品种与品系　同类动物的不同品种与品系对同一致病因素的反应性也不同。如绵羊多发生恶性水肿（腐败梭菌感染），而在山羊则比较少见；禽白血病多见于家养鸡，而火鸡、山鸡、野鸡少见；某些动物由于品种品系不同，对锥虫、布鲁菌等发病率有明显差别。这也提示了可通过育种途径改良品种与品系，从而减少某些疾病的发生。

3. 年龄　幼龄动物的反应性通常较低，这是由于其神经系统和屏障结构及免疫系统均未发育完善，故容易发生消化道和呼吸道疾病，而且一旦受传染病侵害时，其经过也较严重，如仔猪白痢、犊白痢、雏鸡白痢等。成年动物随着神经系统及屏障结构发育完善，对各种致病因素的反应性也较大，抵抗力较强，如成年鸡对马立克病毒的抵抗力，比1日龄雏鸡强1 000～10 000倍。老龄动物由于代谢功能逐渐下降，神经系统的反应性降低，屏障功能减弱，易发生各种疾病，发病时，组织损伤严重，再生修复过程也较缓慢。

4. 性别　性别不同，对致病因素的反应性也不同，这主要是与神经-激素调节系统的特点有密切的关系。如鸡和牛的白血病，通常是雌性动物的患病率高于雄性。

（三）遗传因素

动物的体质特征和对各种致病因素的反应性是由遗传物质决定的，遗传物质的改变可直接引起某些遗传性疾病，可大致分为两种。

1. 遗传性疾病　由于病毒、射线或某些化学物质的作用而引起基因或染色体的改变。如基因突变可引起分子病（苯丙酮尿症、白化病等），染色体畸变（数目或结构的变化）可引起染色体病（先天愚型等）。

2. 遗传易感性　指易患某些疾病的遗传特性，即具有"遗传素质"。在外界环境因素影响下，较其他动物易患某些疾病。如高血压病、消化性溃疡、糖尿病等。

（四）机体的应激改变

所谓应激是指机体在受到各种内外环境因素刺激时所出现的非特异性全身反应。在一般情况下，应激对机体是有利的，能提高机体对外界环境的适应力。但是，应激反应过强或持续时间过久，则对机体发生损害，造成病理损伤。

应激反应的发生是正常机体在应激原的作用下，使交感-肾上腺和垂体-肾上腺皮质功能增强，以及甲状腺等其他内分泌功能改变实现的。这些变化将重新调整机体的内环境平衡状态，以抵抗应激原的作用，但这种变化了的内环境常常以增加器官的负荷或自身防御功能的消耗为代价，因此过分强烈或长时间的应激状态将造成机体适应能力的降低或适应潜能的耗竭，最终导致疾病的发生或发展。加强饲养管理，避免产生引起相应疾病的应激原，可降低应激性疾病发生的概率。

三、疾病发生的条件

任何疾病的发生都是内因、外因相互作用的结果，但应该具体问题具体分析。一般来说，生物性致病因素引起疾病时，内因起决定作用；物理性、化学性致病因素引起的疾病，外因起决定性作用。

疾病的发生除了有内因和外因之外，还有发病的条件，即所谓的诱因。诱因的种类繁多，主要包括气候、温度、湿度等客观条件，如低温潮湿的环境不但可诱发动物的风湿症，而且可以使飞沫传播媒介的作用时间延长，诱发呼吸道疾病。发病条件还包括社会制度、科技水平、社会环境等人为因素。诱因能够加强某一疾病或病理过程，因此，在畜牧业生产上，要为畜禽创造一个有利于增强机体防御功能，而不利于病原微生物生长繁殖的环境条件，以减少疾病的发生。

任务三　疾病发生的一般机理

研究疾病发生及发展的一般规律和共同机制，探讨疾病是如何发生的科学称为发病学。不同疾病各有其特殊性和不同的发病机制，但就所有疾病而言又有其共同的发病机制和发病规律。

近年来，随着医学基础理论的飞速发展，各种新方法新技术的应用，不同学科间的横向联系，使疾病基本机制的研究逐渐地从系统水平、器官水平、细胞水平深入至分子水平。不同的致病因素作用于动物机体，其致病方式虽然各不一样，但归纳起来，可以分为如下几个方面。

（一）致病因素对组织器官的直接损伤作用

某些致病因素可以直接作用于组织器官。如高温所致的烧伤、烫伤；强酸、强碱对组织的腐蚀作用；机械性因素引起的创伤。某些病因在进入机体后有选择性地作用于某一组织或器官，引起相应的病理变化。如一氧化碳侵入机体与血红蛋白结合，使血红蛋白变性，造成机体缺氧；四氯化碳引起的肝脏坏死等，都是致病因素直接作用引起的组织损伤。

（二）致病因素对神经系统功能的作用

致病因素可以直接或间接影响神经系统的功能而影响疾病的发生和发展。

1. 直接作用于神经中枢　在感染、中毒、缺氧等情况下，致病因素可直接作用于神经中枢，引起神经功能障碍。如狂犬病、各种脑炎、一氧化碳中毒、中枢神经创伤等。

2. 神经反射作用　病因作用于感受器，通过反射活动引起相应的疾病或病理变化。如饲料中毒时出现的呕吐与腹泻；破伤风引起的神经感觉敏感；缺氧时氧分压下降刺激颈静脉窦及主动脉弓的化学感受器，使呼吸加深加快；烈日照射皮肤，达到一定的时间可引起局部充血；以及失血引起的反射性交感神经兴奋等，都是通过神经反射引起的损伤与抗损伤反应。

（三）致病因素对体液的作用

体液是机体活动的内环境，某些致病因素可使体液的质、量发生改变，使内环境稳定性遭到破坏，引起一系列的病理损伤。如大失血可引起机体脱水和酸中毒、水肿时体液量增多等。体液的酸碱度、渗透压和各种电解质含量及比例改变、激素和神经介质增多或减少、酶活性的改变等都可引起机体出现一系列的变化，导致严重后果。

（四）致病因素对细胞和分子的作用

致病因素作用于机体后，直接或间接作用于组织细胞，造成某些细胞代谢功能障碍，引起细胞的自我调节紊乱，这是疾病发生的细胞机制。随着分子生物学的快速更新，分子病理学也随之不断发展。人们对疾病的认识从细胞水平提高到了分子水平，即从分子水平阐述疾病发生的机制，这是当前生物医学发展的重要方向。

上述四种致病方式在疾病发生过程中不是孤立的，而是相互关联的，只是在不同疾病的不同发展阶段以某一作用为主。在致病因素直接作用于组织的同时，也作用于组织中的神经系统；致病因素引起组织损伤后，产生的各种组织崩解产物及代谢产物也可进入体液，引起一系列的病理变化。

任务四　疾病发展的一般规律

（一）损伤和抗损伤的相互关系

疾病是损伤与抗损伤的斗争过程。致病因素作用于机体后，一方面可使机体的功能、代谢、形态结构发生损伤，另一方面也激发机体各种抗损伤性的防御、代偿、适应和修复反应。这种损伤与抗损伤的斗争贯穿于疾病的始终。如果损伤较轻，机体充分动员抗损伤反应并有及时、适当的治疗，即可逐渐好转而恢复健康；如果损伤严重，抗损伤反应不足以抗衡损伤导致的功能、代谢、形态结构的改变，又无适当的治疗，则疾病逐渐恶化而最终导致死亡。例如机体摄入不洁食物或肠道微生物感染时，可引起机体消化道上皮细胞变性、坏死、脱落等损伤，同时又导致肠管蠕动加强、分泌增强、呕吐、腹泻等抗损伤反应，以便排出有害物质。如果病理损伤不严重，机体通过上述抗损伤反应，可逐渐好转直至痊愈。反之，如果消化道内微生物未清除干净，细菌产生毒素，损伤严重，则病情逐渐加剧。

此外，疾病过程中，损伤和抗损伤双方在一定条件下可以互相转化。如上述例子中，如果呕吐、腹泻这种抗损伤反应过度剧烈，则机体丧失大量的水分和电解质，造成机体脱水和酸中毒，对机体又是一种新的损伤。所以正确区分疾病过程中的损伤和抗损伤反应，有着重要的实践意义。在治疗疾病时，应具体问题具体分析，采取适当的治疗措施，加强抗损伤反应而去除或减轻损伤变化，促进疾病的康复。

（二）因果转化关系

因果转化是疾病发生发展的基本规律之一。原始病因作用于机体引起的损伤（结果），又可引起新的病变，成为新的病理变化的原因。原因与结果不断转换，形成链式发展的疾病过程。

例如机械力造成创伤，使血管破裂而引起大出血，大出血使心输出量减少和血压下降，血压下降可造成组织供血减少和缺氧，组织缺氧又可导致中枢神经、呼吸及循环各系统功能下降，引起失血性休克。这种因果转化，使疾病在链式发展过程中不断恶化而形成恶性循环。如果及时采取止血、补充血容量等措施，即可在某一环节上切断因果转化和疾病的链式发展，阻断恶性循环，使疾病向着有利于康复的方向发展。

值得注意的是，疾病过程的因果转化有时很复杂，同一个原因可能引出几个结果，要注意掌握因果转化链上的主要病理变化结果，即主导环节，采取合理的医疗措施，预防其主导环节的发生或切断主导环节的发展，防止恶性因果转化，提高机体的抵抗力，使其形成良性转化。

（三）局部与整体的关系

机体是一个统一的整体，任何疾病都是完整统一机体的复杂反应，局部病理变化是全身反应的一个组成部分，它既受整体影响，又影响整体，二者有着内在的密切联系，不可分割。如炎症是局部的，但常常会引起全身性反应。炎症能否扩散，多取决于全身状况。所以，在治疗疾病时，既要考虑局部用药，又要针对全身状态增加营养，提高机体抵抗力。

有时局部病理变化可能成为整体疾患的主导环节。如肠梗阻、恶性肿瘤等。另外，局部病变，有的还是整体疾病的标志，如口蹄疫时的口蹄部病变、猪丹毒的皮肤疹块、猪瘟的肠纽扣状肿等。因此，在进行疾病诊治时，既要有整体观念，又不能忽视局部变化，只有进行全面具体的分析，才能正确认识和防治疾病。

任务五　疾病的经过

疾病四期
（动画）

疾病从发生到结束的整个过程，称为疾病的经过或疾病过程。由于损伤和抗损伤矛盾双方力量的对比不断变化，疾病的经过常呈现不同的阶段性，有的疾病经过阶段性表现明显，有的表现不明显。一般由生物性致病因素引起的传染病，其阶段性表现明显，通常可分为四个阶段，即潜伏期、前驱期、症状明显期和转归期。

（一）潜伏期

从致病因素作用于机体开始，到机体出现最初的临床症状为止的一段时间称为潜伏期。潜伏期的长短主要取决于微生物的致病能力、机体所处的环境及自身的免疫力。一般来说，微生物的毒力强，机体抵抗力弱时，潜伏期短，反之则长。如猪瘟自然感染的潜伏期一般为5～7 d；鸡新城疫的潜伏期为3～5 d，猪丹毒潜伏期为3～5 d。有的疾病潜伏期与致病因素的作用部位有关，如狂犬病毒入侵部位离中枢越近，则潜伏期越短。

（二）前驱期

从疾病出现最初症状开始，到疾病的主要症状出现为止的这一段时期称前驱期。前驱期长短可由数小时到数天不等。在这一段时期内，机体的活动及反应性均有所改变，损伤与抗损伤变化均加重，出现一些非特征性的临床症状，如精神沉郁、食欲减退、呼吸和脉搏增数、体温升高、生产性能降低等。在此期如果治疗得当，机体防御功能增强，疾病可向好的方面转化，反之，疾病将继续发展。

（三）症状明显期

症状明显期是指疾病的特征性症状或全部主要症状表现出来的时期。不同疾病在这一时期持续的时间是不一样的，如口蹄疫为1～2周；马腺疫为1周左右。在这一时期里，动物机体的损伤与抗损伤达到一个新的水平，但以病因造成的损伤更具有优势，故患病动物呈现出一系列的特征性症状。研究此期机体的功能、代谢和形态结构的变化，对疾病的正确诊断和合理治疗有着十分重要的意义。

（四）转归期

转归期是指疾病的最后阶段。在这一阶段中，如果机体的防御功能、代偿适应和修复能力得到充分的发挥，并在损伤与抗损伤的斗争中占优势，则疾病好转最后康复；反之，机体的抵抗力减弱，则损伤加剧，疾病恶化，甚至死亡。疾病的转归可分为完全康复、不完全康复和死亡。

1. 完全康复　也称痊愈。此时，病因作用停止，患病动物的临床症状消失，损伤的组织细胞形态结构、功能和代谢完全恢复正常，机体内部各器官系统之间以及机体与外界环境之间的平衡关系完全恢复，重新建立"稳态"，动物的生产能力也恢复正常。传染病痊愈后的机体还能获得特异性免疫力。

2. 不完全康复　也称不完全痊愈。特点是虽然病因作用停止，临床主要症状基本消失，但机体的形态结构、功能和代谢未能完全恢复正常，机体处于病理状态，往往遗留下某些持久性的损伤残迹，机体借助于代偿作用来维持正常生命活动。如心内膜炎时瓣膜孔狭窄，风湿病遗留下的心瓣膜病变，类风湿性关节炎遗留下的关节畸形，乳腺炎造成的结缔组织增生等。这些病理状态常可因负荷过重导致代偿失调而引起疾病再发。

3. 死亡　死亡是生命活动的终止。死亡过程有其特殊规律，机体的瞬间死亡称为急死或骤死，往往没有任何前驱期症状而突然死亡，常见于生命重要器官的严重损伤，如心肌梗死和脑出血等。一般疾病的死亡，有一定的发展过程，可分为三个阶段。

（1）濒死期。又称临终期，是临床死亡的一种特殊状态，此时全身各系统功能活动严重障碍和失调，脑干以上中枢神经功能丧失或深度抑制，脑干以下功能尚存，主要表现为反射基本消失，心跳变慢，血压下降，呼吸时断时续，体温降低，粪尿失禁等。

（2）临床死亡期。此期的主要特征为心跳、呼吸停止，各种反射消失，瞳孔散大，延髓处于深度抑制和功能丧失状态，但细胞组织仍维持微弱代谢。

在濒死期或临床死亡期，因机体的重要器官的代谢活动尚未停止，此时若采取急救措施，机体有复活的可能，因此，这两期也称死亡的可逆时期。

（3）生物学死亡期。是死亡的不可逆阶段。此时从大脑皮层开始，各器官组织细胞代谢活动停止，出现不可逆的变化，是动物真正死亡的时期。

应　激

应激本身不是一种疾病，但却是诱发多种疾病发生的原因。在兽医临床中，往往有一些疾病找不到特异性病原，实际上很多是由应激引起的。对规模养殖场来说，采取适当措施，预防应激性疾病的发生，对于保护畜禽健康、提高养殖效益具有十分重要的意义。

一、应激与应激原

1. **应激**　也称应激反应，是指机体在受到体内外各种强烈因素刺激时，出现的以交感神经兴奋和垂体-肾上腺皮质分泌增多为主的一种全身适应性反应。

任何刺激，只要达到一定的强度，除了引起与刺激因素直接相关的特异性变化外，还可以引起与刺激因素性质无直接关系的全身性非特异性反应，如心跳加快、血压升高、肌肉紧张、分解代谢加快、血浆中某些蛋白的浓度升高等，以提高机体的适应能力和维持内环境的稳定。因此可以认为，应激是机体应对各种内外因素刺激时出现的一种非特异性防御反应。

应激反应可分为急性和慢性两种情况，急性应激是指机体受到突然的刺激发生的应激（如惊吓），慢性应激是指机体长期而持久的紧张状态（如猪水肿病）。

许多疾病或病理过程都伴有应激，这些疾病，除了有其本身的特异性的变化外，又有应激所引起的一系列非特异性的变化，因此应激也是这些疾病的一个组成部分。但这些还不能算是应激性疾病，只有以应激所引起的损害为主要表现的疾病，才称为应激性疾病。

2. **应激原**　引起应激反应的各种刺激因素，称为应激原。任何刺激因素只要达到一定强度，都可成为应激原。来自于外界的应激原有气温剧变、手术、感染、缺氧、中毒、运输时震动或拥挤、注射、噪声、过度劳役、断乳、断喙等。动物体内因素如饥饿、各种因素引起的精神紧张、内分泌激素增加、酶和血液成分改变等，既可以是应激原，也可以是应激反应的一部分。

二、应激时机体病理生理变化

（一）神经内分泌反应

主要表现为以交感神经兴奋、儿茶酚胺分泌增多和下丘脑、垂体-肾上腺皮质分泌增多为主的一系列神经内分泌反应，以适应强烈刺激，提高机体抗病的能力。

1. **交感-肾上腺髓质反应**　应激时，交感神经兴奋，血浆中肾上腺素、去甲肾上腺素和多巴胺的浓度迅速增高，使动物心率加快、呼吸加深加快、血糖和血压升高、血液重新分布，以保证心、脑和骨骼肌的血液供应。通过这些变化可以充分动员机体的潜在力量，应付环境的急剧变化，以保持内环境的相对稳定。但也会给机体带来不利的影响，如过多能量消耗，心肌耗氧量增加，易导致心肌缺血；外周小血管收缩，导致组织缺血；儿茶酚胺可促使血小板数目增多及黏附聚集性增强，增加了血液黏滞度，促进血栓形成。

2. **下丘脑-垂体-肾上腺皮质变化** 应激时，通过下丘脑-垂体-肾上腺皮质系统相互作用，产生大量的糖皮质激素，并快速释放到循环血液中。这是应激最重要的一个反应，对机体的抗有害刺激起着极为重要的作用。关于其提高机体对刺激的抵抗力的机制，目前认为，糖皮质激素有促进蛋白质分解和糖异生作用，可以补充肝糖原的储备，提高血糖水平；可提高心血管对儿茶酚胺的敏感性；抑制化学介质的生成、释放和激活，防止发生过强的炎症、变态反应等。肾上腺皮质分泌的皮质类固醇如果长时期增多，对身体能起破坏作用，例如能逐渐减慢抗体的产生，损伤胸腺及淋巴结，使机体的免疫功能下降等。

3. **其他激素分泌变化** 除上述内分泌变化外，应激时机体多种激素分泌也会发生改变。如血浆中促肾上腺皮质激素（ACTH）、加压素（ADH）、醛固酮、胰高血糖素、生长激素等常增多，而血浆胰岛素含量通常偏低。胰高血糖素能促进糖原异生和肝糖原分解，是引起应激性高血糖的重要激素。生长激素分泌增多，具有促进脂肪的分解和动员，抑制细胞对葡萄糖的利用而升高血糖、促进氨基酸合成蛋白质、保护组织的作用。这些激素的变化，相互促进，以维持体内环境平衡协调，增强机体的非特异性抵抗力。

（二）物质代谢变化

严重应激时，代谢率升高十分显著。机体处于分解代谢大于合成代谢状态，其意义在于为机体应付"紧急情况"提供足够的能量。但如持续时间长，则可因消耗过多，造成物质代谢的负平衡，导致患畜出现消瘦、衰弱、抵抗力下降等不良后果。超高代谢主要与儿茶酚胺分泌量的增加密切相关。

1. **糖代谢的变化** 应激时，由于糖原分解和糖异生增强，可出现应激性高血糖或应激性糖尿。主要是由于儿茶酚胺、胰高血糖素、生长激素、肾上腺糖皮质激素等促进糖原分解和糖原异生以及胰岛素的相对不足所致。肝糖原和肌糖原在应激的开始阶段有短暂的减少。随后由于糖的异生作用加强而得到补充。组织对葡萄糖的利用减少（但脑组织不受影响）。这些变化与应激的强度相平行。

2. **脂肪代谢的变化** 由于肾上腺素、去甲肾上腺素、胰高血糖素等脂解激素增多，脂肪的动员和分解加强，因而血中游离脂肪酸和酮体有不同程度的增加，同时组织对脂肪酸的利用增加。

3. **蛋白质代谢的变化** 蛋白质分解加强，而合成减弱，尿氮排出量增多，出现负氮平衡。严重应激时，负氮平衡可持续较久。

（三）机体机能变化

1. **循环系统变化** 应激时，由于交感神经兴奋和儿茶酚胺释放增多，心血管系统整体功能全面提高，出现心率加快、心收缩力加强、外周总阻力增高以及血液的重分布等变化，有利于提高心排血量，提高血压，保证心、脑和骨骼肌的血液供应，有十分重要的防御代偿意义。但同时也因外周小血管收缩，微循环血液灌流量减少，皮肤、腹腔内脏和肾缺血缺氧，心肌耗氧量增多、心肌坏死等，当应激原的作用强烈而持久时，会导致循环衰竭而使重要器官损害，引起休克甚至死亡。

2. **消化道变化** 应激时，由于交感-肾上腺髓质系统的兴奋，使胃和十二指肠黏膜的小血管也发生收缩，胃肠黏膜的血液灌流量显著减少，于是黏膜发生缺血缺氧，导致黏膜损伤。同时糖皮质激素分泌过多抑制黏膜的修复。前列腺素的降低减少了胃黏液的合成，加强了胃酸及胃蛋白酶的分泌，可以使胃肠黏膜上皮细胞变性，甚至坏死，并易受胃酸和蛋白酶的消化而引起出血、糜烂以致溃疡。因此胃肠黏膜急性出血、糜烂或溃疡是应激的主要特征之一，常称为急性应激性溃疡。

3. **血液变化** 急性应激时外周血中白细胞数目增多，临床上常用外周血液的嗜酸性粒细胞计数作为应激的指标之一。血小板数增多、黏附力增强、部分凝血因子浓度升高，表现出抗感染能力和凝血能力增强，但也易于引起血栓和弥漫性血管内凝血（DIC）。由于儿茶酚胺分泌增多，促使血管内皮细胞释放出纤溶酶原激活物，引起纤溶酶活性增强。

慢性应激时，动物机体可出现贫血，血清铁降低，状似缺铁性贫血，但补铁治疗无效。

4. **泌尿机能变化** 应激时，肾血管收缩，肾血流量减少，肾小球滤过率降低，加压素（ADH）分泌增加，水的重吸收增强，出现尿少症状。肾泌尿功能变化的防御意义在于减少水、钠的排出，有利于维持循环血量。但肾缺血引起泌尿功能障碍，可导致内环境紊乱。

5. **免疫功能变化** 免疫功能变化较为复杂，这主要是由于神经内分泌功能变化，可以多种途径和水平改变机体的免疫力。急性应激时，血浆中非特异性急性期蛋白（如 α_1 抗胰蛋白酶、纤维蛋白原、纤溶酶原、凝血因子Ⅷ等）的变化，对机体有重要的防御意义。而持续强烈的应激反应时，血清中出现多种免疫抑制因子，抑制巨噬细胞对抗原的吞噬和处理，抑制 NK 细胞的杀伤活性，阻碍淋巴细胞 DNA 合成，损伤浆细胞，使细胞免疫和体液免疫均受到抑制。这种免疫抑制可保护机体免受更严重的损伤，但也降低了机体的免疫功能和对病原体的抵抗力。

6. **主要病理变化** 应激引起的器官形态学变化主要见于肾上腺和消化道。

（1）肾上腺。急性应激时，肾上腺体积变小、颜色浅黄色，有散在的小出血点。当应激原很快消除后，肾上腺能迅速再现脂肪颗粒和表现正常脂质水平。当应激原弱而持久时，可见肾上腺皮质增厚，腺体宽度增加。长期应激，可见肾上腺肿大。肾上腺病变可做应激的指征。

（2）消化道。胃肠黏膜出血、糜烂或溃疡。由应激引起的消化道溃疡，称为应激性溃疡。主要发生在胃和十二指肠黏膜，表现为黏膜缺损、多发糜烂，或表现为单个或多个溃疡。

三、应激的生物学意义

应激可分为生理性（良性）应激和病理性（恶性）应激。生理性应激是日常生活的重要组成部分，动物机体总是处于一定的应激状态下，没有应激反应，机体将无法适应随时变化的内外环境。适度的应激可以激发体内神经内分泌系统变化，引起机体功能和代谢改变，维持机体平衡，提高了机体对内外环境因素的适应能力。当应激反应过于强烈或持久，超过了机体的代偿限度时，内环境的稳定性破坏，这就意味着疾病的开始甚至死亡的到来，这种应激就称为病理性应激。

在现代化的畜牧业规模经营和生产管理中，存在着很多应激原，这些应激原可引起机体表现出不同的临床症状和病理反应，使动物的生产性能下降，甚至发病、死亡。因此在畜牧兽医实践中，应激已被人们越来越重视。从改良品种、改善饲养管理条件和方式、注重动物福利、调整饲料配方等各个方面，采取多种措施，尽量减轻或避免应激原引起的病理反应，防止疾病的发生。

四、应激的防治原则

（1）培育抗应激品种。不同品种的动物对应激的敏感性不同，可通过培育，选择抗应激性能强的品种。

（2）养殖场畜禽舍的建筑结构应科学合理，生产中注意维持和改善舍内温度、湿度、空气质量等小环境条件。

（3）实行科学饲养管理，合理分群分栏，保持适宜的饲养密度。饲料营养水平要能满足动物的需要，定时定量饲喂。不喂发霉变质饲料，饮水要清洁消毒，饲槽及水槽设施充足，防止抢食斗殴。饲料中适当添加维生素、微量元素（铬、铜、硒等），可提高动物抗应激能力。

（4）注意畜禽舍卫生，及时做好灭鼠、灭蝇、灭蚊和防疫消毒工作。

（5）及时正确地处理伴有病理性应激的疾病或病理过程，如创伤、感染等，以尽量防止或减轻对机体的不利影响。

五、动物常见应激性疾病

（一）猪应激性疾病

1. **猝死综合征**　一般发生于驱赶捕捉、注射、公畜配种、炎夏拥挤、互相咬斗、运输、惊吓等情况，无任何临床症状而突然死亡。有的死前可见尾巴快速震颤、全身僵硬、张口呼吸、体温升高，白色猪可见皮肤红斑，一般病程只有4～6 min。动物尸僵完全，尸体腐败迅速。剖检可见内脏充血，心包液增加，肺充血、水肿，甚至出血。有的还可见臀中肌、股二头肌、背最长肌呈苍白色。本病的发生可能与交感-肾上腺髓质系统高度兴奋，使心律严重失常并迅速引起心肌缺血而导致突发性心力衰竭有关。

2. **猪应激综合征**　多发生于应激敏感猪。见于运输、过热、拥挤应激等。早期出现肌肉震颤、尾抖，继而发生呼吸困难，心悸，皮肤出现红斑或紫斑，体温升高，可视黏膜发绀，最后衰竭死亡。尸僵快，尸体酸度高，肉质呈现如水猪肉、暗猪肉、背最长肌坏死等变化。

（1）水猪肉。亦称白肌肉、PSE猪肉，多与遗传易感性有关。因过度应激，糖原酵解加快，乳酸增加，pH5.7以下，肌纤维膜变性，肌浆蛋白凝固收缩，肌肉保水能力降低。可见腰肌、股肌等处猪肉色泽灰白,质地松软,缺乏弹性,切面多汁。组织学检查,可见肌纤维变粗,横纹消失,肌纤维分离,甚至坏死。常被误认为肌肉变性,易与白肌病相混淆。

（2）暗猪肉。即黑干猪肉、DFD猪肉,多因宰前受强度较小、但时间较长的应激原刺激所致。由于肌糖原消耗较多,产生乳酸少,宰后肌肉的pH相应偏高。眼观猪肉色泽暗红,质地粗硬,切面干燥,不见汁液渗出。

（3）成年猪背肌坏死。表现为双侧或单侧性背肌的无痛性肿胀,背肌苍白、变性、坏死。个别猪因酸中毒死亡。

（4）腿肌坏死。病变主要发生在腿肌,外观特点与白肌肉相似,色泽苍白,切面多水,但质度较硬,镜下观察主要为急性浆液性坏死性肌炎,肌肉呈坏死、自溶及炎症变化,宰后45 min以后病变部肌肉pH高达7.0～7.7,甚至更高。主要因长途运输中捆绑、挤压引起。

3. 猪咬尾症 是由于营养代谢机能紊乱、味觉异常和饲养管理不当等引起的一种应激综合征,如猪群密度太大,饲料中缺乏蛋白质或某些氨基酸、维生素、矿物质和微量元素等均可引发。24～40 kg猪发病率较高,尤其多见于仔猪断乳分群饲养时,常从一两头仔猪咬尾开始,多头仔猪咬成一团。

4. 猪应激性溃疡 是猪的一种慢性应激病。目前认为,饲料过烫、过冷,谷物粉碎过细,惊恐、饥渴等多种应激因素,引起机体肾上腺皮质机能亢进,导致胃酸分泌过多而使胃黏膜受损,从而诱发本病。

患病猪平时症状不明显,常于运动、斗殴和运输中,因胃溃疡灶大出血而突然死亡。剖检可见胃壁软、膨大,胃内充满血块、未凝固的血液及黄褐色水样液状内容物,有时有发酵酸败气味。胃食管区黏膜表面出现不规则皱纹,粗糙不平,易于揭起,或见弥漫性、不规则的糜烂、溃疡和瘢痕病灶混合存在。

（二）禽的应激综合征

多因气候突变、管理不当、营养失调、通风不良、噪声等引起。鸡生长发育受阻,采食量减少。产蛋鸡产蛋率下降,蛋重减轻,蛋内容物稀薄,破蛋、软蛋比例增加。公鸡精液品质降低,受精率、孵化率降低。长期在应激环境下,鸡免疫水平降低,往往伴随有继发性疾病如慢性呼吸道疾病、沙门菌病的发生,甚至猝死。

（三）牛运输热

长途运输、车厢通风不良、拥挤、饥渴、疲劳、过冷过热、恐惧、噪声及去势等引起应激反应时,牛发生多种病原微生物感染,临床上表现为发热与支气管肺炎症状。

实践应用

1. 调查统计一下,你所在的地区引起动物疾病的常见因素有哪些?根据调查结果,就预防工作提出你的见解。

2. 为何有些疾病有潜伏期?潜伏期在兽医临床中有何意义?

3. 某鸡场在一次免疫接种过程中出现少量死亡鸡只，试分析其可能的原因。

4. 某猪场饲养肉猪 1 000 头，入秋后一周内有 80 多头猪陆续发病，轻微咳嗽、腹泻，请分析其可能的病因。如要确定病因，还需做哪些检查？

5. 某猪场在对断乳仔猪分群后，有少数猪只出现发热、食欲不振等，用抗生素治疗效果不明显。剖检个别病死猪，发现肾上腺肿大，胃肠黏膜出血、糜烂。据此，请分析该猪群的发病原因。

6. 分别举例说明疾病中损伤和抗损伤转化、因果转化的过程，并指出如何防止疾病的恶性转化？

7. 调查一个规模化养殖场，分析该场可能的应激原，并提出防止应激性疾病的措施。

8. 通过本项目学习，试说明应从哪些方面、采取哪些措施预防动物疾病发生？

9. 某地拟建一个万头猪场，试从疾病防控的角度，说明该场建设如何才能防止可能的病因对动物的影响，有利于动物疾病防控（如场址选择、建筑布局、场内防疫设施等）？在日常饲养管理中应注意哪些？

10. 试根据疾病内外因的相互关系，说明在同一个养殖场内，当受到致病因素作用时，为什么有的发病，有的不发病？

历年执业兽医师考试真题

(2009) 55. 动物疾病发展不同时期中最具有临床上诊断价值的是（　　）。　　**答案：**C
    A. 潜伏期   B. 前驱期
    C. 临床经过期   D. 转归期
    E. 终结期

(2010) 57. 动物疾病发展过程中，从疾病出现最初症状到主要症状开始暴露的　　**答案：**B
    时期称为（　　）。
    A. 潜伏期   B. 前驱期
    C. 临床经过期   D. 转归期

(2013) 66. 动物疾病发展中疾病的主要症状充分表现出来的阶段是（　　）。　　**答案：**C
    A. 潜伏期   B. 前驱期
    C. 临床经过期   D. 转归期
    E. 终结期

(2018) 49. 患病动物的主要症状虽然消除，但受损的组织结构尚未恢复，而是　　**答案：**C
    通过代偿维持其相应的功能活动的一种病理状态，属于（　　）。
    A. 完全康复   B. 完全痊愈
    C. 不完全康复   D. 机化
    E. 再发

(2018) 50. 属于化学性致病因素的是（　　）。　　**答案：**D
    A. 高温   B. 紫外线
    C. 大气压   D. 芥子气
    E. 电离辐射

答案：D （2018）56. 应激时，动物发生的特征性病变是（　　）。

    A. 坏死性肝炎　　　　　　　　B. 胆囊炎

    C. 心肌炎　　　　　　　　　　D. 胃溃疡

    E. 脑炎

答案：D （2019）52. 下列属于疾病发生一般机制的是（　　）。

    A. 损伤与抗损伤的斗争　　　　B. 因果转化

    C. 局部与整体　　　　　　　　D. 神经体液机制

    E. 病程

答案：D （2021）55. 不属于化学性致病因素的是（　　）。

    A. 强酸、强碱　　　　　　　　B. 蛇毒

    C. 芥子气　　　　　　　　　　D. 紫外线

    E. 有机磷农药

项目二
血 液 循 环 障 碍

项目二彩图

学习目标

能说出充血、淤血、贫血、出血、血栓形成、栓塞、梗死和休克的概念；能分析充血、淤血、贫血、出血、血栓形成、栓塞、梗死和休克的形成的原因和类型；能识别充血、淤血、贫血、出血、血栓形成、栓塞、梗死和休克的病理变化。

心血管系统是由心脏、动脉、静脉和毛细血管组成的一个封闭的管道系统，血液循环是维持机体生命活动的重要保证。血液循环障碍是指心脏、血管系统受到损伤或血液性状发生改变，从而导致血液在血管内的运行发生异常，并于机体的相应部位出现一系列病理变化过程，常可引起各组织器官的代谢紊乱、机能失调和形态结构的改变。

血液循环障碍可分为全身性和局部性两种类型。全身性血液循环障碍是整个心血管系统机能障碍或血液本身性状改变的结果，如心力衰竭、休克等；局部性血液循环障碍是指病因作用于机体局部而引起的个别器官或局部组织发生的病变过程，表现为局部血量异常，如充血、淤血和贫血等；血管内容物的性状改变，如血栓形成和栓塞等；以及血管壁通透性和完整性的改变，如水肿和出血等。

全身性与局部性血液循环障碍，虽然在表现形式和对机体的影响上有所不同，但又有着密切的联系。例如当心脏机能不全导致全身性血液循环障碍时，多种组织、器官可发生淤血，尤其以肝脏和肺脏的淤血最为严重；当心脏冠状动脉发生循环障碍时，可导致心脏机能不全，从而使全身血液循环发生障碍。由此可见，将血液循环障碍分为全身性和局部性是相对的，二者辩证统一。

任务一　充　　血

局部组织、器官由于血管扩张，血液含量增多的现象称为充血。充血可分为动脉性充血（充血）和静脉性充血（淤血）两种类型。

动脉性充血是指局部组织或器官的小动脉及毛细血管扩张，输入过多的动脉性血液，而静脉回流正常，使组织或器官内血液增多的现象，简称充血，一般所说的充血就是指动脉性充血（图2-1）。

图2-1 动脉性充血

1. 正常血流状态 2. 动脉充血状态

（一）原因和类型

凡是能引起小动脉及毛细血管扩张的任何因素，都能引起局部组织和器官充血。根据其发生的原因和机理不同，可分为生理性充血和病理性充血。

1. 生理性充血 在生理条件下，某些组织、器官机能活动增强时，支配该器官组织的小动脉和毛细血管反射性地扩张引起的充血，称为生理性充血。如采食后胃肠黏膜的充血、妊娠时的子宫充血、运动时横纹肌充血等。

2. 病理性充血 各种致病因素作用于局部组织引起的充血，称为病理性充血。常见于各种病理过程，根据病因可分为以下几个类型。

（1）侧支性充血。当某一动脉内腔被栓子阻塞或受肿瘤压迫而使血流受阻时，与其相邻的动脉吻合支（侧支）为了恢复血液供应，发生反射性扩张而充血，以代偿局部血管受阻所造成的缺血性病理过程，即侧支性充血。侧支性充血的发生，是由于阻塞处上部血管内的血压增高和阻塞局部氧化不全产物蓄积刺激血管共同作用的结果，它在一定程度上改善了阻塞处下方的缺血状况，对机体是一种有益的反应（图2-2）。

（2）炎性充血。炎性充血是最常见的充血过程。在炎症过程中，由于致炎因子直接刺激舒血管神经或麻痹缩血管神经，以及炎症时组织释放的血管活性物质如激肽、组织胺、白细胞三烯、5-羟色胺等的作用，引起局部组织小动脉及毛细血管扩张充血。几乎所有炎症都可看到充血现象，尤其是急性炎症或炎症早期表现得更为明显，所以常把充血看成炎症的标志。

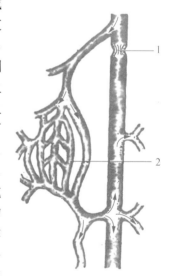

图2-2 侧支性充血

1. 阻塞处 2. 侧支血管网

（3）贫血后充血。动物机体某部血管因长期受压，发生贫血和血管紧张性下降，当压力突然解除后，受压组织内的小动脉和毛细血管立即发生反射性扩张，血液流入量骤然增加而发生充血，即贫血后充血，又称减压后充血。例如，当马、骡发生肠臌胀和牛发生瘤胃臌气、腹腔积水时，腹腔内其他脏器中的血液大多被挤压到腹腔以外的血管中，结果造成肝脏、脾脏和胃等脏器发生贫血。治疗时，倘若放气或排除腹水的速度过快，腹腔内压突然降低，会使大量血液流入腹腔脏器，造成小动脉和毛细血管强烈扩张充血，而腹腔以外器官的血量短时间内显著减少，血压下降，常引起反射性的脑贫血而造成动物昏迷甚至死亡。故在施行瘤胃放气或排除腹水时应特别注意防止速度过快。

（4）神经性充血。由于温热、摩擦等物理性致病因素或各种化学性致病因素、体内局部病理产物作用于组织、器官的感受器，反射性地使缩血管神经兴奋性降低，导致小动脉、毛细血管扩张充血。这种充血也称为反射性充血，通常认为其机制与炎性充血类似。

（二）病理变化

1. 眼观 发生充血的组织色泽鲜红，皮肤和黏膜充血时常称为"潮红"，体积轻度增大（彩图1）。因充血时流入的是动脉血而使局部组织代谢加强，温度升高，腺体和黏膜的分泌增多。位于体表的血管有明显的波动感。

2. 镜检 充血组织的小动脉和毛细血管扩张，充满红细胞，平时处于闭锁状态的毛细血管也开放，有毛细血管数增多的感觉。由于充血大多数是炎性充血，此时在充血的组织中还可见炎性细胞渗出、出血以及实质细胞变性、坏死等病理变化（彩图2）。

需要注意的是，剖检时充血常不易观察到。究其原因，一是动物死亡后，动脉常发生痉挛性收缩，使原来扩张充血的小动脉变为空虚状态；二是动物死亡时心力衰竭导致的全身性淤血及死后的坠积性淤血，掩盖了生前的充血现象。

（三）结局和对机体的影响

充血对机体的影响常因充血持续时间和发生部位不同而有很大的差异。一般来说，短时间的轻度充血，对机体是有利的，是机体防御、适应性反应之一。因为充血时血流量增加和血流速度加快，一方面可以输送更多的氧气、营养物质、激素、白细胞和抗体等，从而增强局部组织的抗病能力；另一方面又可将局部产生的致病因子和病理性产物及时地排除，这对消除病因和恢复组织损伤均有积极作用。根据这一原理，临床上常用热敷、涂擦刺激剂和红外线理疗等方法造成局部组织充血，促进组织代谢，以达到治疗疾病的目的。

但是，若病因作用较强或充血时间持续较长，会导致血管壁紧张性下降或丧失，血流速度逐渐减慢，进而发生淤血、水肿和出血等变化。此外，由于充血发生的部位不同，对机体的影响也有很大的差异。如脑部发生严重充血时（日射病），常可因颅内压升高而使动物发生神经机能障碍，甚至昏迷死亡。血管病变严重时可因充血而发生破裂性出血。

任务二　淤　　血

静脉血液回流受阻，血液淤积在小静脉和毛细血管内，使局部组织或器官内的静脉性血液增多的现象，称为静脉性充血，简称淤血（图2-3）。

图2-3 静脉性充血
1. 正常血流状态 2. 淤血状态

（一）原因和类型

根据发生原因和范围不同，可将淤血分为全身性淤血和局部性淤血。

1. 全身性淤血 常见于动物心脏机能障碍、胸膜及肺脏疾病时。在某些急性传染病和急性中毒等情况下，体内的有毒产物损害心脏，导致心肌严重变性、坏死，心肌收缩力减弱，心排血量减少，静脉血液回流心脏受阻，使各器官发生淤血。胸膜炎时，由于胸腔内蓄积大量的炎性渗出物，使胸腔内压升高，可直接影响心脏的舒张，同时又因胸膜炎时胸廓部疼痛而使扩张受限，使前后腔静脉内的血液回流受阻，也可引发全身性淤血。

2. 局部性淤血 主要见于局部静脉受压或静脉管腔阻塞。当静脉受到肿瘤、寄生虫包囊、肿大的淋巴结等压迫时，其管腔发生狭窄或闭塞，相应部位的器官和组织发生淤血。如肠扭转、肠套叠时引起肠系膜和肠管的淤血，妊娠子宫压迫髂静脉引起的后肢静脉淤血，绷带包扎过紧对肢体静脉压迫引起的局部淤血等。

静脉管腔受阻常见于静脉内血栓形成、栓塞或因静脉内膜炎使血管壁增厚等，而引起相应器官、组织淤血。但因静脉分支多，只有当静脉管腔完全阻塞而血液又不能通过侧支回流时，才会发生淤血。

（二）淤血的一般病理变化

1. 眼观 局部淤血的组织器官，由于血液中氧分压降低和氧合血红蛋白减少而还原血红蛋白增多，血管内充满紫黑色的血液，故使局部组织呈暗红色或蓝紫色（发绀），指压褪色。淤血时血流缓慢，热量散发增多，局部组织缺氧，代谢降低，产热减少，故淤血区温度下降。淤血时因局部血量增加，静脉压升高而导致体液外渗，结果使淤血组织体积增大。

2. 镜检 淤血组织的小静脉及毛细血管扩张，充满红细胞。若淤血时间较长，局部组织缺氧，代谢产物蓄积，使毛细血管通透性升高，大量液体漏入组织间隙，造成淤血性水肿。若毛细血管损伤严重，红细胞也可通过损伤的内皮细胞和基底膜进入组织形成出血，称为淤血性出血。如淤血持续发展，局部组织代谢严重障碍，可引起淤血器官实质细胞萎缩、变性甚至坏死，继而可引起间质结缔组织大量增生，结果使淤血器官变硬，称为淤血性硬化。

（三）常见器官淤血的病理变化

临床上，动物肺脏、肝脏和肾脏的淤血最为常见。

1. 肺淤血　由于左心机能不全或左心衰竭，左心腔内压力升高，引起肺静脉血液回流受阻所致。

急性肺淤血时，眼观肺脏体积膨大，肺胸膜呈暗红色或蓝紫色，质地稍变韧，质量增加，被膜紧张而光滑。切面外翻，切面流出大量混有泡沫的血样液体，切一块淤血的肺组织放于水中，呈半浮半沉状态。镜检，肺内小静脉及肺泡壁毛细血管高度扩张，充满大量红细胞，肺泡腔内出现淡红色的浆液和数量不等的红细胞（彩图 3）。

慢性肺淤血时，支气管内有大量白色或淡红色泡沫样液体，肺间质增宽，呈灰白色半透明状。肺质地变硬，肺泡壁变厚及纤维化，间质结缔组织增生，同时伴有大量含铁血黄素在肺泡腔和间质内沉积，使肺组织呈棕褐色，称为肺的"褐色硬化"。镜检，在肺泡腔内可见吞噬有红细胞或含铁血黄素的巨噬细胞，由于这种细胞常见于心力衰竭的病例，故又称为心力衰竭细胞。兽医临床上，肺淤血有明显气促、发绀及咳出大量粉红色泡沫痰等症状。

2. 肝淤血　主要由于右心功能不全或右心衰竭，肝静脉和后腔静脉回流受阻所致。

急性肝淤血时，眼观肝脏稍肿大，被膜紧张，边缘钝圆，质量增加，表面呈暗红色，质地较实。切面外翻，从切面上流出大量暗红色凝固不良的血液。镜检，肝小叶中央静脉和窦状隙扩张，充满红细胞（彩图 4）。

慢性肝淤血时，由于肝小叶中央严重淤血而呈暗红色，肝小叶周边肝细胞因淤血、缺氧发生脂肪变性而呈黄色，在肝切面上形成暗红色淤血区和土黄色脂变区相间的网格状花纹，眼观如槟榔切面，故有"槟榔肝"之称。镜检，肝小叶中央部的窦状隙和中央静脉显著扩张，充满红细胞，肝细胞因受压迫和缺氧而发生萎缩和坏死；而周边肝细胞因缺氧发生脂肪变性。长期的慢性肝淤血，使实质细胞萎缩逐渐消失，局部网状纤维胶原化，间质结缔组织增生，发生淤血性肝硬化。

3. 肾淤血　多见于右心衰竭的情况下。眼观，肾脏体积稍肿大，表面呈暗红色，质地稍变硬。切开时，从切面流出多量暗红色血液，皮质因变性而呈红黄色，皮质和髓质界限清晰。镜检，肾间质毛细血管扩张明显，充满大量红细胞，肾小管上皮细胞常发生不同程度的变性、坏死。慢性淤血则可导致间质水肿和增生性变化。

（四）结局和对机体的影响

淤血对机体的影响取决于淤血持续的时间、淤血的程度和发生部位等因素。一般来说，短时间的轻度淤血，可在病因消除或形成有效的侧支循环后恢复正常。如果淤血时间较长，病因不能及时消除，局部组织毛细血管内流体静压升高，血管壁通透性升高，使血液中的液体大量进入组织而引发水肿。持续长时间的淤血，由于组织缺氧、营养物质不足、代谢障碍、代谢产物蓄积等，还可引起实质细胞萎缩、变性和坏死，间质增生，器官硬化等。如果淤血发生在心、脑等生命重要器官，虽然持续时间不长，仍可引起动物死亡。另外，淤血的组织抵抗力下降，损伤不易修复，容易继发感染，导致炎症和坏死等。

任务三 贫　　血

贫血是指循环血液总量减少或单位容积外周血液中血红蛋白量、红细胞数低于同龄、同性别健康动物的正常值，并且有红细胞形态改变和运氧障碍的病理现象。兽医临床上原发性贫血很少见，往往是某些疾病的继发反应。长期贫血可以出现疲倦无力、动物生长发育迟缓、消瘦、毛发干枯、抵抗力下降等。贫血分类方法很多，根据红细胞的大小和血红蛋白含量可分为小细胞性低色素性贫血、正细胞性贫血、大细胞性贫血等；按造血原料缺乏可分为缺铁性贫血、巨幼红细胞性贫血等。本任务按贫血发生的范围将贫血分为局部贫血和全身贫血。

一、局部贫血

局部贫血是指机体局部组织或器官的动脉血液输入减少。如果完全没有血液输入，称为局部缺血。局部贫血可以是全身性贫血的局部表现，也可以是局部血液循环障碍的结果。

（一）原因和发生机理

1. 压迫性贫血　因肿瘤、绷带过紧、积液等对动脉血管的机械性压迫，使血管腔变窄或闭塞，造成贫血。临床上，大动物长期躺卧时，髂骨外角等处皮肤容易发生褥疮，这是由于卧侧血管受到压迫，局部缺血造成组织坏死的结果。故对于长期躺卧的病畜，应经常改变卧位。

2. 阻塞性贫血　动脉管腔内血栓形成、栓塞、动脉瘤和动脉炎时，使管腔狭窄或阻塞，造成贫血。

3. 血管痉挛性贫血　麦角碱中毒、肾上腺素分泌过多、寒冷、严重创伤等，引起缩血管神经兴奋，反射性地引起动脉管壁强烈收缩（痉挛），造成局部血液流入减少甚至完全停止。

4. 代偿性贫血　局部组织因充血时，血量的增多往往会造成其他部位出现代偿性贫血。如迅速排出胸腔积液或腹水时，由于压力突然消失，原先受压的动脉发生反射性扩张充血，这种充血极易造成其他组织器官如心、脑的急性缺血，甚至会危及生命。

（二）病理变化

局部贫血的组织器官因血量减少，会造成体积缩小，局部温度降低，被膜皱缩，质地柔软；切面少血或无血；组织器官因缺血而显露出组织的原有色彩，如肺呈灰白色、肝呈褐色、皮肤黏膜呈苍白色等。镜检，组织细胞常因缺血缺氧而发生萎缩、变性或坏死。

（三）结局和对机体的影响

取决于组织对贫血的耐受性、贫血程度、持续时间以及能否建立有效的侧支循环等因素。不同的器官组织对贫血的耐受性不同，例如皮肤和结缔组织，可以耐受较长时间而不发生变化，或变化轻微；而脑组织对贫血的耐受性很差，一般在血液循环停止 5～10 min 后，发生不可逆的变化。如果贫血程度较轻，持续时间短，又有较好的侧支循环，贫血组织可恢复正常；如果动脉血液完全断绝，又不能建立侧支循环，组织可发生急性死亡。

二、全身贫血

全身性贫血是指由于红细胞生成不足或丧失过多，使得全身血液总量减少、单位体积中的红细胞数和血红蛋白的含量低于正常范围（表 2-1）。

表 2-1　正常动物红细胞值

单位	兔	山羊	猪	鸡	鸭	马
万个/mm³	500～700	1 400	600～800	270～300	300	700～1 200

血红蛋白的含量大多数家畜为每 100 mL 血液 13～15 g，泌乳期母牛略低些，为每 100 mL 血液 11～13 g。贫血时，外周血液中不仅红细胞数量和血红蛋白含量低于正常，而且常伴有红细胞形态和染色性质的变化。根据发生原因，常将全身性贫血分为失血性贫血、溶血性贫血、再生障碍性贫血和营养不良性贫血四个类型。

（一）失血性贫血

1. 原因　各类外伤引起的血管或内脏（脾脏）破裂、产后子宫出血等，多为急性失血性贫血。寄生虫病（鸡球虫病、肝片形吸虫病、血吸虫病等）、出血性胃肠炎、消化道溃疡和肿瘤等长期反复出血性疾病可造成慢性失血性贫血。

2. 病理变化

（1）急性失血性贫血。初期，血液总量减少，但单位容积的红细胞和血红蛋白含量仍正常，血色指数也不发生变化，此时的贫血称为正色素性贫血。此时如果血容量不能得到及时补充，极易发生低血容量性休克甚至死亡。经一定时间后，因血压降低，刺激主动脉弓和颈动脉窦的压力感受器，反射性地使交感神经兴奋，儿茶酚胺分泌增多，引起肝脏、脾脏、肌肉等贮血器官血管收缩，将血液排出进入循环，补充循环血量。同时，组织液也大量回流进入血管，体循环血量得到补充。但血液被稀释，单位容积的红细胞数和血红蛋白含量低于正常范围，血色指数下降，称为低色素性贫血。

由于贫血和缺氧，刺激肾脏产生红细胞生成酶，使肝脏产生的促红细胞生成素原，转变为红细胞生成素，刺激骨髓造血功能。骨髓内各个发育阶段的红细胞增多，导致外周血液中出现大量幼稚型红细胞，如网织红细胞、多染性红细胞及有核红细胞。因骨髓造血消耗大量的铁，若此时供铁不足，血红蛋白的合成较红细胞再生慢,外周血液中可出现淡染红细胞,红细胞体积变小,血红蛋白平均浓度低于正常。

(2) 慢性失血性贫血。由于初期失血量小,骨髓造血功能可实现代偿,贫血症状不明显。但长期反复失血,由于铁元素丧失过多,导致缺铁性贫血。血象特点为小红细胞低色素性贫血。外周血中未成熟的红细胞增多,大小不均,呈椭圆形、梨形、哑铃形等异常形态。严重时,骨髓造血功能衰竭,肝脏、脾脏内出现髓外造血灶。动物表现为消瘦、被毛凌乱、可视黏膜苍白等。

(二)溶血性贫血

1. 原因

(1) 生物性因素。多种细菌(如溶血性链球菌、葡萄球菌)、病毒(如猪瘟病毒、鸡传染性贫血病毒)、血液寄生虫(如锥虫、梨形虫)等感染。

(2) 理化因素。高温、低渗溶液等能引起红细胞大量破坏;含铜、铅、皂苷等化学物质和某些药物超量使用(硝基呋喃妥因、非那西汀等)会引发贫血;马属动物对吩噻嗪特别敏感,使用不当也会导致溶血性贫血。

(3) 有毒植物。食入有毒植物,如蓖麻籽、栎树叶、冰冻芜菁、金雀枝、毛茛属植物、旋花植物、秋水仙及野葱等会引发贫血。但因其适口性差,动物极少发生此类中毒,只有在缺少饲料的情况下,动物被迫采食才发生中毒和溶血。

(4) 免疫反应。常见于新生幼畜免疫溶血性疾病、异型输血、自身免疫溶血性疾病如全身性红斑狼疮等。

(5) 代谢性疾病。奶牛产后血红蛋白尿,多发生于产后 2~3 周,可能与磷的摄入不足有关。犊牛或青年牛常发生水中毒,导致血液低渗,红细胞肿胀、破裂而发生溶血和血红蛋白尿。

2. 病理变化 溶血性贫血时,血液总量一般不减少,由于红细胞被大量破坏,单位容积红细胞和血红蛋白减少,血浆蛋白浓度升高。由于骨髓造血功能代偿性增强,外周血中网织红细胞明显增多,还可见到有核红细胞和多染色性红细胞。

病畜临床出现黄疸和血红蛋白尿,血中间接胆红素增多。剖检时,在心血管内膜、浆膜、黏膜等部位呈明显的溶血性黄疸。红细胞大量崩解,单核巨噬细胞系统机能增强。肝、脾肿大明显,并有含铁血黄素沉着。

(三)再生障碍性贫血

1. 原因 与造血干细胞的受损和造血微环境受损有关。

(1) 生物性因素。某些病毒性传染病,如马传染性贫血、牛恶性卡他热、鸡传染性贫血、鸡包含体肝炎等。

(2) 物理性因素。动物机体长期暴露在 α 射线、γ 射线、X 射线、镭或放射性同位素的辐射环境下,可以造成选择性的骨髓功能不全,以中性粒细胞、淋巴细胞、血小板等显著减少为特征。

(3) 化学性因素。经三氯乙烯抽提的饲料(豆饼)、蕨类植物、50 多种化学药物,如氯霉素、保泰松、抗癌药、某些抗生素、有机砷化合物等,以及最常见的苯及其衍生物类化学物质等,都可引发再生障碍性贫血。

（4）骨髓疾病。白血病或骨髓瘤等使骨髓组织破坏或抑制，不能充分利用造血原料；慢性肾脏疾病造成促红细胞生成素减少。

2. 病理变化　发生贫血的机体，外周血中正常红细胞和网织红细胞呈进行性减少或消失，红细胞大小不均，呈异形性。除了红细胞减少外，还有白细胞、血小板的减少，同时皮肤、黏膜有出血和感染等症状，动物反复发热，对抗贫血药物治疗无效。骨髓造血组织发生脂肪变性和纤维化，红骨髓逐渐被黄骨髓取代。血清中铁和铁蛋白含量增高。

（四）营养不良性贫血

1. 原因　由于造血原料（铜、铁、钴、维生素 B_{12}、维生素 B_6、叶酸、蛋白质等）缺乏或不足，造成红细胞生成不足。临床上猪、犬等缺铁性贫血较为多见。动物在缺铁的草场放牧或舍饲时，饲料中矿物质补充不足、品质低劣，患有慢性消耗性疾病或消化系统疾病时，营养吸收不良或大量丢失等，均可引起营养不良性贫血。另外，铜能促进铁的吸收利用，促进红细胞的成熟和释放，铜为许多酶的辅酶，直接参与造血过程，故钼中毒时会干扰铜的代谢，进而又可干扰铁的利用。

2. 病理变化　一般病程较长，动物消瘦，血液稀薄，血红蛋白含量降低，血色淡，严重者可出现营养不良性水肿和恶病质。

缺铁性贫血的特点是骨髓、肝、脾及其他组织中缺乏可利用的铁，血清铁蛋白浓度降低，血清铁浓度和血清转铁蛋白饱和度均降低，血象特点为小红细胞低色素性贫血和巨幼红细胞性贫血。钴和维生素 B_{12} 缺乏时，由于红细胞成熟障碍，血象特点为大红细胞高色素性贫血，伴有异形红细胞增多，血红蛋白含量高于正常。维生素 B_6 缺乏时，可引起异形红细胞增多症和红细胞大小不均，猪可能表现为严重的小红细胞低色素性贫血。

综上所述，贫血的主要原因是出血、溶血和骨髓功能不全等，仅靠临床症状不容易区分，还需进行血涂片等实验室检查，尸体剖检所见病理变化特点可做参考。各种类型贫血比较见表 2-2。

表 2-2　各类贫血的特点

项　目	类　　型				
	失血性贫血		溶血性贫血	再生障碍性贫血	营养不良性贫血
	急性	慢性			
原因	外伤、肝脾破裂、产后大出血等	寄生虫病、胃溃疡、肿瘤等	中毒、病毒性传染病、辐射等	病原微生物感染、辐射等	蛋白质、铜、铁、钴等的缺乏
红细胞数量	减少	减少	减少	减少	略减少
血红蛋白含量	降低	降低	降低	降低	铁和铜缺乏时降低，钴和维生素 B_{12} 缺乏时增高
血色指数	初期正色素性，后期低色素性	正色素性，补铁不足呈低色素性	无明显变化	初期为高色素性，后期为低色素性	缺铁时为低色素性，缺维生素 B_{12} 时为高色素性

（续）

项　目	类　型				
	失血性贫血		溶血性贫血	再生障碍性贫血	营养不良性贫血
	急性	慢性			
血细胞象	后期网状红细胞、有核红细胞增多，也见多染性红细胞	红细胞染色淡，大小不均，严重时见有异形红细胞	红细胞大小不均，出现异形红细胞，白细胞和血小板减少	网织红细胞、有核红细胞增多，可见多染性红细胞	红细胞淡染、体积小，有时呈异形
病理变化	贫血性心力衰竭、休克	见肝脾髓外造血灶，肝脂变，脾呈肉状，管状骨内红髓区扩大	黏膜、皮肤有出血和感染，反复发热，管状骨内红髓区缩小	贫血、黄疸、脾肿大、血红蛋白尿	严重水肿、贫血、消瘦（恶病质）

（五）结局和对机体的影响

贫血时，动物机体会发生一系列病理生理变化，有些是贫血造成组织缺氧的直接结果，有些则是对缺氧的生理性代偿反应。

1. 代偿反应　为减轻贫血造成的组织缺氧，血红蛋白中氧的释放增加、心排血量增加、血液循环加速，器官组织中血流的重新分布；除再生障碍性贫血外，造血功能加强；因氧化不全产物蓄积，刺激呼吸中枢，可引起呼吸加深加快，使组织尽量获得更多的氧气。

2. 不利影响　贫血时，血液运送氧的能力大大降低，毛细血管内的氧气扩散压力过低，以致对远距离的组织供氧不足，造成组织缺氧、物质代谢障碍、局部组织酸中毒。随着病程的延长，各器官、组织出现细胞萎缩、变性甚至坏死。贫血还会引起神经兴奋性下降，动物精神沉郁，易疲劳，食欲降低，胃肠消化、蠕动减弱，吸收障碍。营养不良性贫血还兼有营养缺乏的症状。由于机体的代偿反应造成血液中红细胞增多，血液黏稠，阻力增加，心脏长期负荷过重，可诱发心肌原性扩张，导致循环障碍。

任务四　出　　血

血液（主要指红细胞）流出心脏或血管之外，称为出血。血液流出体外称为外出血，流入组织间隙或体腔内，称为内出血。

（一）原因和发生机理

1. 破裂性出血　指心血管壁的完整性遭到破坏而引起的出血。一般发生在局部，可发生于心脏和各种血管，发生原因主要有以下几种：

（1）机械损伤。如刺伤、切伤、火器伤和挫伤等，若损伤大血管，可因大出血而发生休克甚至死亡。

（2）血管壁受到溃疡、炎症和肿瘤等病变的慢性侵蚀而引起出血，如肺坏疽和结核性肺空洞时引起的肺出血和胃溃疡引起的胃出血等。

（3）血压异常升高、动脉硬化、动脉瘤及其他心脏或血管壁自身病变，均可导致血管破裂而出血。

2. 渗出性出血　毛细血管和微静脉的内皮细胞受损，血管壁通透性增大或凝血因子数量和质量改变引起的出血。出血常发于浆膜、黏膜和各实质器官的被膜，是临床上最常见的出血类型。其原因概括起来主要有以下几种：

（1）血管壁的损伤。如急性传染病（猪瘟、巴氏杆菌病、鸡新城疫等）、寄生虫病（球虫病、弓形虫病等）、中毒病（霉菌毒素中毒、有机磷中毒等）使毛细血管壁损伤，通透性增大；淤血和缺氧时，毛细血管内皮细胞变性、坏死，酸性代谢产物损伤基底膜，加之毛细血管内流体静压升高而引起出血；维生素 C 缺乏可引起毛细血管基底膜破裂，毛细血管外胶原减少及内皮细胞连接处分开而导致血管壁通透性升高；过敏性紫癜时由于免疫复合物沉着于血管壁引起变态反应性血管炎。

（2）血小板减少或功能障碍。再生障碍性贫血、白血病、骨髓内广泛性肿瘤转移等均可使血小板生成减少；原发性血小板减少性紫癜、弥漫性血管内凝血（DIC）使血小板破坏或消耗过多；某些药物在体内诱发抗原抗体反应所形成的免疫复合物吸附于血小板表面，使血小板连同免疫复合物被巨噬细胞所吞噬等。

（3）凝血因子缺乏。凝血因子Ⅷ、凝血因子Ⅸ、纤维蛋白原、凝血酶原等因子的先天性缺乏；DIC、败血症或休克等病理过程中，凝血因子大量消耗；维生素 K 缺乏、重症肝炎和肝硬化时，凝血因子合成障碍等，均可引起继发性广泛出血。

（二）病理变化

1. 破裂性出血的病理变化　其病变常因损伤的血管不同而异。

（1）血肿。小动脉发生破裂而出血时，由于血压高而出血量多，流出的血液挤压周围组织，呈肿块样隆起。

（2）积血。血液流入体腔称积血，此时体腔内可见到血液或血凝块。如胸腔积血、心包积血等。

（3）溢血。某些器官的浆膜或组织内常见不规则的弥漫性出血称溢血，如脑出血。

2. 渗出性出血的病理变化　渗出性出血只发生于毛细血管和小静脉，常伴发组织或细胞的变性、坏死，而血管壁却不见明显的组织学变化。其病变常见有以下几种：

（1）点状出血。又称瘀点，出血直径不大于 1 mm，出血量少，多呈粟粒大至高粱米粒大，散在或弥漫分布，常见于黏膜、浆膜和肝、肾等器官的表面（彩图 5）。

（2）斑状出血。又称瘀斑，出血直径 1～10 mm，出血量较多，常形成绿豆大、蚕豆大或更大的密集状出血斑。

（3）出血性浸润。出血弥漫性地浸润于组织内，使出血的局部组织呈大片暗红色。

机体有全身性出血倾向，各组织出现广泛出血点，称为出血性素质。少量组织内出血时，只有在镜检时见红细胞出现于血管外。出血区的颜色随出血发生的时间而不同，通常新鲜的出血斑点呈红色，陈旧的出血斑点呈暗红色。

（三）出血和其他病变的临床鉴别

临床上，充血与出血容易混淆，应注意鉴别。充血组织指压褪色，出血指压不褪色，且出血灶边界一般较明显。胃肠淤血时在动物死后很容易发生溶血，常被误认为是出血；鸡肺脏静脉淤血时，从外表看常呈斑点状暗红色，往往被误认为是出血。实际上在某一病变组织内充血和出血经常同时存在，所以鉴别充血和出血有时是很困难的。确诊时需要进行病理组织学检查。

血肿和肿瘤的区别：血肿早期一般呈暗红色，随着时间的推移，红细胞崩解，血红蛋白分解成含铁血黄素和橙色血质，颜色变为淡黄色，血肿体积逐渐减小。而肿瘤一般颜色不变，体积逐渐增大。必要时可穿刺检查。

（四）结局和对机体的影响

出血对机体的影响，取决于出血的原因、部位、出血量和持续时间。出血如发生在脑部或心脏，即使是少量出血，也常常会造成严重的后果，甚至导致病畜死亡；大动脉、大静脉发生破裂而出血时，若抢救不及时，失血量超过机体总血量的 $1/3\sim$ $1/2$ 时，血压急剧下降，容易发生失血性休克而死亡；少量而长期持续的出血，机体虽然能通过代偿适应反应不会致死，但会引起全身性贫血及器官代谢障碍。

一般小血管发生破裂性出血时，局部小血管痉挛收缩，局部血栓形成，从而可自行止血。流入体腔或组织内的血液量少时，红细胞可被巨噬细胞吞噬，出血灶完全吸收而不留痕迹。如出血量较多，则红细胞被破坏，血红蛋白分解为含铁血黄素，沉着在组织中或被巨噬细胞吞噬。大的血肿因吸收困难，常在血肿周围形成结缔组织包囊，随后血肿通常被新生的肉芽组织取代或包裹。

任务五 血 栓

在活体的心脏或血管内，血液中某些成分析出、黏集或凝固，形成固体物质的过程，称为血栓形成，所形成的固体物质称为血栓。

内源性凝血
过程（动画）

正常的血液中存在着互相拮抗的凝血系统与抗凝血系统（纤维蛋白溶解系统）。在生理状态下，血液中的凝血因子不断地被激活，产生少量凝血酶，形成微量纤维蛋白沉着于血管内膜上；同时，激活的纤维蛋白溶解系统不断地将这些微量纤维蛋白溶解，被激活的凝血因子也被单核巨噬细胞系统所吞噬。上述凝血系统和纤维蛋白溶解系统的动态平衡，既保证了血液有潜在的可凝固性，又始终保持了血液的流体状态。然而，在某些致病因素的作用下，打破了上述平衡，触发了凝血过程，血液便在心脏、血管内凝固，形成血栓。

（一）原因和发生机理

1. 心、血管内膜的损伤 正常的心、血管内膜完整而光滑，对保证血液流动状态和防止血栓形成有重要作用。内皮细胞表面被覆的一层糖萼，含有硫酸乙酰肝素和 $\alpha-2$ 巨球蛋白（$\alpha2-MG$），可阻止血液在内皮细胞表面凝结，内皮细胞还能合成和释放抗凝血酶Ⅲ、纤溶激活物等。

外源性凝血
过程（动画）

当心血管内膜受到损伤时，内皮下胶原纤维暴露，凝血因子Ⅻ与胶原纤维接触而被激活，启动内源性凝血系统，释放凝血酶，成为血栓形成的始动因素。另外，内膜损伤后表面变粗糙，有利于血小板的沉积和黏附。黏附的血小板破裂后，释放多种血小板因子，如二磷酸腺苷（ADP）、去甲肾上腺素、血栓素 A_2 等，激发凝血过程。其中 ADP 能对抗二磷酸腺苷酶，对血小板聚集有积极作用；血栓素 A_2 使血小板聚集成堆不易分散，是血小板的强促聚物。同时，内膜损伤可释放组织凝血因子，激活外源性凝血系统，从而形成血栓。

临床上，心、血管内膜的损伤常见于各种炎症，如牛肺疫时的肺血管炎、慢性猪丹毒时的心内膜炎以及同一部位反复进行静脉注射等，均可促使血栓形成。

2. 血流状态的改变　正常情况下，血液中的有形成分如红细胞、白细胞和血小板在血流的中轴流动，称轴流，血浆在周边部流动，称边流。边流的血浆带将血液中的有形成分与血管壁隔离，避免血小板和内膜接触。

当血流缓慢或血流产生旋涡时，血小板进入边流，增加了与血管内膜接触的机会，进而黏附于内膜。另外，血流缓慢和旋涡产生时，既可使被激活的凝血因子和凝血酶在局部达到凝血过程所必需的浓度，还可使已形成的血栓不易冲走，固定在血管壁上而不断地增长。

临床实践表明，静脉血栓发生的概率约比动脉大 4 倍，下肢静脉血栓发生的概率又比上肢静脉血栓大 3 倍，而且常发生于久病卧床和静脉曲张患畜的静脉内，这是因为静脉血比动脉血流动慢，并且静脉瓣处血流易产生旋涡、静脉血黏度高也使发生血栓的概率大大增加。心脏和动脉内的血流快，不易形成血栓，但在致病因素的作用下，如二尖瓣狭窄时左心房血流缓慢并出现旋涡；动脉瘤内的血管内皮损伤，血流不规则并呈旋涡状流动时，均可导致血栓形成。

3. 血液性质的改变　指血液内凝血成分量和质的变化，或因血液的性状改变而凝固性增高的情况。如严重的创伤、产后及大手术后，由于大量失血，血液中补充了大量易于黏集的幼稚型血小板，同时纤维蛋白原、凝血酶原及凝血因子等含量也增多，血液呈高凝状态，故易形成血栓；DIC 时，体内凝血系统被激活，凝血因子和血小板大量释放，使血液凝固性增高；严重脱水时，由于血液浓缩，相同容积内凝血物质相对增多，再加上血流缓慢，从而使血栓易于形成。

在血栓形成的过程中，上述三个因素往往同时存在并相互影响，如传染性疾病的血栓形成中，常是心、血管内膜的损伤，血液凝固性增高和血流速度减慢等因素共同作用的结果。但在血栓形成的不同阶段，其作用又各有侧重。如慢性猪丹毒的疣性心内膜炎，主要是由于心内膜的损伤。故在临床中应针对实际情况，采取相应措施，防止血栓形成，如外科手术中应注意操作轻柔，尽量避免损伤血管。

（二）血栓形成的过程及类型

1. 血栓形成的过程　无论是心脏还是动脉、静脉内的血栓，其形成过程都从血小板黏附于受损的内膜开始。血小板成功黏附是血栓得以形成的关键，血栓形成过程如下（图 2-4）。

首先，血小板从轴流中分离、析出，黏附于受损的心血管内膜上，并不断沉积。沉积的血小板体积增大，伸出伪足而发生变形，呈不规则圆形，同时释放 ADP，从血流中黏集更多的血小板，形成小丘状的血小板堆。此时的血小板黏集堆是通过 ADP 作用形成的，可以重新散开，称为临时性止血塞。随着血栓素 A_2 和凝血酶的释放，血浆纤维蛋白原变成凝固状态的纤维蛋白；血栓素 A_2 和凝血酶还作用于血小板黏集堆使之发生黏性变态，这样的血小板黏集堆便不再散开，称为持久性止血塞。黏性变态的血小板堆牢固附着于血管壁损伤处，体积不断增大，形成质地较坚实的灰白色小丘，称为血小板血栓，因为它是血栓形成的起始点，又称为血栓的头部。

血小板血栓形成后，其头部突入管腔中，使血流进一步减慢和产生涡流，血小板继续不断析出和凝集。随着析出、凝集过程不断进行，形成许多与血管壁垂直而互相吻合的珊瑚状血小板梁，表面黏附许多白细胞。小梁间血流缓慢，被激活的凝血因子可达到较高浓度，

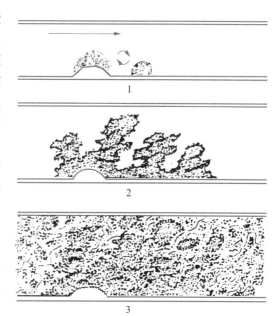

图 2-4 血栓形成过程

1. 血小板沉着在血管壁上　2. 血小板形成小梁，并有白细胞附着　3. 血液凝固，纤维蛋白网形成

使大量纤维蛋白单体聚合成大分子的纤维蛋白，并交织成网，在网眼间网罗了大量红细胞及少量白细胞，于是形成了红白相间的层状波纹样"混合血栓"，又称为层状血栓。它构成静脉延续性血栓的体部。

随着血栓继续延长、增大，血流更加缓慢，当管腔完全被阻塞后，则局部血流停止，血液迅速凝固，形成条索状的血凝块，称为红色血栓，构成血栓的尾部。

2. 血栓的类型

（1）白色血栓。即血栓的头部，通常见于心脏和动脉系统，在静脉血栓的起始部也可看到。这是由于动脉和心脏的血流速度较快，血小板在动脉内膜和心瓣膜上黏集后，崩解释放的血小板因子易被血液迅速地稀释、冲走，血液不易发生凝固。眼观，血栓呈灰白色，质地坚实，表面粗糙有波纹，牢固地黏附于心瓣膜及血管壁上。镜检，白色血栓由许多聚集呈珊瑚状的血小板小梁和少量的白细胞及纤维蛋白构成，血小板紧密接触，保持一定的轮廓，但颗粒已经消失。白色血栓的形态随部位不同而异，如在心瓣膜上为疣状物，在心房内或动脉内膜上多为球状或块状，甚至呈小结节状。

（2）混合血栓。即血栓的体部，多发生于血流缓慢的静脉内。眼观，呈红白相间的层状结构，无光泽，干燥，质地较坚实。如果时间较久，由于血栓内的纤维蛋白收缩，表面呈波纹状。镜检，混合血栓主要由淡红色无结构的珊瑚状血小板小梁和充满于小梁间的纤维蛋白网及红细胞构成，在血小板梁的边缘，有大量中性粒细胞黏附（彩图6）。

（3）红色血栓。即血栓的尾部，多发生于静脉，其形成过程与血管外凝血相同，常发生在血流极度缓慢或流流停止之后，构成延续性血栓的尾部。眼观，新鲜血栓表面呈暗红色，光滑、湿润并富有弹性，与一般死后血凝块一样。陈旧的红色血栓因水

分被吸收，变得干燥，表面粗糙，质脆易碎，失去弹性。镜检，可见纤维蛋白网眼内充满红细胞、白细胞。红色血栓易脱落随血流运行，从而阻塞血管形成血栓性栓塞。

（4）纤维素性血栓。又称为透明血栓。因其主要发生于毛细血管内，只能通过显微镜才能观察到，故又称微血栓。纤维素性血栓主要由纤维蛋白和血小板构成，光镜下呈现嗜酸性粉红色、均质透明状。在一些败血性传染病、中毒病、药物过敏、创伤、休克等病程中，纤维素性血栓常广泛地出现于许多器官、组织的微循环血管内，可导致一系列病变和严重后果。

动物死后，血液在心血管内凝固形成死后血凝块，它与血栓在形态上大体相似，临床上要注意区别，防止混淆。血栓与死后血凝块的区别见表2-3。

表2-3 血栓与死后血凝块的区别

项 目	死后血凝块	血 栓
表面	湿润、表面光滑、有光泽	干燥、表面粗糙、无光泽
质地	柔软、有弹性	较硬、脆
色泽	暗红色或血凝块上层呈鸡脂样	色泽混杂，灰红相间、尾部暗红
与血管壁的关系	易与血管壁分离	与心血管壁黏着
组织结构	无特殊结构	具有特殊结构

（三）血栓的结局

1. 软化、溶解、吸收 血栓形成以后，血栓中的血小板可释放纤溶酶激活因子，使不溶性的纤维蛋白变为可溶性多肽，血栓被软化。同时血栓内中性粒细胞崩解释放蛋白水解酶，使血栓中的蛋白质样物质溶解，变为小颗粒状或脓样液体，最后被巨噬细胞吞噬。

血栓的溶解过程取决于血栓的大小，血栓和血管接触面积的大小及血栓的新旧程度。新形成的血栓，如手术后形成的静脉血栓，30%在72 h内溶解，较小的血栓可完全溶解、吸收而消失；较大的血栓软化后，可部分或全部脱落成为栓子，随血流运行阻塞血管，引起血栓性栓塞。

2. 机化与再通 血栓形成后的1～2 d，由内皮细胞和成纤维细胞构成的肉芽组织，从血管壁向血栓内生长，将血栓逐渐溶解、吸收、取代的过程称为机化。在机化过程中，由于血栓收缩，在血管壁和血栓之间出现空隙，或由于血栓本身自溶发生裂隙，裂隙的表面会被增殖的血管内皮细胞覆盖，随着血栓内原有的细胞成分崩解吸收，纤维素被机化，由内皮细胞被覆的裂隙逐渐增多，形成毛细血管性的结构，渐渐吻合呈网状或迷路状，在有了血液流通之后它又逐渐扩张，并随血流动力学而在其走向和口径方面加以适应和改建，这种现象称血栓的再通。

值得注意的是，再通的血管并不能达到血栓发生前的血流量，此时，虽有血流通过，但在血栓处容易形成旋涡，又可导致血栓的再次发生。

3. 钙化 没有发生软化和机化的血栓，可由钙盐沉着使血栓部分或全部形成坚硬的钙化质块。钙化后的血栓在血管内形成结石，动脉管腔内血栓钙化形成的结石称动脉石，静脉管腔内血栓钙化形成的结石称静脉石。

（四）血栓形成的意义和影响

1. 积极影响 血栓形成是机体自行止血的防御反应，具有一定的抗损伤意义。如血管破裂口血栓形成，可阻止出血；炎灶周围小血管内血栓形成，可防止病原扩散蔓延。

2. 不利影响

（1）阻塞血管。动脉血栓未完全阻塞血管时，可引起局部缺血而发生萎缩或变性；如完全阻塞而又缺乏有效的侧支循环时，可引起局部器官的缺血性坏死（梗死）。静脉血栓形成后，如未能建立有效的侧支循环，则可引起局部淤血、水肿和出血，甚至坏死。

（2）形成栓子、造成栓塞。在血栓未和血管壁牢固黏着之前，或血栓的整体或部分溶解脱落，常形成栓子，随血流运行引起栓塞。

（3）引起心瓣膜病。心瓣膜血栓机化，可引起瓣膜增厚、粘连，造成瓣膜狭窄。如果在机化过程中纤维结缔组织增生而后疤痕收缩，可造成瓣膜闭锁不全，导致全身性血液循环障碍。

（4）微血栓形成。机体广泛的微血栓形成，消耗大量凝血因子和血小板，可引起全身性出血和休克。

任务六　栓　　塞

循环血液中出现不溶于血的异常物质，随血流运行，阻塞相应血管的现象，称为栓塞。引起栓塞的异常物质称为栓子。

（一）栓塞的种类

1. 血栓性栓塞 由血栓软化、脱落引起的栓塞，是栓塞中最常见的一种，约占栓塞的99％。

（1）肺动脉栓塞。有90％的栓子来自静脉血栓脱落，随血液循环回流到达右心，然后阻塞肺动脉及其分支。因为肺动脉和支气管动脉之间有丰富的吻合支，若仅阻塞肺动脉小分支，一般不会引起严重的后果。但若肺脏淤血严重，或被栓塞的动脉较多，侧支循环不能有效代偿，可导致患畜呼吸急促、黏膜发绀、休克，甚至突然死亡。

（2）大循环动脉栓塞。来自动脉及左心的栓子，可随血流运行引起全身各组织器官栓塞，若心、脑发生栓塞，则会导致动物突然死亡。慢性猪丹毒伴发心内膜炎时，瓣膜上的白色血栓脱落，随血流运行到肾脏、脾脏等器官，引起相应组织的缺血和梗死，有时还会引起脑部梗死和心肌梗死等。肝有肝动脉和门静脉双重血液供应，故肝动脉分支栓塞时很少引起梗死。

2. 脂肪性栓塞 是指脂肪滴进入血液引起的栓塞，多见于长骨骨折、骨手术和脂肪组织严重挫伤，脂肪细胞破裂释放出的脂肪滴通过破裂的血管进入血流而引起器官组织的栓塞；偶见于脂肪肝、胰腺炎、糖尿病和烧伤等情况，如脂肪肝受压后，肝细胞破裂，释放脂肪滴进入肝窦，随后进入血液循环。临床上还可见误将含脂质的药物静脉注射引起脂肪性栓塞。少量的脂肪栓子主要影响小动脉和毛细血管，血液中的脂肪滴可被血液内酯酶分解或被巨噬细胞吞噬而清除；大量脂肪栓子阻塞肺毛细血管可引起肺内循环血量减少，最后引起呼吸加快、缺氧、发热、意识障碍、心跳加快等。有研究表明，人肺脂肪栓塞量达 $9\sim20\,g$ 时，肺循环会减少 3/4，从而导致急性右心衰竭。

3. 气体性栓塞　是指大量气体进入血液，或溶解于血液内的气体迅速游离，在循环血液中形成气泡并阻塞血管引起的栓塞。气体性栓塞多见于外伤、手术时导致的大静脉破裂；胎盘早期剥离导致的子宫静脉破裂；静脉注射时误将空气带入血流等。人在深水或高空作业时，压力增高，溶解于血中的气体增多，当压力减小时，则游离出气体，形成气体性栓塞。静脉破裂时，空气可因静脉腔内负压而经破裂口进入静脉，形成气体栓子。

空气经血流到达右心后，由于心脏的搏动，将空气和心腔内的血液搅拌形成泡沫状血液，这些泡沫状血液具有很大的伸缩性，可随心脏舒缩而变大或缩小，当右心腔充满泡沫状血液时，静脉血回心受阻，并使肺动脉充满空气栓子，引起血管反射性痉挛、呼吸麻痹、心力衰竭，甚至急性死亡。但进入血液内的气体量少时，可被溶解于血液而不引起栓塞。

4. 寄生虫及虫卵栓塞　是指某些寄生虫或虫卵进入血流而引起的栓塞。如血吸虫寄生在门静脉系统内，所产的虫卵常造成肝门静脉分支阻塞，或逆流进入肠壁小静脉形成栓塞；旋毛虫进入肠壁淋巴管，经胸导管进入血液等均可形成寄生虫性栓塞。寄生虫和虫卵不但能造成栓塞，死亡的成虫还可释放出毒性物质而引起局部血栓形成、动脉壁坏死和周围组织坏死。

5. 细胞及组织性栓塞　是指组织碎片或细胞团块进入血流引起的栓塞。多见于组织外伤、坏死及恶性肿瘤等。恶性肿瘤细胞形成的瘤细胞栓塞不仅构成一般组织性栓塞的恶果，还可以引起肿瘤的转移。

6. 细菌性栓塞　机体内感染灶中的病原菌，可能以单纯菌团的形式或与坏死组织、血栓相混杂，进入血液循环引起细菌性栓塞。细菌性栓塞多见于细菌性心内膜炎及脓毒血症，带有细菌的栓子可以导致病原体在全身扩散，并在全身各处造成新的感染病灶，引起败血症或脓毒败血症。

（二）栓子的运行途径

栓子在体内运行与血流方向一致。各种栓子在体内运行和阻塞血管的部位都具有一定的规律性，根据栓子栓塞部位，一般可追溯到栓子的来源。

1. 来自肺静脉、左心或动脉系统的栓子　随动脉血流运行，最后多阻塞在脾脏、肾脏、脑等器官的小动脉和毛细血管，称为动脉性栓塞（大循环性栓塞）。

2. 来自右心及静脉系统的栓子　一般经右心室进入肺动脉，随血流运行而阻塞肺动脉的大小分支，称为静脉性栓塞（小循环性栓塞）。

3. 来自门脉系统的栓子　多随血流进入肝脏，一般在肝脏的门静脉分支处形成栓塞，称为门脉性栓塞。

（三）栓塞对机体的影响

栓塞对机体的影响，主要取决于栓塞发生的部位，栓子的大小、数量及其性质。微小的栓子阻塞少数毛细血管，一般不引起严重后果。动脉性栓塞发生以后，如果能迅速建立侧支循环，一般也不会造成严重影响；如侧支循环不能很快建立，其供血区的组织细胞将发生缺血性梗死。如脑和心脏发生栓塞，就会造成严重后果，甚至导致动物急性死亡。小气泡、小脂滴易被吸收而对机体的影响较小。而由细菌团块或瘤细胞所造成的栓塞，除造成栓塞处的血管堵塞外，还会形成新病灶，使病变蔓延。

思 政 园 地

羊水栓塞是指在分娩过程中羊水突然进入母体血液循环引起急性肺栓塞、过敏性休克、弥散性血管内凝血、肾功能衰竭或猝死的严重的分娩期并发症，发病率为万分之 0.4 至万分之 0.6，病死率高达 50%～86%。

羊水栓塞是由于污染羊水中的有形物质（胎儿毳毛、角化上皮、胎脂、胎粪等）和促凝物质进入母体血液循环引起，病情凶险并且难以预料。

每位母亲在生产宝宝的过程中，不仅要承受巨大的身体疼痛和压力，还随时会因为各种意外而有生命危险，为人子女的我们，平时一定要心怀感恩之情，孝敬父母，用实际行动回报父母的养育之恩。

任务七　梗　　死

组织或器官的动脉血流供应中断而导致的缺血性坏死称为梗死。梗死通常是由于动脉阻塞引起，但在一些器官，静脉或广泛的微循环阻塞也可引起梗死。

（一）原因和发生机理

1. 动脉血栓形成　如心冠状动脉血栓形成引起的心肌梗死；马前肠系膜动脉干和回肠结肠动脉因普通圆线虫寄生，发生慢性动脉炎时诱发的血栓形成，可将动脉完全阻塞，而引起结肠或盲肠梗死。

2. 动脉栓塞　各种类型的栓子随血液循环运行阻塞血管，造成局部组织血流断绝而发生梗死。多见于肾脏、肺脏、脾脏梗死中，如肾小叶间动脉栓塞引起的肾脏梗死等。

3. 动脉受压　如肿瘤、腹水或肠扭转、肠套叠等外力压迫动脉血管，使动脉管腔狭窄或闭塞，引起局部贫血，甚至血流断绝（图 2-5）。

微课：梗死
的原因

4. 动脉持续性痉挛　单纯动脉痉挛一般不会引起梗死，但当某种刺激（低温、化学物质和创伤等）作用于缩血管神经，反射性引起动脉管壁的强烈收缩（痉挛），造成局部血液流入减少，或完全停止，则可发生梗死。如严寒刺激、过度使役等均可引起动脉持续性痉挛而使血流供应中断造成坏死。

图 2-5　肠扭转引起肠梗死

（二）梗死的类型和一般病理变化

1. 贫血性梗死 多发生于血管吻合支少，侧支循环不丰富，且组织结构比较致密的实质器官，如心脏、脾脏、肾脏等。当这些器官的小动脉被阻塞时，其分支及邻近的动脉发生反射性痉挛，一方面将梗死灶内的血液挤出病灶区，另一方面又妨碍血液经毛细血管吻合支流入缺血组织，使局部组织呈现贫血状态，随后，梗死灶内红细胞溶解消失，使梗死灶呈灰白色，故又称白色梗死。

病理变化特点：眼观，新形成的梗死灶因吸收水分而稍肿胀，向器官表面隆起，经数日后，梗死灶变干、变硬，稍低陷于器官表面。梗死灶与周围健康组织有明显的界线，在交界处常形成明显的充血和出血带，颜色暗红，称为炎性反应带。梗死灶的形状因血管分布不同而各异。脾脏、肾脏等器官内的动脉血管分支呈锥体形，故其梗死灶切面也呈锥形，锥尖朝向血管阻塞部位，锥底位于器官的表面呈不正圆形。心肌发生梗死时由于冠状动脉分支不呈树枝状，故梗死灶呈不规则的地图状。光镜下，早期实质细胞无明显变化，之后呈现坏死的特征，细胞核逐渐溶解、消失，细胞质呈颗粒状，嗜伊红性增强，但组织的结构轮廓尚能辨认。在梗死灶的外围有数量不等的炎性细胞浸润，形成炎性细胞浸润带。陈旧的梗死灶还可见肉芽组织或结缔组织增生，形成瘢痕。

2. 出血性梗死 又称红色梗死，多发生于侧支循环丰富、血管吻合支多而组织结构疏松的脏器，如肺脏、肠等。当局部动脉发生阻塞时，局部小动脉发生反射性痉挛，但由于肺脏、肠等组织结构疏松，富有弹性，加之梗死之前这些器官就已处于高度淤血状态，静脉和毛细血管内压升高，因而不能把血液挤出梗死区，随着血管壁的破损，通透性升高，进而发生出血，使梗死灶呈现暗红色（图2-6）。

病理变化特点：眼观，梗死灶呈暗红色，切面湿润，与周围健康组织有明显的界线。肠管发生梗死时，因肠系膜血管呈扇形分布，故梗死灶呈节段状；肺的梗死灶呈倒圆锥形。光镜下，组

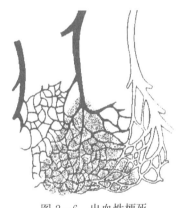

图2-6 出血性梗死

织结构大体轮廓尚可辨认，但精细结构不清。细胞变性、坏死，小血管内充满红细胞，间质充血水肿。

（三）常见器官的梗死病理变化

1. 心肌梗死 由于冠状动脉供血区持续性缺血，引起较大范围的心肌坏死，是一种贫血性梗死。动物的心肌梗死很少发生，一般和冠状动脉栓塞和持续性痉挛有关。

眼观：初期梗死灶病变轻微，肉眼很难看到，但1~2 d后，由于发生梗死的部位出血，而将土黄色的梗死灶衬托出来。2~3周后，这些小梗死灶可被机化为灰白色的小瘢痕。

镜检：若心肌发生凝固性坏死，则坏死心肌细胞的细胞质嗜伊红性增强，细胞

变长、变细，核消失，肌原纤维结构可保持较长时间，最终变为均质红染。梗死灶周围可见充血、出血带以及炎性细胞浸润；若心肌发生液化性坏死，则心肌肌原纤维溶解。

2. 脾梗死　动物的脾梗死多发生于猪瘟和牛恶性卡他热等疾病，是脾脏的小动脉受损使脾组织局部缺血所致。

眼观：脾梗死多位于前缘部，梗死灶大小不一，可单发也可多发，有时多个梗死灶互相融合或相连成片。切面上梗死灶多呈楔形或不整形，周边常见较明显的出血带。

镜检：脾脏实质细胞坏死特别明显，在白髓和红髓均可见坏死灶，其中多数淋巴细胞和网状细胞已经坏死，细胞核溶解、破碎或消失，细胞质肿胀，坏死灶周围可见浆液渗出和中性粒细胞浸润。

3. 肺梗死　见于猪肺疫、牛传染性胸膜肺炎等引起纤维素性肺炎的病理过程，绝大多数都是出血性梗死。

眼观：梗死灶大小不一，楔形，尖端指向肺门，基底部紧靠肺膜，肺膜面有纤维素性渗出物；梗死区质地硬实，呈暗红色，时间久后由于红细胞崩解，颜色逐渐变淡。

镜检：肺泡腔、小支气管腔及肺间质均充满红细胞，局部组织呈凝固性坏死。梗死灶与正常肺组织交界处的肺组织出血、水肿。梗死灶形成1周后由于肉芽组织增生，逐渐机化形成瘢痕。

4. 脑梗死　脑组织需氧程度极高，对缺氧非常敏感。脑梗死的原因包括脑血管阻塞及脑循环功能不全两大类，前者多见于猪丹毒的亚急性心内膜炎脱落的赘生物所引起的栓塞；后者多见于由牛恶性卡他热、慢性猪瘟和流行性乙型脑炎等引起的脑血管损伤。

眼观：梗死灶肿胀，体积增大，质地变软，色泽变暗，数日后梗死灶变得更软，部分液化。

镜检：神经细胞肿胀，尼氏小体溶解消失，核染色变深，细胞质嗜伊红染色增强。梗死灶周围的血管扩张充血，内皮细胞增生肿胀，随着病程的发展，成纤维细胞和胶质细胞增生。

5. 肠梗死　动物的肠梗死主要发生于肠系膜动脉的血栓性、寄生虫和其虫卵的栓塞，肠扭转、肠套叠和肠嵌顿所致的静脉阻塞和动静脉同时阻塞，一般为出血性梗死。

眼观：梗死早期，病变肠管高度淤血，呈污浊的暗绿色，浆膜及黏膜都有斑点状出血，以后整段肠管发生水肿和广泛出血，肠浆膜面可见纤维素性脓性分泌物。

镜检：肠壁各层出血，以黏膜下层最为明显，肠壁坏死严重者累及各层，较轻者则基层仍保存。

6. 肾梗死　肾梗死多由细菌性和血栓性栓塞及应激性动脉血管痉挛引起。

眼观：梗死部的切面呈典型的楔形病灶，基底部紧靠器官表面，尖端指向血管阻塞的部位。梗死灶与周围正常组织界线清晰，有充血、出血反应带。

镜检：梗死刚发生时，光镜下尚未见任何变化，随着时间的推移，梗死灶内小血管因缺氧而明显扩张，肾小管上皮细胞变性、坏死，肾小球的坏死崩解则不太明显。梗死灶外围有中性粒细胞浸润带及出血带（彩图7）。梗死时间稍长，梗死灶外围有巨噬细胞浸润和肉芽组织形成，逐渐将梗死灶机化而形成疤痕。陈旧的梗死灶也可发生灶性钙化。

（四）梗死的结局及影响

梗死的后果主要取决于梗死发生的器官、部位、大小、有无感染等。梗死灶较小，坏死组织经酶解后发生自溶、软化和液化，然后吸收。非感染性梗死灶一般在感染后24～48 h即有肉芽组织从病灶周围长入，逐渐机化形成瘢痕而取代坏死组织。较大的梗死灶不能完全被机化时，则由病灶周围增生的纤维结缔组织将其包裹，病灶内部坏死组织可发生钙化。

肾、脾梗死一般影响较小，通常只引起腰痛、血尿或脾区刺痛等症状；肺梗死可引起咳血及并发肺炎；肠梗死常出现剧烈腹痛并引起腹膜炎，需立即手术切除；心肌梗死轻者可导致心功能障碍、休克、心力衰竭，重者常致猝死；脑梗死轻者因部位不同而有不同症状，重者常可致偏瘫、死亡。

任务八　休　　克

休克（shock）是各种强烈致病因子作用于机体引起的以微循环障碍为主的急性循环衰竭、重要脏器（如心、肺、肾等）灌流量不足和细胞功能代谢障碍的全身性危重的病理过程。临床常伴随各种危重病症出现，其主要表现为：可视黏膜苍白，耳、鼻和四肢末端发凉，皮肤温度下降，血压下降、脉搏细速，呼吸浅表，尿量减少或无尿，动物精神高度沉郁，肌肉无力、衰弱，反应迟钝，严重者可在昏迷中死亡。

近年来专家对休克的研究热点转向败血症休克，从亚细胞和分子水平来研究休克发生机制，发现休克的发生与许多炎症介质和细胞因子混乱有关，提出全身炎症反应综合征（SIRS）概念，认为休克是指机体过度的自我持续放大和自我破坏的炎症。

休克不应同晕厥（syncope）相混淆。晕厥是短暂的心血管系统反射性调节障碍，主要是由于血压突然降低、脑部缺血等引起的暂时性意识丧失。临床表现为面色苍白、心率减慢、血压下降和意识障碍。常见于直立性低血压、严重心律不齐、疲劳、闷热等情况；恐惧、紧张等可诱发，平卧休息或采取头低位后即可恢复。休克在中医学上属"厥证""脱证"范畴。

一、正常微循环的特点

微循环（microcirculation）是指由微动脉到微静脉之间的微细血管组成的血液循环，它是血液循环的基本功能单位。通常由微动脉、后微动脉、毛细血管前括约肌、真毛细血管和微静脉等组成（图2-7）。有的还包括动-静脉吻合支，当吻合支开放，则大量血液经吻合支短路回心脏，可导致微循环灌流量不足。微循环的血流量主要取决于动脉血压和微循环各部位的血管阻力。倘若微循环血管阻力不变，则血压增高，血量增大；如果微动脉、毛细血管前括约肌收缩，则微循环血流量减

微循环
（动画）

少；如果微静脉收缩或回流受阻，则血液淤积于真毛细血管内。

微循环主要受神经体液的调节，有以下几个特点：

（1）真毛细血管在神经-体液的调节下，交替开放，仅 20% 左右血管在同一时间开放，其余关闭。

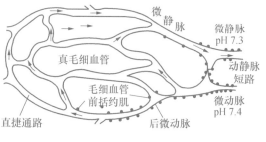

图 2-7 微循环

（2）儿茶酚胺、血管紧张素、血管升压素和皮内素等物质可使毛细血管括约肌收缩；组织胺、激肽、腺苷、乳酸、肿瘤坏死因子和一氧化氮等可使之舒张。

（3）小静脉、微静脉对缺氧和酸中毒耐受性大；小动脉和微动脉对缺氧和酸中毒敏感。

二、休克的原因和类型

临床上引起休克的原因非常繁多，根据病因不同，休克可分为低血容量性休克、感染性休克、过敏性休克、心源性休克、创伤性休克、神经性休克等类型。

（一）低血容量性休克

1. 原因

（1）失血。机体短时间内大量失血，血容量迅速减少导致失血性休克，见于外伤、胃溃疡、内脏破损和产后大出血等。

（2）脱水。剧烈呕吐或腹泻、大出汗等导致体液丢失，引起有效循环血量（血容量减少）的锐减，造成脱水性休克。

（3）烧伤。大面积烧伤时伴有大量血浆丢失以及水分通过烧伤的皮肤蒸发，引起烧伤性休克。

2. 病理特点 失血性休克根据出血速度的不同，其后果也不一样。慢性失血常引起缺铁性贫血，而急性出血则引起即时性严重后果。一般情况下，动物失血 20% 不会危及生命，但迅速丢失 30% 血量会导致死亡。另外，动物个体对失血的反应差异较大。失血后机体会产生一系列代偿反应，通过交感-肾上腺髓质系统兴奋等作用补充血量。如大量失血，代偿不能维持血压，则进入休克状态。通常单纯的出血性休克不易发生全身性血管内凝血（DIC），但合并创伤、继发感染时则可能发生不可逆性休克，导致动物死亡。

烧伤时常有血浆和红细胞的丢失，并因血管通透性增加和水分通过烧伤的皮肤蒸发加剧了体液丢失，同时，由于组织和血管壁的损害，机体极易发生 DIC。

（二）感染性休克

1. 原因 细菌、病毒、霉菌、立克次体等病原感染时会导致感染性休克，常见于动物严重感染并发生败血症过程中，因此又称为败血症休克。如烧伤后期继发感染引发的休克。

2. 病理特点　因感染导致微循环障碍，血管通透性升高，回心血量、输出量均减少。其中，革兰氏阴性菌引起的休克中，细菌内毒素起着主要作用，一般通过以下途径促使休克发生发展。

（1）内毒素引起血液中血小板、白细胞释放血管活性物质，激活激肽释放酶原为激肽释放酶，水解激肽原产生缓激肽。这些物质能引起血管扩张、静脉回流减少、心排血量降低。另外，中性粒细胞吞噬内毒素后细胞肿胀，陷入肺脏和肝窦等毛细血管中，由于溶酶体破裂，引起组织损伤和通透性增高，促使休克肺、肠道病变进一步发展。

（2）内毒素能激活纤溶酶原，促进 DIC 形成。

（3）内毒素有拟交感神经的作用，引起儿茶酚胺的释放。

（三）过敏性休克

1. 原因　过敏体质的动物机体，注射青霉素等药物、血清制剂或疫苗等会引起过敏性休克，此型休克属于Ⅰ型变态反应。

2. 病理特点　过敏性休克的发病机制主要是抗体（肥大细胞表面 IgE）与抗原结合，引起细胞的脱颗粒，血管活性物质如组织胺和缓激肽被释放进入血中，激发补体和抗体系统，引起血管床容积迅速扩张，毛细血管通透性增加，血浆大量渗出，造成有效循环血量相对不足，导致休克。

（四）心源性休克

1. 原因　常见于急性心肌炎及严重的心律失常，急性心力衰竭、大面积急性心肌梗死、严重的心律障碍等心脏疾病。

2. 病理特点　由于心脏泵血功能急剧下降，导致心排血量降低，外周有效循环血量和灌流量显著下降，外周血液循环阻力增加，常伴有中心静脉压升高。

（五）创伤性休克

1. 原因　常见于严重创伤、骨折等疾病，有失血、组织损伤等因子参与休克的发生。

2. 病理特点　大量失血、剧痛和组织损伤导致血管活性物质大量释放，引起全身广泛性小血管扩张，导致微循环缺血或淤血而发生休克。如创口发生感染，则还可发生感染性休克。

（六）神经性休克

1. 原因　常因剧烈疼痛、高位脊髓麻醉或大面积损伤等引起血管运动中枢受抑制，血管扩张，外周阻力降低，回心血量减少，血压下降，导致神经性休克。

2. 病理特点　神经性休克的发病机理为外周血管扩张引起有效循环血量减少，血压下降，血液淤积在扩张的血管床内。如马的急性胃扩张和高位肠梗阻时发生的休克，并没有大量体液丢失，主要与剧烈疼痛因素有关。

三、休克过程及机理

休克前期
（动画）

虽然不同类型的休克，各有特点，但发生机理有相似之处，最基本的发病环节表现为微循环障碍，有效循环血量减少，心脏血管舒缩失常引起泵血功能障碍，导致微循环有效灌注量不足，从而促进休克的发生发展。根据微循环的变化情况，可将休克的发生、发展过程分为三个时期。

（一）微循环缺血期

又称为休克前期、休克代偿期、缺血缺氧期。

1. 病理过程 由创伤、疼痛、感染、失血等引起的休克初期，都会引起交感-肾上腺髓质系统兴奋，儿茶酚胺分泌增多，引起除心、脑以外各个组织器官的小动脉、微动脉、后微动脉、毛细血管前括约肌和微静脉、小静脉收缩，大量真毛细血管网关闭，组织灌流量减少，呈缺血状态（图2-8）。微循环反应的不均一性导致了血液重新分配，以确保心、脑等生命重要器官的血液供

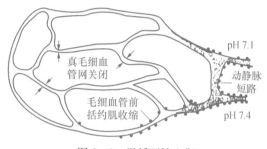

图2-8 微循环缺血期

应。这对维持动脉血压和有效循环血量具有一定的代偿意义，但也存在危机，如肺脏、肾脏、肝脏、脾脏及各消化器官的缺血、缺氧，必将导致这些器官组织功能障碍。

2. 临床表现 主要表现为皮肤、可视黏膜苍白、皮温降低、四肢和耳朵发凉、脉搏细弱、尿量减少、血压稍微下降、出汗、烦躁不安。中毒性休克者，临床上还有腹泻症状。该期为休克的可逆期，若尽早消除病因，及时补充血容量，可防止休克发展。

（二）微循环淤血期

又称为休克中期、代偿不全期、淤血性缺氧期。

1. 病理过程

休克中期
（动画）

（1）淤血形成阶段。如果休克病因不能及时消除，组织持续缺血缺氧，局部酸性代谢产物增加，酸性环境使微动脉对儿茶酚胺的反应性降低，而微循环的静脉端对酸性环境耐受性较强，仍处于收缩状态，动脉端先于静脉端开放，故血液经过开放的毛细血管前括约肌大量涌入真毛细血管网，但是不能及时流出，组织灌大于流，从而导致严重淤血现象。此期交感-肾上腺髓质更为兴奋，组织血液灌流量进行性下降，组织缺氧日趋严重。

（2）淤血加重阶段。伴随着微循环大面积淤血，导致毛细血管内流体静压增高，血管通透性增大，血浆渗出，血液浓缩，红细胞聚集，血小板黏附聚集形成血小板微聚物，从而进一步加重了淤血，血流进一步变慢，白细胞由轴流变贴壁、滚动黏附于内皮细胞上。激活的白细胞释放大量生物活性因子如氧自由基和溶酶体酶

等，导致内皮细胞和其他组织细胞损伤。

（3）淤血失代偿期。由于微循环淤血加重，机体组织严重缺氧，发生氧分压下降、二氧化碳和乳酸积聚，导致酸中毒，平滑肌对儿茶酚胺的反应性降低。缺血、缺氧和酸中毒能刺激肥大细胞脱颗粒，大量释放组胺，三磷酸腺苷（ATP）分解产物腺苷增多，细胞分解释放过多的钾离子，组织渗透压升高；激肽类物质生成增多，这些物质能造成血管进一步扩张，加重微循环障碍（图2-9）。

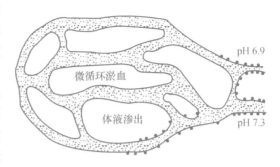

图 2-9　微循环淤血期

2. 临床表现　微循环组织缺氧和酸中毒加重，皮肤、可视黏膜有发绀现象，皮肤温度下降，心跳快而弱，肾脏血流不足而表现为少尿或者无尿，血压持续下降。因脑血流量不足，动物精神沉郁，神志淡漠甚至昏迷。

（三）微循环凝血期

又称为休克后期、休克失代偿期、微循环凝血期（DIC期）。

1. 病理过程

（1）弥漫性血管内凝血。由于缺氧和酸中毒加重、血液黏稠、血流速度减慢、血管内皮细胞受损，血液处于高凝状态，因而促进发生弥漫性血管内凝血（DIC），使回心血量锐减。凝血物质耗竭、纤溶系统激活等又引起出血。此期微循环内微血管扩张，但血流停止，组织得不到足够的氧气和营养物质供应，微血管平滑肌麻痹，对任何血管活性药物均失去反应，所以又称为微循环衰竭期（图2-10）。

烧伤、创伤等引起的休克，常伴随大量组织被破坏，使组织因子释放入血，激活外源性凝血系统；感染性休克时，内毒素致使中性粒细胞合成并释放组织因子也可启动外源性凝血系统。而异型输血导致

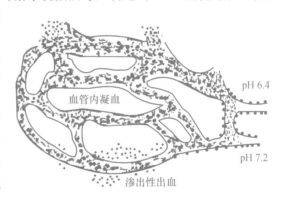

图 2-10　微循环衰竭期

休克时，红细胞大量被破坏而释放出腺苷二磷酸（ADP）引起血小板大量释放，使血小板第三因子大量入血而促进凝血。

（2）多器官功能衰竭。休克后期，组织有效血液灌流进行性减少，局部缺氧、酸中毒及休克过程中产生的有毒物质如氧自由基、溶酶体酶等使细胞损伤越来越严重，心、脑、肝脏、肺脏、肾脏等各种重要器官代谢严重障碍，功能衰竭，可发生不可逆性损伤。

2. 临床表现　组织器官的小血管内广泛形成微血栓，动物全身皮肤可见出血

点或出血斑，四肢厥冷，血压急剧降低，呼吸紊乱无序，脉搏弱而不易察觉，少尿或者无尿，各器官机能严重衰竭。

四、休克时机体病理变化

(一) 细胞变化

1. 细胞代谢紊乱　休克时由于微循环严重障碍，血流缓慢，细胞严重缺氧，葡萄糖有氧氧化受阻，无氧酵解增强，乳酸生成显著增多，引起局部酸中毒。同时由于灌流障碍，二氧化碳不能及时清除，也加重了局部酸中毒。

休克时由于组织缺氧，ATP 生成不足，细胞膜上的钠泵运转失灵，因而细胞内钠离子增多，而细胞外钾离子增多，导致细胞水肿和高钾血症。

2. 细胞损伤与凋亡　休克时细胞代谢障碍引起细胞膜、细胞器功能降低，酶活性改变。电镜观察发现细胞的损伤主要是细胞膜、线粒体和溶酶体的变化。细胞膜是休克中最早发生损伤的部位。线粒体损伤后，造成呼吸链运转紊乱，氧化磷酸化障碍，能量物质进一步减少。

休克时缺血、缺氧和酸中毒能刺激溶酶体大量释放，溶酶体肿胀后出现空泡，引起细胞自溶。各种休克因子，均可通过激活核酸内切酶引起炎症细胞的活化。活化后的细胞可进一步刺激机体产生细胞因子分泌炎症介质、释放氧自由基，攻击血管内皮细胞、中性粒细胞、单核-巨噬细胞、淋巴细胞和各脏器实质细胞，促使各细胞发生变性、坏死和凋亡。休克时细胞凋亡是细胞损伤的一种表现，也是重要器官功能衰竭的基础。

(二) 多器官功能障碍综合征

在严重创伤、感染和休克时，动物机体原本正常的器官相继出现两个以上系统和器官功能障碍，称为多器官功能障碍综合征 (MODS)。休克时各系统和器官几乎均可被累及。常出现功能障碍的器官是肺脏、肝脏、肾脏、心脏、脑和免疫器官等，常因某个或数个重要器官相继或同时发生功能障碍甚至衰竭而导致死亡。

1. 急性肾功能衰竭　休克最常见发生急性肾功能衰竭，称为休克肾。主要表现为少尿、高钾血症、氮质血症以及代谢性酸中毒。其机制主要由于肾脏血液灌流不足，出现少尿或无尿现象，若缺血时间较短，当病因消除血流恢复之后，肾功能可以恢复；若持续时间过长，能引起急性肾小管坏死。此时即使消除休克病因，恢复肾脏血液灌流，肾功能也难以恢复正常。

2. 心功能衰竭　一般发生在心源性休克早期，而在其他类型休克中，常继发于中后期，伴发心功能障碍甚至急性心力衰竭，并产生心肌局灶性坏死和心内膜下出血。引起心力衰竭的机制有：冠状动脉血流量减少，儿茶酚胺分泌促使心肌收缩，加重心肌缺氧；酸中毒、高血钾均可使心肌收缩力减弱，而广泛的 DIC 可使心肌局灶性坏死；此外，细菌内毒素也会直接抑制心脏功能。

3. 脑功能障碍　休克早期，因脑部血液循环的代偿性调节，能保证脑部血液供应，动物除了应激引起烦躁不安外，无其他脑功能障碍表现。随着休克的发展，脑血液供应因持续性低血压而显著减少，脑组织缺血缺氧加重，动物出现神志淡漠甚至昏迷，同时酸中毒使得脑血管通透性增加，引起明显的脑水肿和颅内压升高。

4. 消化系统功能障碍　休克时流经消化道和肝脏的血量大大减少，出现淤血、缺血、水肿等，肠道是最容易出现休克病变的部位，常称为休克肠。肠腔中渗出含有大量红细胞的液体，肠道黏膜有显著坏死，肠道黏膜上皮细胞的屏障功能降低，使病原菌或毒素进入体内。而肝细胞的损伤导致肝功能障碍，不能有效将病原菌或毒素有效处理，导致休克晚期由于感染或内毒素促使休克加重恶化。

5. 急性肺衰竭　发生在休克后期，是引起动物死亡的直接原因。由于急性呼吸衰竭死亡动物的肺称为休克肺。肺呈暗红色，质量增加，有充血、水肿、血栓形成及肺不张，伴有肺出血、胸膜出血和肺泡内透明膜形成。

休克肺的发生机制：休克时大量活性物质释放，如组织胺引起肺小静脉收缩，肺血管通透性增高，促使血浆从毛细血管渗出形成肺水肿；休克时肺泡表面活性物质合成与分泌减少，使得肺泡表面张力增大，导致肺萎陷和肺水肿。最终影响肺脏气体交换的功能，使得动脉血二氧化碳分压升高而氧分压降低，引起急性呼吸功能障碍。

五、休克的防治原则

休克防治总的原则为：治疗原发病、改善微循环、保护细胞、防止器官功能衰竭和全身性炎症反应综合征。

（一）治疗原发病和消除病因

积极防治休克的原发病，应该针对各种具体原因进行处理，除去休克的原始动因，如止血、镇痛、控制感染、补充血容量等。

（二）改善微循环

1. 纠正酸中毒　临床应根据酸中毒的程度及时补碱纠酸（用碳酸氢钠溶液），特别注意微循环障碍引起的酸中毒所导致的高钾血症。

2. 扩充血容量　除了心源性休克外，补充血容量是提高心排血量和改善组织灌流的根本措施。输液应强调及时和尽早，补液量，以往遵循的"失多少，补多少"显然是不够的，低血容量性休克发展到微循环淤血，血浆外渗，补充的量应大于失液量。感染性休克和过敏性休克血管床容量扩大，虽然无明显的失液，有效循环量也显著减少，因此正确的输液原则是"需多少，补多少"。如无血容量减少，可采用扩血管药以改善微循环（阿托品、酚妥拉明等）。

3. 合理使用血管活性药物　血管活性药物分为缩血管药物和扩血管药物。在微循环缺血期应选用，当血容量减少时，先补液再使用扩张血管药，当血压过低时，应当交替使用。临床上用大剂量阿托品抢救中毒性休克，缩血管药物（阿拉明、去甲肾上腺素、新福林等）治疗过敏性休克疗效不错，但必须在纠正酸中毒的基础上使用。

（三）应用细胞膜保护剂

为防止细胞损伤，改善微循环，稳膜和能量补充也是主要的治疗措施。如糖皮质激素能保护溶酶体膜，还能抑制内毒素对细胞的损伤。

（四）防止器官功能衰竭和全身性炎症反应综合征

一旦出现 DIC 及重要器官功能衰竭，应针对不同器官采取不同的治疗措施。如心脏机能减弱时，可用洋地黄等强心剂以增进心肌收缩功能，另外还要根据需要及时采取利尿、给氧等应急措施。为防止微血栓的发生，可应用肝素等抗凝剂，若已经发生，可以使用链激酶等纤溶剂，避免栓塞时间过长引起组织坏死。实验证明苯海拉明拮抗氨茶碱，抑肽酶能减少激肽的生成，皮质激素也能减少前列腺素和白细胞三烯的生成，阿司匹林等药物能减少前列腺素的生成。

技能训练

一、病理实验实训方法简介

病理实验实训是动物病理教学的重要组成部分。通过观察大体标本、病理切片、幻灯、课件、动物实验和病例讨论等，更好地理解和掌握基本理论和技能，使所学理论与兽医临床密切联系，提高分析和解决问题的能力，为临床学习打下基础。实验实训前应预习相关内容，实训中应爱护动物、爱护标本，实训后应及时书写实验实训报告。病理实验实训方法有如下几种。

1. 大体标本观察方法 大体标本通常是在尸体解剖或外科手术时，将病变脏器或组织取下，用 10% 福尔马林溶液固定并封存在标本瓶中制成。浸泡较久的标本，形态、色泽会有一些改变，观察时应注意。

（1）首先辨认是什么脏器和组织。

（2）观察脏器的外形、大小、色泽、质地、表面和切面状况（有无被膜、结节、炎性渗出物、光滑度等），空腔脏器还应注意有无扩大或变小，腔壁是否增厚或变薄，腔内有无内容物及性状。

（3）观察病灶的特征。如病灶的位置、大小、形状、分布（弥漫或单个）、颜色、质地以及与周围组织的界线是否清楚。周围组织有无破坏等。

（4）观察时不但要注意其形态结构变化，还应结合理论，分析其形成过程，加深对病变的认识。

2. 病理切片观察方法 切取含有病变的组织，经过切片、染色等工序制作而成，利用光镜观察其细胞组织变化。

（1）首先肉眼观察切片外形和颜色，然后用低倍镜观察切片全貌，辨认是何组织（实质脏器由外向内、空腔脏器由内向外逐步观察），找出病变，注意病变的性质和分布以及与周围组织的关系等。

（2）换用高倍镜对病变的细微形态结构进行观察。

（3）将观察到的病变描绘成图，力求真实、准确，并应有标注说明。

（4）根据大体标本、病理切片、临床表现，综合分析，做出病理诊断。

3. 动物试验　利用动物人工造成各种病理过程，如缺氧、酸碱平衡紊乱等，探讨疾病的发生发展规律。实验过程中应注意观察动物的前后变化，测定并记录实验结果，进行对比分析，最后写出实验报告。

4. 尸体剖检　在兽医临床诊断中，动物尸体剖检因简便、快速、准确而被广泛应用。应按剖检要求规范操作。通过动物剖检实训，掌握动物尸体解剖的基本方法和操作要领，掌握病料采集和送检技术。

5. 多媒体教学课件与病例讨论　通过多媒体课件、教学录像、幻灯片等加深理解，扩大视野；通过病例讨论，加强与临床病理的联系，培养实践思维能力，缩短理论与临床实践的距离。

二、血液循环障碍病变识别

【目的要求】 掌握并能识别组织器官局部血液循环障碍的眼观和镜检病理变化。

【实训材料】 相关大体标本、病理组织切片、光学显微镜等。

【方法步骤】

1. 肺淤血

眼观：肺脏呈暗红色，体积肿大，质地变硬，质量增加，被膜紧张，切面外翻，流出大量暗红色、泡沫状血液。

镜检：肺泡壁毛细血管及小静脉扩张，充满红细胞；肺泡腔内有大量均质淡红染的浆液，有时还可见少量红细胞及"心力衰竭细胞"。

2. 肝淤血

眼观：急性淤血时，肝呈暗红色或蓝紫色，体积肿大，质脆易碎，被膜紧张，边缘钝圆，切面外翻，流出大量暗红色的液体。慢性淤血时，肝中央静脉和邻近肝窦区呈暗红色，肝小叶周边呈黄色，肝脏切面上形成暗红色淤血区和土黄色脂变区相间的花纹，如槟榔切面，称"槟榔肝"。

镜检：中央静脉及其肝窦高度扩张，充满红细胞，肝细胞索因压迫，排列紊乱，肝细胞大量萎缩、坏死，小叶周边肝细胞肿胀，细胞质内出现大小不一的空泡（肝脂变）。

3. 出血

脾脏血肿：病变呈黑红色硬块，球形，凸出于器官表面，切开有血液流出。

脑溢血：部分脑组织破坏，被血块取代，周围组织水肿，血管有栓塞。

肾瘀点：猪瘟时，肾皮质下有弥漫性针尖样红色出血小点。

肺瘀斑：猪瘟时，肺外观红色，肺外膜下有外形不整、大小不一的褐色斑块（出血斑）。

4. 动脉血栓（慢性猪丹毒疣性心内膜炎）

眼观：心内膜上有菜花状赘生物，黄白色，质地脆而硬，表面粗糙，与瓣膜及心壁牢固相连，不易剥离。

镜检：白色血栓主要由血小板、纤维蛋白构成，后期发生结缔组织增生和炎性细胞浸润，血栓被机化。

（5）脾出血性梗死（猪瘟）

眼观：脾脏边缘部有大小不一的黑红色突起，质硬，切面呈倒三角锥形，结构模糊不清。

镜检：脾脏红髓、白髓界线不清，组织结构被破坏，小血管和脾窦扩张充血，大量红细胞聚集于组织中，脾脏淋巴细胞显著减少，细胞核碎裂，消失。

（6）肾贫血性梗死

眼观：梗死区呈灰白色，略向表面突起，干燥，质地脆弱，切面呈倒三角锥形，梗死区与周围组织有明显界线，并有红色充血反应带。

镜检：肾组织细胞大体结构尚可辨认，但精细结构不清，细胞核溶解消失，细胞质呈颗粒状，在其外围有数量不等的中性粒细胞浸润。

【实训报告】

（1）绘出肺淤血、肝淤血、肾贫血性梗死的镜检病理变化特征。

（2）充血、淤血、出血在大体标本和组织切片上如何区别？

（3）用组织解剖学知识解释不同器官的梗死灶具有不同形状的原因。

（4）进行大体标本观察，谈谈你是如何判断器官组织体积肿大的。

三、气体性栓塞实验

【目的要求】 掌握栓子运行的途径，掌握空气性栓塞所引起的病理变化及兔尸体剖检的方法。

【实训材料】 家兔、酒精棉球、注射器、温度计、听诊器等。

【方法步骤】

（1）实验前观察家兔可视黏膜的颜色，测定正常体温、呼吸和心跳。家兔正常的可视黏膜呈粉红色，可用左手固定头部，右手食指、拇指拨开眼睑观察。用温度计直肠检查家兔的体温，观察家兔鼻翼翕动情况测定家兔的呼吸数，用听诊器测定家兔的心跳情况。

（2）家兔称重，每只兔耳缘静脉注射空气每千克体重 5 mL。

（3）用相同方法测定尚未发生死亡的家兔体温、呼吸和心跳。

（4）待兔死亡后，立即将家兔进行尸体剖检，观察病理变化。

【实训报告】

（1）空气性栓塞致死家兔时，分析死亡原因和栓子运行途径。

（2）记录实验前后家兔的呼吸、心跳和体温变化情况，并分析其原因，描述剖检各脏器的病理变化。

实 践 应 用

1. 如果在瘤胃臌气时放气过快会引起什么严重后果？试说明其机理。

2. 静脉输液时，为什么要排尽管中的空气？长期静脉注射时，为什么要避免在同一部位扎针？

3. 出血形成的原因和发生机理是什么？如何鉴别局部组织器官的淤血、充血和出血？

4. 试比较贫血性梗死和出血性梗死二者病理变化的异同点。

5. 全身性贫血的类型和病变特点有哪些？在一群动物中，若有少数发生全身性贫血，试分析其可能的原因，还应进行哪些检查，以便确定其贫血类型。若多数动物发生全身性贫血又是什么原因呢？

6. 血栓形成的过程和类型是什么？有何意义？血栓与死后血凝块有何区别？

7. 在兽医临床上，出血性变化常见于哪些（类）疾病？属哪种出血类型？发生于哪些血管？病理变化如何？

8. 某经产母猪出现血尿，根据所学的病理知识，试分析可能由哪些疾病引起。

9. 某羊场有部分羊只，长期腹泻带血，精神差，懒动，生长发育迟缓，被毛粗乱，消瘦，可视黏膜苍白，采食正常，不发热。试分析其发生的病变和可能的病因。

10. 为什么肝淤血时会发生槟榔肝，是如何发生的？

11. 试述淤血、缺血、血栓形成、栓塞及梗死间的关系。

历年执业兽医师考试真题

（2009）57. 动物易发生出血性梗死的器官是（　　）。　　　　**答案：C**

　　A. 心　　　　B. 肝　　　　C. 脾　　　　D. 肾　　　　E. 胃

（2010）59. "槟榔肝"的发生是由于（　　）。　　　　　　**答案：D**

　　A. 肝淤血伴随肝细胞坏死

　　B. 肝淤血伴随胆色素沉着

　　C. 肝淤血伴随淀粉样物质沉着

　　D. 慢性肝淤血伴随肝细胞脂肪变性

　　E. 慢性肝淤血伴随肝细胞颗粒变性

（2013）70. 动物易发生贫血性梗死的器官是（　　）。　　　**答案：A**

　　A. 心　　　　B. 肝　　　　C. 肺　　　　D. 胰　　　　E. 胃

（2013）71. 皮肤、黏膜、浆膜以及肝、肾等器官表面的出血点、出血斑属于　**答案：A**

　　（　　）。

　　A. 渗出性出血　　　　　　B. 破裂性出血

　　C. 出血性浸润　　　　　　D. 出血性素质

　　E. 以上都不是

（2013）72. 下列哪一种物质进入血管后不能形成栓塞（　　）。　**答案：A**

　　A. 水　　　　　　　　　　B. 气体

　　C. 脂肪组织　　　　　　　D. 坏死细胞团块

　　E. 细菌集落

（2016）54. 血液弥漫性分布于组织间隙，使出血组织呈现大片暗红色的病变称　**答案：D**

　　为（　　）。

　　A. 出血性素质　　　　　　B. 溢血　　　　　C. 点状出血

　　D. 出血性浸润　　　　　　E. 斑状出血

答案：E （2016）55. 在休克发展的微循环凝血期，其微循环的特点是（　　）。

　　　A. 灌而少流　　　　　　　　B. 灌而不流

　　　C. 灌大于流　　　　　　　　D. 灌少于流

　　　E. 不灌不流

答案：D （2017）53. 局部皮肤动脉性充血的外观表现是（　　）。

　　　A. 色泽暗红，温度升高　　　B. 色泽暗红，温度降低

　　　C. 色泽鲜红，温度降低　　　D. 色泽鲜红，温度升高

　　　E. 色泽鲜红，温度不变

答案：B （2017）54. 来自门静脉的栓子主要栓塞在（　　）。

　　　A. 心　　　B. 肝　　　C. 脾　　　D. 肺　　　E. 肾

答案：D （2018）53 "心力衰竭细胞"出现在（　　）。

　　　A. 心脏　　　B. 肝脏　　　C. 脾脏　　　D. 肺脏　　　E. 肾脏

答案：E （2019）55. 少量出血可能危及生命的器官是（　　）。

　　　A. 肠　　　B. 肾　　　C. 肺　　　D. 胃　　　E. 脑

答案：B （2021）57. 从静脉注入空气所形成的空气性栓子主要栓塞的器官是（　　）。

　　　A. 大脑　　　B. 肺脏　　　C. 肾脏　　　D. 肝脏　　　E. 脾脏

答案：A （2021）58. 休克初期机体微循环转变的特点是（　　）。

　　　A. 缺血　　　B. 淤血　　　C. 凝血　　　D. 出血　　　E. 充血

项目三
水　肿

项目三彩图

学习目标

能说出水肿的概念；能运用水肿的基本知识和理论，对临床水肿类的疾病进行正确判别和病因分析；能正确识别各个组织器官水肿时的病理变化特征。

动物体内含有大量的液体，包括水分和溶解于其中的各种物质，统称为体液。它占动物体重的 60%～70%，其中 2/3 存在于细胞内称细胞内液，1/3 存在于细胞外称细胞外液。细胞内液是大多数化学反应进行的场所；而细胞外液主要包括血浆和组织液（细胞间液），此外还有少量的淋巴液、脑脊液等，是组织细胞摄取营养、排除代谢产物、赖以生存的内环境。正常情况下，动物机体水、电解质的摄入与排出保持着动态平衡，细胞间液的产生与回流也保持着动态平衡，一旦这种平衡遭到破坏，即可引起水代谢和酸碱平衡紊乱，各器官系统机能发生障碍，甚至导致严重的后果。

水肿病变观察

过多的液体在组织间隙或体腔中积聚，称为水肿。然而通常所称的水肿乃指组织间隙内的体液增多，当大量液体积聚在浆膜腔时称积水或积液，如胸腔积水、心包积水等，是水肿的特殊形式。皮下水肿称为浮肿；细胞内液积聚过多，使细胞肿胀时，称为细胞水肿（如细胞中毒性脑水肿）。水肿不是一种独立的疾病，而是许多疾病中都可出现的一种重要的病理过程和体征。

水肿的分类方法有多种。按发生范围，可分为全身性水肿（机体多处同时或先后发生水肿）和局部性水肿（水肿局限于某个组织或器官）；按部位，可分为脑水肿、肺水肿、皮下水肿、喉头水肿、视神经乳头水肿等；按临床表现，可分为隐性水肿（外观不明显，仅体重增加）和显性水肿（局部肿胀，皮肤紧张，按之留痕）；按发生原因，可分为心性水肿、肝性水肿、肾性水肿等。

任务一　水肿的原因和机理

内外液交换

不同类型的水肿发生原因和机理不尽相同，但多数具有一些共同的发病环节，主要是血管内外液体交换平衡失调，引起细胞间液生成过多，以及球-管平衡失调导致水、钠在体内潴留。

（一）血管内外液体交换失衡

在生理状态下，组织液和血液不断进行交换，生成和回流处于动态平衡，这种恒定是由血管内外多种因素决定的。

促使液体进出毛细血管壁两侧的因素共有四个：即毛细血管血压、组织液胶体渗透压、组织液静水压和血浆胶体渗透压。前两个因素促使组织液生成，而后两个因素则促使回流。这两种力量加之血管壁通透性和淋巴回流等因素决定液体的滤出或回流（图3-1）。

在病理条件下，组织液生成和回流之间的动态平衡遭到破坏，组织液生成过多，回流减少，液体积聚于组织间隙中则发生水肿。引起组织液生成大于回流的因素有以下几种。

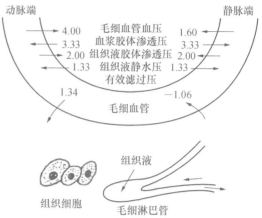

图3-1　正常血管内外液体交换示意
（张德兴．人体结构生理学．2002）

1. 毛细血管血压（流体静压）升高　生理条件下，动脉端毛细血管流体静压较高，组织液滤出，静脉端毛细血管流体静压降低，使组织液回流。当毛细血管流体静压升高，即可导致动脉端有效滤过压［有效滤过压＝（毛细血管血压＋组织液胶体渗透压）－（组织液静水压＋血浆胶体渗透压）］增高，它有利于毛细血管血浆的滤出而不利于组织液的回收，组织液生成过多，若超过淋巴回流的代偿限度时即可发生水肿。

全身或局部的静脉压升高，可逆向传递到微静脉和毛细血管静脉端，使后者流体静压升高。全身静脉压增高的常见原因是右心衰竭，而肺静脉压增高的常见原因则是左心衰竭，心力衰竭时的腔静脉回流障碍则引起全身性水肿。局部静脉压升高的常见原因是血栓阻塞静脉腔、肿瘤或瘢痕压迫静脉壁等，多引起相应部位的组织水肿或积水。

2. 组织液胶体渗透压升高　组织液胶体渗透压具有阻止组织液进入淋巴管和回流入血的作用，当其升高时，可促进组织液的生成而引起水肿。引起组织液胶体渗透压升高的因素有很多，如毛细血管通透性增高，血浆蛋白渗出，使组织液胶体渗透压升高；局部炎症时，组织细胞变性、坏死，释放大量的小分子物质，如蛋白胨、多肽等，这些因素都可使组织液胶体渗透压升高。

3. 血浆胶体渗透压降低　血浆胶体渗透压是组织液回流入血管的主要动力，它的维持主要取决于血浆蛋白尤其是白蛋白的浓度。当血浆蛋白尤其是白蛋白浓度下降时，可引起毛细血管动脉端有效滤过压增大，静脉端有效滤过压降低，导致液体在组织中潴留，从而引起水肿。这种水肿常为全身性的，其水肿液含蛋白质量较低，10～30 g/L（称为漏出液）。引起血浆蛋白浓度降低的原因很多，主要包括：

（1）血浆蛋白丢失或消耗过多。如肾病综合征时大量蛋白质从尿中丢失；慢性消耗性疾病、恶性肿瘤时使大量蛋白质消耗。

（2）白蛋白合成障碍。见于严重肝脏疾患，如肝硬变等。

（3）蛋白摄入不足。见于营养不良、慢性胃肠道疾患引起消化吸收障碍等。

（4）血浆蛋白稀释。大量钠、水潴留或输入大量非胶体溶液时使血浆蛋白稀释。

4. 毛细血管和微静脉通透性增高　正常时，毛细血管只允许微量血浆白蛋白滤出。当毛细血管和微静脉受损使其通透性增高时，大量血浆蛋白渗出到组织间隙中，导致血浆胶体渗透压降低而组织液胶体渗透压升高，使液体在组织间隙积聚而导致水肿。此型水肿的水肿液蛋白质含量较多（如炎症时引起的水肿），可达 $30 \sim 60$ g/L，并含有大分子的纤维蛋白原，称为渗出液。

引起毛细血管和微静脉通透性增高的原因有：细菌毒素、创伤、温度损伤（烧伤、冻伤）、化学损伤及某些变态反应、组织缺氧、酸中毒等。这些因素一方面可以直接损伤毛细血管和微静脉管壁，另一方面，在变态反应和炎症过程中产生的炎症介质，如组胺、激肽等多种生理活性物质，可引起血管内皮细胞收缩，细胞间隙增大使管壁的通透性升高。

5. 淋巴回流受阻　生理条件下，组织液的一小部分（约 10％）由淋巴回流，淋巴管将多余的组织液及其中少量蛋白质回送到血液循环中。当淋巴回流受阻，一方面使组织液不能经淋巴回流入血，另一方面从毛细血管中漏出的蛋白质，使组织液胶体渗透压升高，从而引起水肿。

淋巴液回流障碍最常见于淋巴管炎和淋巴管阻塞，如乳腺癌根治术后的上臂水肿，丝虫病引起的下肢和阴囊的水肿，瘢痕、肿瘤等压迫淋巴管等。严重心功能不全引起静脉淤血和静脉压升高时，也可导致淋巴回流受阻。

（二）水、钠潴留

正常机体水、钠摄入与排出的动态平衡主要是在神经-体液调节下实现的，其中肾脏的滤过和重吸收功能尤为重要。正常情况下，肾小球滤出的钠、水总量中只有 0.5％～1％ 被排出，绝大部分被肾小管重吸收，其中 60％～70％ 的钠、水由近曲小管重吸收，余下部分由远曲小管和集合管重吸收，肾脏的过滤与重吸收过程主要受抗利尿激素（ADH）、醛固酮、心钠素等激素的调节。如果在病因作用下，肾小球滤过率减少，而肾小管重吸收并未相应减少甚至增强，或肾小球滤过率无明显变化而肾小管重吸收却明显增多时，可使水、钠在体内潴留（肾小球-肾小管失平衡），从而导致水肿。

1. 肾小球滤过率下降　引起肾小球滤过率下降的主要原因有：

（1）广泛肾小球病变。如急性肾小球肾炎时，肾小球毛细血管内皮细胞增生、肿胀，有时伴发基底膜增厚，使肾小球有效滤过面积减少，可引起原发性肾小球滤过率下降，导致水、钠潴留。在慢性肾小球肾炎时，由于肾小球严重纤维化而影响滤过率。

（2）有效循环血量下降。如充血性心力衰竭、肝硬变腹水和肾病综合征、休克、大量出血时，由于有效循环血量减少，肾血流量亦随之减少，使肾小球滤过率降低。此外，有效循环血量的下降还可反射性地引起交感-肾上腺髓质系统和肾素-

血管紧张素系统兴奋，使肾小球入球小动脉收缩，导致肾血流量更加减少。它们都能使水、钠在体内潴留。

2. 肾小管重吸收增强　肾小管重吸收增强是导致体内水、钠潴留的主要因素，其发生原因有：

（1）激素原因。醛固酮能促进肾远曲小管对钠的重吸收；ADH 有促进远曲小管和集合管重吸收水的作用。任何能使血浆中醛固酮、ADH 分泌增多的因素都可引起肾小管重吸收水、钠增多。此外，肝功能严重损害，可导致醛固酮和 ADH 灭活减少，加重水肿的发生。

有学者发现利钠激素和心房肽的分泌减少，也可导致水肿的发生。利钠激素有抑制近曲小管重吸收钠与醛固酮相抗衡的作用，故当利钠激素分泌减少时就有利于醛固酮发挥潴钠的作用；心房肽可能通过环鸟苷磷酸（cGMP）而发挥利钠、利尿和扩血管作用，并能抑制醛固酮和 ADH 的释放。因此，心房肽减少也可导致水、钠潴留而促进水肿的发生。

（2）肾内血流重新分布。动物肾单位可分为两类，靠近肾皮质外 2/3 的肾单位称为皮质肾单位，其肾小管髓袢较短，不进入髓质高渗区，对水、钠的重吸收功能较弱。靠近髓质的内 1/3 肾单位称为髓旁肾单位，其髓袢较长，深入髓质高渗区，重吸收水、钠功能较强。正常时肾血流的 90% 通过皮质肾单位，只有小部分通过髓旁肾单位。在某些病理情况下，如心力衰竭时有效循环血量下降，则皮质肾单位的血管收缩，大量的血液流向重吸收水、钠较强的髓旁肾单位。当出现这种肾血流重新分布时，较多的水、钠就被重吸收，造成水、钠潴留。

任务二　水肿类型

在不同类型的水肿发展过程中，各水肿机制可单独、同时或先后发挥作用。

（一）心性水肿

心性水肿主要因心排血量不足和回流量的减少所致。

1. 左心衰竭　心排血量减少，肺静脉回流不畅，使肺静脉压快速升高，肺毛细血管血压随之升高，使血管内液体渗透到肺间质和肺泡内形成肺水肿（心源性肺水肿）。此外，由于肺水肿的形成，影响了肺泡毛细血管的氧气供应，毛细血管的通透性增加，蛋白质外漏，导致水肿液中蛋白质的含量增加。

2. 右心衰竭　静脉血回流受阻，体静脉压升高，进而毛细血管的流体静压增高，机体的低垂部位由于重力作用，表现的更为严重，所以右心衰竭时水肿首先出现于机体的下垂部，如下肢的凹陷性水肿，以踝部最为明显，若平躺后，则水肿减轻。水肿可波及躯体各部位，严重时还可引起腹水、胸腔积液等。此外，右心衰竭时，回流血减少，心排血量也必然减少，机体的有效循环血量降低，进一步影响尿液的产生，主要表现为，肾小球的滤过下降，肾小管对钠、水的重吸收增加，导致钠、水潴留。右心衰竭时，还会引起腹腔脏器的淤血和水肿，影响营养物质的吸收和蛋白质的合成，进一步导致血浆胶体渗透压下降。体静脉压的升高，也会影响淋巴回流的障碍，导致水肿。

（二）肾性水肿

水肿是肾脏疾病的重要体征。肾性水肿属于全身水肿，一般首先从眼睑、颜面开始进而延及全身，发展迅速。导致水肿发生的原因通常有两种：一种是由蛋白尿所引起的低蛋白血症；另一种是肾小球的滤过下降，导致钠、水潴留。

1. 血浆胶体渗透压降低　如肾功能不全、肾小球肾炎、膜性肾小球肾病等，使肾小球毛细血管基底膜受损，血浆蛋白（主要是白蛋白）从肾小球滤过，而肾小管无法全部重吸收，大量蛋白质随尿丢失，导致低蛋白血症及因此引起的血浆胶体渗透压下降，造成组织间液积聚。

2. 钠、水的排出减少　急性肾小球肾炎时，肾小球毛细血管内皮细胞和间质细胞发生肿胀和增生，肾血流量减少，肾小球钠、水滤过下降。但完整的肾小管对钠、水的重吸收没有发生任何变化，所以出现了少尿或无尿，导致钠、水在体内潴留。慢性肾小球肾炎时，肾单位被破坏，使肾小球的滤过面积减少，同样可以引起钠、水潴留。

（三）肝性水肿

肝脏疾病引起的水肿，特别是肝硬化，常以腹水为主要表现。引起肝性腹水发生的机理是多因素的。

1. 肝静脉回流受阻　肝硬化时，大量结缔组织增生，将肝小叶重新划分成若干个假小叶，广泛增生的结缔组织压迫肝内血管，尤其是肝静脉分支，使肝静脉回流受阻，导致肝静脉和窦状隙内压明显增高，使过多的液体滤出，超出了淋巴回流的代偿能力，使液体从肝的被膜表面进入腹腔，形成腹水。

2. 门静脉高压　肝硬化、门静脉分支的阻塞（寄生虫卵、血栓等）可引起门静脉高压，进而引起肠系膜毛细血管的流体静压升高，肠壁水肿，液体进入腹腔，形成腹水。

3. 钠、水潴留　肝脏功能受损时，对醛固酮和 ADH 的灭活能力降低，使这两种物质在血浆中的含量增加，肾小管对钠、水的重吸收增多。其次，腹水的形成，使机体的有效循环血量降低，也可导致钠、水的潴留。

除了上述三点外，血浆胶体渗透压下降在肝性水肿发生过程中也有一定的作用。肝脏受损，使白蛋白的吸收和合成发生了障碍，进而血浆胶体渗透压下降。此外，腹水的形成促使大量蛋白质进入腹腔，以及钠、水的潴留对血浆蛋白的稀释均可导致血浆胶体渗透压的下降，促使水肿的发生。

（四）营养不良性水肿

营养不足引起的全身水肿称营养不良性水肿，也称为恶病质性水肿。主要见于一些慢性消耗性疾病（如严重的寄生虫病、恶性肿瘤的后期等）和动物营养不良（如蛋白质饲料缺乏）时，由于机体消耗较多或补充不足，机体缺乏蛋白质，导致低蛋白血症，血浆胶体渗透压下降，促使水肿发生。

除了以上所讲的几种水肿类型外，常见的水肿还有淤血性水肿、炎性水肿、脑水肿等。

任务三 常见水肿病理变化

一般来说，发生水肿的组织器官体积增大，颜色变淡，被膜紧张，切面隆起，有液体流出。但不同组织发生水肿时，其形态学变化又有所不同。

（一）皮肤水肿

皮肤水肿的初期或水肿程度轻微时，水肿液与皮下疏松结缔组织中的凝胶网状物（胶原纤维和由透明质酸构成的凝胶基质等）结合而呈隐性水肿。随病情的发展，可产生自由液体，扩散于组织细胞间，指压留痕，称为凹陷性水肿。眼观皮肤肿胀，局部组织因贫血而呈苍白、灰白色，弹性降低，触之如面团。切开皮肤有大量浅黄色液体流出，皮下组织呈淡黄色胶冻状（彩图8）。

镜检：皮下组织的纤维和细胞间隙增宽，有多量液体，间质中胶原纤维肿胀，甚至崩解。结缔组织细胞、肌纤维、腺上皮细胞肿大，细胞质内出现水泡，甚至发生坏死。腺上皮细胞往往与基底膜分离。淋巴管扩张。HE染色标本中水肿液可因蛋白质含量多少而呈深红色、淡红色或不着色（仅见组织疏松或出现空隙）。

（二）肺水肿

肺脏发生水肿时，眼观肺脏体积增大，质量增加，质地变实，被膜紧张，边缘钝圆，颜色苍白（如有淤血、出血则呈暗红色），肺间质增宽，尤其是猪、牛的肺脏，因富有间质，故增宽尤为明显（彩图9）。肺脏切面可见大量的白色泡沫状液体流出。

镜检：非炎性水肿时，肺泡壁毛细血管扩张充血，间质增宽，肺泡、间质内可见大量淡红、均质样的浆液，其中混有少量脱落的肺泡上皮。结缔组织疏松呈网状，淋巴管扩张。在炎性水肿时，除有上述病变外，还可见肺泡腔水肿液内混有大量白细胞，蛋白质含量明显增多。慢性水肿时，可见肺泡壁结缔组织增生，有时病变组织发生纤维化（彩图10）。

（三）脑水肿

脑水肿时，眼观软脑膜充血，脑回变宽而扁平，脑沟变浅。脉络丛血管常淤血，脑室扩张，脑脊液增多。

镜检：软脑膜和脑实质内毛细血管充血，血管周围淋巴间隙扩张，充满水肿液，神经细胞肿胀，体积增大，细胞质内出现大小不等的水泡，核偏位，严重时可见核浓缩甚至消失（神经细胞坏死）。神经细胞内尼氏小体数量明显减少，细胞周围因水肿液积聚而出现空隙。

（四）浆膜腔积水

心包腔、胸腔、腹腔等都可发生积水。发生积水时，水肿液一般为淡黄色透明液体（彩图11）。浆膜小血管和毛细血管扩张充血，浆膜面湿润有光泽。如因炎症所引起，则水肿液内含有较多蛋白质，并混有渗出的炎性细胞、纤维蛋白和脱落的间皮细胞，水肿液混浊黏稠，呈黄白色或黄红色。此时可见浆膜肿胀、充血或出血，表面常被覆薄层或厚层灰白色呈网状的纤维蛋白。

（五）实质器官水肿

肝脏、心脏、肾脏等实质器官发生水肿时，器官的肿胀比较轻微，一般见中度肿大，切面外翻，色泽苍白。肝脏水肿时，水肿液主要积聚在狄氏间隙内，使肝细胞索与窦状隙发生分离。心脏水肿时，心肌纤维之间出现水肿液，相邻心肌纤维彼此分离，间隙增宽，受到挤压的心肌纤维可发生变性。肾脏水肿时，水肿液积聚在肾小管之间，使间隙扩大，肾小管上皮细胞往往变性并与基底膜分离。

任务四　水肿的结局和影响

水肿是一种可逆的病理过程。轻度水肿和持续时间较短的水肿，当病因去除之后，在心血管系统机能改善的条件下，水肿液可被吸收，水肿组织的形态学改变和机能障碍也能恢复正常，对机体影响不大。如果水肿时间较长，组织细胞与毛细血管间距离增大，毛细血管受压，实质细胞可因组织缺血、缺氧，继发结缔组织增生而发生纤维化或硬化。这时即便病因去除，组织器官的结构和机能也难以恢复正常。

水肿对机体的影响主要取决于水肿的原因、发生部位、严重程度和持续时间。机体重要器官如心、脑发生水肿时，可造成严重后果，甚至危及生命。水肿对机体的影响表现为有利影响和有害影响两个方面。

（一）有利影响

炎性水肿时，水肿液对毒素或其他有害物质有一定的稀释作用；通过炎性渗出能将抗体输送到炎症部位，增强局部抵抗力；水肿液中的蛋白质能吸附有害物质，阻碍其吸收入血，渗出的纤维蛋白凝固可限制微生物在局部的扩散等。

水肿形成在肾脏、心脏病变时有着特别重要的意义。如在肾炎时，大量血浆以水肿液形式储备于组织间，对减轻血液循环的负担起着"弃卒保车"的作用。心力衰竭时水肿液的形成起着降低静脉压、改善心肌收缩功能的作用。

（二）有害影响

水肿对机体的有害影响主要表现在以下几个方面。

1. 管腔不通或通路阻塞　如支气管黏膜水肿可妨碍肺通气。

2. 组织营养障碍　水肿液的存在，加大了组织与血管间物质营养交换的距离，可引起细胞代谢障碍，组织内压升高，血液供应下降，组织营养不良等，从而导致组织抗感染和再生能力下降，长期水肿甚至发生组织萎缩、变性、坏死，结缔组织增生而发生硬化，如在水肿部位继发外伤或溃疡则往往不易愈合。

3. 器官机能障碍　如肺水肿可导致通气与换气障碍；脑水肿时颅内压升高，压迫脑组织可出现神经系统机能障碍；胃黏膜水肿可影响物质的消化和吸收；心包积水时则妨碍心脏的泵血机能；急性喉黏膜水肿可引起窒息，甚至死亡。

技能训练

水肿病变观察

【目的要求】掌握并能识别常见组织器官水肿的眼观和镜检病理变化。

【实训材料】相关大体标本、病理组织切片、光学显微镜等。

【方法步骤】

1.肺水肿

眼观：肺体积增大，质量增加，质地变实，被膜紧张，边缘钝圆，切面外翻，流出大量淡黄红色、泡沫状液体。透明感增强，肺间质增宽。

镜检：肺泡壁毛细血管扩张充满红细胞，肺泡腔内含大量均质红染的水肿液，水肿液中有脱落的上皮细胞，肺间质因水肿液积聚而增宽。

2.皮下水肿

眼观：皮肤肿胀，弹性下降，指压留痕，如生面团状。切面流出大量淡黄色、透明、清亮液体，皮下结缔组织富含液体，呈胶冻样。

镜检：皮下组织间隙增宽，结缔组织疏松，胶原纤维肿胀，彼此分离。组织间隙中有大量均质红染的水肿液。

3.胃壁水肿

眼观：胃壁增厚，黏膜湿润有光泽，透明感增强。切面外翻，流出大量无色或淡黄色透明液体，黏膜下层明显增宽，呈透明胶冻样。

镜检：胃壁黏膜固有层、黏膜下层、甚至肌层和浆膜层的间质中有大量均质红染的液体，组织松散，黏膜上皮细胞、胶原纤维、平滑肌彼此分离。

4.肾盂积水大体标本

眼观：肾盂、肾盏扩张，呈大小不一的空腔，肾实质萎缩。

5.肝水肿

眼观：肝脏变化不大明显，肝脏稍肿大，质地变实，颜色变淡。

镜检：肝小叶的窦状隙极度扩张，充满均质粉红染的浆液，肝细胞受压迫而萎缩。

【实训报告】

（1）记录所观察标本的病理变化，分析其发生机理。

（2）绘出肺水肿和肝水肿镜检病变特征。

实践应用

1.简述常见水肿的病理变化。

2.简述水肿对机体的影响。

3.试根据水肿发生的机理，分析母畜在怀孕后期为什么易出现后肢水肿现象。

4.某猪场有数头 50 日龄仔猪发病，精神委顿，食欲减退，步态不稳，易跌倒，病猪倒地侧卧，四肢乱动如划水状。病猪体温微升高或正常，眼睑及头颈部水肿。剖检见胃黏膜水肿，切面流出清亮无色至黄色渗出液，全身淋巴结几乎都有水肿和不同程度的肿大，肺水肿，大脑水肿。据此，请分析判断该群仔猪主要病变、病因、可能患有何种疾病。如需确诊还需做哪些检查？

5. 一鸡场 1 200 余只肉鸡在 22 日龄时发病，主要表现为精神沉郁，羽毛粗乱，不愿活动，喜欢卧于垫料上，走动时动作缓慢，状似企鹅；食欲减少，增重缓慢；有呼吸困难和腹泻症状。死后检查发现冠和肉垂呈紫红色；皮肤发绀，全身明显淤血，腹部肿大，解剖发现腹腔中有大量淡黄色透明液体，并有纤维蛋白凝块，呈果冻样；心包积液，心脏增大，右心明显扩张，心肌松弛；肝脏肿大或萎缩，表面常有淡黄色胶冻样纤维性凝结块，有的漂浮在腹水中；肺脏淤血，肾脏肿大、充血，尿酸盐沉着；肠管淤血，管壁增厚。请根据上述情况对该鸡群所患疾病做出初步判断。如需确诊还需做哪些检查？如何防治该病？

历年执业兽医师考试真题

（2016）49. 影响水在细胞内、外扩散的主要因素是（　　）。　　　　　**答案：** D

    A. 缓冲力　　　　　　　　　B. 扩散力

    C. 静水压　　　　　　　　　D. 晶体渗透压

    E. 胶体渗透压

项目四
细胞与组织损伤

学习目标

能说出萎缩、变性、坏死的概念；能分析萎缩、变性、坏死的发生原因和机理；能正确识别萎缩、变性、坏死的病理变化。

动物机体在各种致病因素作用下，细胞和组织会发生形态、代谢与功能的应答反应，而当这些致病因素的作用超过细胞、组织的适应能力时，就会使细胞、组织或器官受到损伤，出现一系列形态结构、代谢和功能的变化。根据组织细胞受损伤程度不同可分为萎缩、变性、坏死等。萎缩、变性是一种可复性的损伤过程；坏死则是细胞的"死亡"，是一种不可复性的损伤。

任务一　萎　缩

发育正常的器官、组织或细胞，由于物质代谢障碍而发生体积缩小和功能减退的过程，称萎缩。萎缩与发育不全或不发育有着本质的区别。发育不全是指器官或组织不能发育到正常结构，体积一般较小。不发育是指器官不能发育，可能完全缺失或只有结缔组织构成的痕迹性结构物。

（一）萎缩的原因和类型

根据萎缩发生的原因，可分为生理性萎缩和病理性萎缩。

1. 生理性萎缩　又称年龄性萎缩，是指某些组织、器官随年龄增长逐渐萎缩退化的正常生理现象。例如胸腺、法氏囊在性成熟时发生退化，老龄动物的乳腺、性器官的萎缩等。

2. 病理性萎缩　是指组织、器官受到某些致病因子作用而发生的萎缩。根据病变波及的范围分为全身性萎缩、局部性萎缩。

（1）全身性萎缩。是在全身物质代谢障碍的基础上发展起来的，多见于长期饲料不足、慢性消化道疾病（如慢性肠炎）、严重的消耗性疾病（如结核、鼻疽、恶性肿瘤等）。

（2）局部性萎缩。是由局部原因引起的器官、组织的萎缩。按其发生原因可分为以下几种。

① 废用性萎缩。长期工作负荷减少、久卧不起的肌肉萎缩。多见于骨折、关节炎等。

② 神经性萎缩。外周或中枢神经受到损伤时，受其支配的肌肉发生萎缩。如神经型马克病引起的患肢肌肉萎缩。

③ 压迫性萎缩。多因机械性压迫所致，如肿瘤、寄生虫压迫邻近器官引起的萎缩。

④ 缺血性萎缩。是因小动脉狭窄或不全阻塞时，血流不畅，局部组织或器官因缺血发生萎缩。多见于动脉硬化或栓塞导致动脉内狭窄等因素。

⑤ 激素性萎缩。是指内分泌器官功能低下、内分泌功能失调引起相应靶器官的萎缩。如垂体功能低下引起的肾上腺、甲状腺、性腺等器官的萎缩，动物去势后性器官的萎缩。

（二）萎缩的病理变化

1. 全身性萎缩 全身性萎缩的动物常表现严重消瘦，全身贫血，可视黏膜苍白及水肿等。机体各组织器官的功能不同，发生萎缩的先后顺序也是不同的。其中脂肪组织的萎缩发生得最早且最显著，几乎完全消失；其次是肌肉组织，可减少45%；然后是肝脏、脾脏、肾脏及淋巴结等实质器官；而心、脑、内分泌腺等重要器官则发生最晚且不明显。

剖检：尸体皮下、肌间、腹下、肠系膜、大网膜脂肪全部被消耗，心冠状沟、纵沟脂肪消耗后，间隙被浆液填充，外观呈黄色胶冻样。全身肌肉萎缩，变薄变轻，眼观肉色变淡。血液稀薄色淡，凝固不良。实质器官发生萎缩时，器官体积缩小，质量减轻，外形变化不大，韧性增强，边缘锐薄，切面干燥。胃肠壁变薄，撕拉时易破裂。萎缩的邻近组织细胞可发生代偿性肥大，脏器表面凹凸不平，呈颗粒状，称颗粒萎缩。

镜检：萎缩的器官实质细胞体积缩小或数量减少，细胞质减少且染色较深，细胞核皱缩浓染，间质组织相对增多。有些器官发生萎缩后，在细胞质内见到有黄褐色、颗粒状的脂褐素，量多时使器官呈褐色，这种萎缩称为褐色萎缩。脂褐素常见于发生萎缩的肝细胞、心肌纤维、神经细胞及肾小管上皮细胞（彩图 12）。

2. 局部萎缩 局部萎缩的形态变化与全身性萎缩的相应器官变化相同。

（三）结局和对机体的影响

萎缩是一种可复性的病理过程，在病因消除后，萎缩的器官和组织可恢复其形态、机能及代谢。但严重的萎缩，由于体积缩小，细胞数量减少，使器官或组织的功能降低，这对机体的生命活动是不利的，如不能得到及时的改善，则可加速病情的恶化，严重者可导致器官功能衰竭或因继发感染而死亡。

任务二 变 性

变性是指在细胞或细胞间质内出现异常物质或正常物质明显增多的病理现象，是由致病因素引起细胞物质代谢和功能障碍的一类形态学变化。变性是一种可复性

颗粒变性

的病理过程，发生变性的细胞和组织仍保持生活能力，但机能降低，当致病因素被消除后，细胞功能和结构仍可恢复正常状态。但严重时，可进一步发展为坏死。

变性有多种类型，常见的有细胞肿胀、脂肪变性、透明变性、淀粉样变性、黏液样变性、纤维素样变性。

（一）细胞肿胀

细胞肿胀是指细胞因水分增多而肿大或细胞质内布满了许多微细结构的蛋白质颗粒，是一种常见的轻度变性。多见于肝脏、肾脏、心脏等实质器官的早期病变。

1. 原因和发生机制　多见于急性热性传染病、中毒、缺氧、血液循环障碍和饥饿等全身性病理过程。本病发生的机制十分复杂，但主要与线粒体有关。当致病因素作用于细胞时，使细胞内线粒体受损，三羧酸循环和氧化磷酸化过程发生障碍，ATP生成减少，细胞膜钠泵功能降低，导致细胞内钠离子含量增多，于是水分大量进入细胞内，导致细胞肿胀。

2. 病理变化　眼观：变性器官体积增大，被膜紧张，切面隆起，质脆易碎。色泽混浊变淡，呈灰白色且无光泽，似水煮过一样，故又称混浊肿胀，简称浊肿。

水泡变性（动画）

镜检：细胞体积肿大，细胞质模糊，初期细胞质内出现大量红染颗粒，故称为"颗粒变性"（图4-1，彩图13、14）；以后细胞因水分增多而进一步加大，细胞质淡染并出现许多大小不等的水泡，故称为"水泡变性"；如病变严重，细胞因水分大量积聚而高度变圆，色淡透亮，形似气球，故有"气球样变"之称。

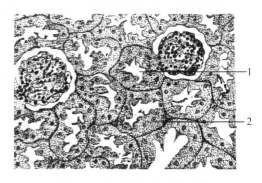

图4-1　肾小管上皮颗粒变性
1. 肾小管管腔狭小
2. 肾小管上皮细胞肿胀，细胞质内有颗粒状物

3. 对机体的影响　发生细胞肿胀的器官，其生理功能有不同程度的降低。但只要病因消除则可以恢复正常；但如病因持续作用，会导致脂肪变性和细胞死亡。

（二）脂肪变性

脂肪变性是指变性的细胞质内出现大小不等的游离脂肪小滴。脂肪滴的主要成分为中性脂肪（甘油三酯），也可能有磷脂和胆固醇。脂肪变性也是一种常见的细胞变性，常发生于细胞肿胀之后，或二者同时发生。多见于肝脏、心脏、肾脏等实质器官，尤以肝脏最为明显。

1. 原因和发生机制　引起脂肪变性的原因很多，常见的有中毒、缺氧、饥饿、营养缺乏、急性热性传染病及败血症等。这些原因引起脂肪变性的机制各不相同，但其结果都是干扰或破坏脂肪的代谢。现以肝脏为例加以说明。正常情况下，来自脂库和肠道的脂肪酸进入肝脏时，少部分脂肪酸在线粒体内氧化供能，大部分脂肪酸在内质网中合成磷脂和甘油三酯，并与这里合成的胆固醇、载脂蛋白组成脂蛋白进入血液，再储存于脂库或供其他组织利用；还有少部分磷脂及其他类脂与蛋白质、糖结合形成细胞的各种结构成分（即结构脂肪）。上述过程任何一环节发生障碍均可导致脂肪变性的发生。如结构脂肪破坏、中性脂肪合成过多、脂蛋白合成发生障碍、脂肪酸的氧化发生障碍等。

（1）结构脂肪破坏。在缺氧、中毒和感染等多种病因的作用下，细胞结构破坏，结构脂肪解离，脂肪析出形成脂肪滴。

（2）中性脂肪合成过多。某些疾病造成的饥饿状态或当糖利用发生障碍时，机体从脂库动用大量脂肪氧化供能，血液中游离脂肪酸增多，过量的脂肪酸进入肝脏，使肝细胞合成甘油三酯剧增，当其超过了肝细胞将其氧化利用和合成脂蛋白输出的能力时，脂肪便在肝细胞中积聚。

（3）脂蛋白合成发生障碍。由于合成脂蛋白的原料（如磷脂及组成磷脂的胆碱、蛋氨酸等物质）缺乏，或由于缺氧、中毒，破坏内质网的结构或抑制某些酶的活性，使脂蛋白合成发生障碍，因此不能及时将甘油三酯组成脂蛋白并运出肝细胞，从而使脂肪在肝细胞内积聚。

（4）脂肪酸的氧化发生障碍。在缺氧时，可使催化脂肪氧化的酶受到抑制，影响脂肪酸的氧化过程，同时缺氧又可影响脂蛋白各种成分的合成，造成甘油三酯在细胞内积聚。

2. 病理变化 眼观：轻度脂变，常无明显变化。重度脂变，器官体积增大，质地变软，呈灰黄色或土黄色。切面结构模糊，触摸有油腻感（彩图15）。若脂变的肝脏伴有淤血时，则脂变组织呈灰黄色，淤血部分呈暗红色，两者掺杂在一起形成类似肉豆蔻或槟榔的断面花纹，称"槟榔肝"（或肉豆蔻肝）。若心脏发生脂变时，在心外膜下、心内膜特别是在心室乳头肌和肉柱的静脉周围，可见横行排列的灰黄色的条纹或斑点状脂肪变性病灶，出现在正常心肌间，似虎皮样花纹，称"虎斑心"（常见于幼畜口蹄疫，彩图16）。

镜检：在HE染色的石蜡切片中，脂变的细胞肿胀，细胞质内出现大小不等的脂肪空泡，严重时这些空泡相互融合成大的空泡，核被挤于一侧（图4-2，彩图17），这与水泡变性的空泡不易区别，需以冰冻切片苏丹Ⅲ或锇酸作脂肪染色来鉴别（彩图18），前者将脂肪染成橘红色，后者将其染成黑色。肝脏脂肪变性时，肝细胞索排列紊乱，肝窦狭窄。心肌脂肪变性时，脂肪空泡呈串珠状排列在肌原纤维之间，心肌纤维横纹被掩盖，细胞核有程度不等的退行性变化。肾脏脂肪变性时，肾小管特别是近曲小管上皮细胞的细胞质内出现大小不一的脂肪空泡（图4-3）。

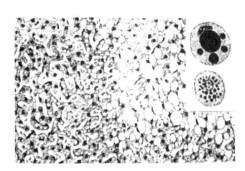

图4-2　肝细胞的脂肪变性（猪）
肝细胞高度肿胀，细胞质充满脂肪滴

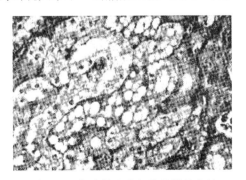

图4-3　肾小管上皮细胞的脂肪变性
肾近曲小管上皮细胞呈空泡状，管腔消失

3. 对机体的影响　脂肪变性也是一种可复性的病理过程，如早期消除病因，其损伤细胞的功能和结构仍可恢复正常。脂肪变性对机体的影响，一般说来较细胞肿胀的影响严重。如发生在肝脏、肾脏，可因代谢、功能障碍而造成自身中毒。如发生在心脏则引起心缺血、淤血、缺氧、心力衰竭。

知识链接

脂肪肝是指由于各种原因引起的肝细胞内脂肪堆积过多的病变。肝脏中脂肪含量超过 5%，医学上称为脂肪肝。脂肪含量超过 5% 为轻度脂肪肝，超过 10% 为中度脂肪肝，超过 25% 为重度脂肪肝。近年来，由于生活水平的不断提高，犬、猫脂肪肝的发病率显著提高，主要表现为犬、猫肥胖，走路摇摆，B 超显示肝轻度到中度增大，边缘钝圆，回声增强。

（三）透明变性

透明变性又称玻璃样变，是指在细胞间质或细胞内出现一种均质、无结构、半透明的蛋白质样物质。可被伊红或酸性复红染成鲜红色。

1. 类型及发生机制

（1）血管壁透明变性。主要见于小动脉壁，因血管壁的通透性增高，引起血浆蛋白大量渗出，浸润于血管内所致。光镜下，见小动脉内皮细胞下出现均质无结构的嗜伊红物质，严重时中膜的细胞结构破坏，平滑肌纤维变性、结构消失，变成致密无定形的透明样物质，管壁变厚，管腔变窄，甚至闭塞。本病变多见于一些传染病、中毒病、血管病和慢性炎症等，如猪瘟、病毒性动脉炎、鸭瘟、慢性肾小球肾炎等。

（2）纤维组织透明变性。是由于胶原纤维之间，胶状蛋白沉积并相互黏着形成一片均质无结构的透明样物质。眼观透明变性的纤维组织呈均质的灰白色，半透明状，质地坚韧致密，无弹性。常见于慢性炎症、瘢痕组织及含纤维较多的肿瘤。

（3）细胞内透明变性。又称细胞内的透明滴状变，是指在某些实质细胞的细胞质内出现圆形、大小不等的均质无结构的嗜伊红样物质。如肾小球肾炎时，肾小管上皮细胞的细胞质内常出现此变化。这一方面可能是变性的细胞本身所产生；另一方面可能是上皮细胞吸收了原尿中的蛋白质所形成的。

2. 对机体的影响　轻度变性时，透明蛋白可以被吸收而使组织恢复正常，但透明变性的组织易钙化。小动脉发生透明变性后，管壁变厚，管腔狭窄甚至闭塞，导致局部组织缺血和坏死，进而可引起机体产生不同程度的机能障碍及不良的后果。

（四）淀粉样变性

淀粉样变性是指淀粉样物质沉着在某些器官的网状纤维、血管壁或组织间的病理过程。淀粉样物质是一种细胞外的糖蛋白，只因其具有遇碘呈红褐色，再加硫酸呈蓝色或紫色的淀粉显色反应的特性，故称为淀粉样变性。淀粉样物质在 HE 染色的切片上呈淡红色、均质无结构的索状或块状物，沿细胞之间的网状纤维支架沉着。轻度变性时，无明显眼观变化，只有在光镜下才能发现。该变性常发生于脾脏、肝脏、肾脏及淋巴结等器官。脾脏发生淀粉样变性时，可呈局灶型或弥漫型。局灶型时，眼观脾的切面呈半透明灰白色颗粒状结构，外观与煮熟的西米相似，故称为"西米脾"。弥漫型时，眼观脾脏的切面呈不规则的灰白色区，没有沉积的部位仍保留脾髓固有的暗红色，互相交织成火腿样花纹，所以俗称"火腿脾"。肝脏发生淀粉样变性时，眼观体积肿大，色泽灰黄或棕黄，质脆软，常有出血斑点。病变严重时可引起肝脏破裂。肾脏发生淀粉样变性时，眼观肾肿大，色灰黄，质脆软，表面光滑，被膜易剥离。淋巴结发生淀粉样变性时，眼观淋巴结肿大，色灰黄，质脆软，切面呈油脂样。淀粉样变性的原因和发生机理还不完全清楚，总的来说是蛋白质代谢障碍的一种产物，与全身免疫反应有关。

轻度淀粉样变性一般是可以恢复的，重症淀粉样变性不易恢复。发生淀粉样变性的器官由于实质细胞受损和结构破坏均发生机能障碍。

（五）黏液样变性

黏液是由正常黏膜上皮细胞分泌的一种黏性物质。黏液样变性是指结缔组织中出现大量黏稠、灰白色、半透明黏液样物质的一种变性。其成分为黏多糖与蛋白质的复合物，呈弱酸性，HE染色为淡蓝色。光镜下可见病变处的间质变疏松，有淡蓝色的黏液样物质积聚，其中散在一些多角形、星芒状纤维细胞。

黏液样变性是一个可复性的病理过程，病因消除后，变性的组织可以恢复，但如长期存在可引起纤维组织增生，从而引起组织硬化。

（六）纤维素样变性

纤维素样变性是指结缔组织中发生的一种病变。该变性主要发生于病变器官的间质胶原纤维及小血管壁中。病变特点是初期结缔组织上基质增多，结构模糊，随后胶原纤维断裂、崩解，形成一种均质或颗粒状嗜伊红样物质，类似于纤维素，因此称纤维素样变性。

纤维素样变性主要见于过敏性炎症，其发生可以是抗原抗体反应形成的活性物质使局部胶原纤维崩解。此外，也可见于血管壁，由于小血管壁损伤而使其通透性增高，血浆外渗，其中的纤维蛋白原可转变为纤维蛋白沉着于病变部，形成纤维素样物质。

任务三　坏　　死

在活体内局部组织、细胞的病理性死亡，称为坏死。坏死的组织或细胞代谢停止、功能丧失、形态结构受到破坏，所以坏死是一种不可逆性变化。大多数坏死是在萎缩、变性的基础上发展而来的，这个过程是一个从量变到质变的渐进性过程，所以又把坏死称为渐进性坏死。少部分坏死是突发性的，这样的坏死一般是由强烈致病因素直接作用于局部造成的，例如强酸、强碱等。

（一）原因及发病机理

任何致病因素只要达到一定的强度或持续一定时间，使组织、细胞的物质代谢发生严重障碍，都能引起坏死，常见的原因有以下几种。

1. 机械性因素 直接的机械作用如创伤；持续的机械作用如褥疮、肿瘤等。

2. 物理性因素 高温使蛋白质凝固；低温使细胞内水分冻结，破坏细胞质胶体结构和酶的活性；放射线能破坏细胞的 DNA 或与 DNA 有关的酶系统，从而造成细胞的死亡。

3. 化学性因素 强酸、强碱及重金属如磷、砷、铅、汞等，都可引起蛋白质变性，造成细胞和组织的死亡。

4. 生物性因素 病原微生物、寄生虫及其毒性产物，能直接破坏细胞内酶系统和造成血液循环障碍，间接地引起组织、细胞的坏死。如结核病的干酪样坏死、猪瘟时脾的出血性梗死等。

5. 营养因素 由于长时间的营养不良，可引起营养不良性贫血，进而引起细胞、组织的变性、坏死。

6. 神经性因素 当中枢神经和外周神经系统损伤时，相应部位的组织因缺乏神经的兴奋性冲动而引起局部细胞、组织的萎缩、变性、坏死。

7. 血管源性因素 局部血管受压、痉挛、血栓形成和栓塞等因素，可造成局部组织缺血缺氧，进而导致局部细胞、组织的变性、坏死。

8. 免疫机制紊乱 超敏反应、自身免疫缺陷等，可造成组织细胞的死亡。

（二）病理变化

1. 眼观 坏死组织初期外观与原组织相似，不易识别。时间稍长的外观缺乏光泽或变为灰白色，结构模糊、色泽混浊、缺乏弹性，提起或切断后，组织回缩不良。因局部缺血而温度降低，切割时无血液流出，感觉及运动功能消失，在坏死组织与活组织之间呈现一条明显的红色炎性反应带。

2. 光镜下 坏死组织主要表现在细胞核、细胞质及间质的改变。

（1）细胞核的变化。细胞核的变化是细胞坏死的主要标志，即核浓缩、核破碎和核溶解。

核浓缩：核体积缩小，染色质浓缩深染。

核破碎：核膜破裂，核染色质崩解成大小不等的碎片，分散在细胞质中。

核溶解：核染色质在 DNA 酶的作用下逐渐分解消失，丧失了对碱性染料的着色反应，染色变浅或仅留下核影（图 4-4）。

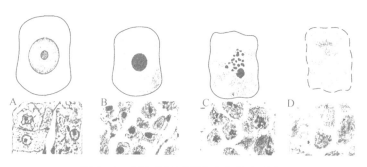

图 4-4 细胞核坏死形态变化模式示意

A. 正常细胞 B. 核固缩 C. 核破碎 D. 核溶解

上列为细胞坏死模式，下列为肝细胞的坏死

（2）细胞质的变化。坏死细胞细胞质内的微细结构破坏，细胞质对酸性染料伊红的着色加深，呈红色细颗粒状。当细胞膜破裂，整个细胞轮廓消失，变成一片红染的颗粒状物质。也有细胞坏死后，细胞核破坏消失，细胞质内的水分逐渐丧失而固缩为圆形小体，呈强嗜酸性深红色，称为嗜酸性小体。

（3）间质的变化。由于间质比实质细胞对缺血缺氧的耐受性强，因此实质细胞坏死一定时间内，间质常无明显变化，以后由于各种水解酶的作用，表现为间质细胞、结缔组织、基质的解聚，而纤维尤其是胶原纤维的变化最为严重，发生肿胀、崩解或断裂、液化并相互融合，形成一片红染的颗粒状或均质无结构的纤维素样物质，称为纤维素样坏死或纤维素样变。

（三）坏死的类型

1. 凝固性坏死　是指组织坏死后，失水变干，组织蛋白未发生崩解液化而发生凝固。眼观：坏死组织早期因吸收周围的组织液常有轻度肿胀，色泽灰暗，组织纹理模糊，而后坏死组织变为灰白或灰黄色，干燥、坚实而无光泽，坏死区周围有暗红色的充血和出血带与健康组织分界。光镜下：坏死组织实质细胞的细胞核溶解消失，或残留部分碎片，细胞质崩解融合成为一片红色的无结构的颗粒状物质，但组织的结构轮廓仍保留。但不同组织的凝固性坏死表现形式不同，如肾脏的贫血性梗死、肌肉的蜡样坏死、结核的干酪样坏死等。

（1）贫血性梗死。是一种典型的凝固性坏死。坏死区呈灰白色，干燥，早期肿胀，稍凸出于脏器的表面，切面坏死区呈楔形，边缘清楚。

（2）干酪样坏死。是由于坏死组织呈灰白色或灰黄色、松软易碎的无结构物质，外观似干酪或豆腐渣而得名。光镜下，坏死组织的固有结构完全破坏消失，细胞彻底崩解融合成均质红染的颗粒状物质（图4-5，彩图19）。

（3）蜡样坏死。是肌肉组织发生的凝固性坏死。外观呈灰黄或灰白色，干燥而坚实，混浊无光泽，形如石蜡，故称蜡样坏死。光镜下，肌纤维肿胀、断裂，细胞核溶解，横纹消失，细胞质均质红染或呈着色不均的无结构状物质（图4-6）。

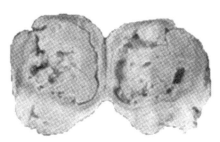

图4-5　淋巴结的干酪样坏死

（绵羊干酪样淋巴结炎）

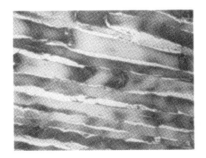

图4-6　肌肉的蜡样坏死

2. 液化性坏死　主要发生于富有蛋白分解酶（如胃肠道、胰腺）或含磷脂和水分多而蛋白质少的组织（如脑），以及有大量中性粒细胞浸润的化脓性炎灶（彩图20）。脑组织的液化性坏死通常称为脑软化，多见于马属动物的霉玉米中毒和雏鸡的维生素E缺乏症。

3. **坏疽** 是组织坏死后受到腐败菌感染引起的继发性变化。坏疽外观呈灰褐色或黑色。可分为三种类型。

（1）干性坏疽。多发于体表，尤其是四肢末端、耳壳和尾尖。由于组织坏死后暴露在空气中，水分蒸发，腐败菌不易生长繁殖，病程发展较慢。眼观坏疽部干涸皱缩，呈黑色或黑褐色，与周围健康组织界限清楚，有炎性反应带（图4-7，彩图21）。干性坏疽可见于慢性猪丹毒，颈、背、尾根部的皮肤坏死；牛慢性锥虫病的耳、尾、四肢下部飞节和球节处皮肤坏死；耕牛耳、尾根皮肤冻伤坏死。

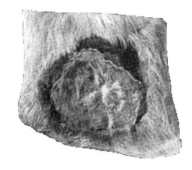

图4-7 皮肤褥疮干性坏疽

（2）湿性坏疽。是由于坏死组织含水多，一旦继发腐败菌感染后，引起腐败分解液化所致，常发生于与外界相通的器官。眼观坏疽部位呈污灰色、暗绿色或黑色的糊状，有恶臭气味，与健康组织界限不清，并易造成全身中毒。常见的湿性坏疽有肠变位、腐败性子宫内膜炎和乳腺炎等。

（3）气性坏疽。是湿性坏疽的一种特殊类型。主要见于深部创伤感染了厌氧产气菌，而这些细菌在分解坏死组织时产生大量的气体（H_2、CO_2、N_2），形成气泡并造成组织肿胀。眼观坏死区呈蜂窝状，污秽暗棕色，按压有捻发音；切开病变部位，有黄红色、带酸臭气味、含气泡的混浊液体流出。如牛气肿疽。

上述各种坏死的类型并不是固定不变的，由于机体抵抗力的强弱不同以及坏死发生的原因和条件等的改变，坏死的病理变化在一定条件下也可互相转化。例如凝固性坏死如果继发化脓细菌感染，也可转化为液化性坏死。

（四）坏死的结局

坏死组织为体内的异物，如不能及时清除将会对机体造成持续性病理损伤，因此机体会通过各种抗损伤方式将其清除或改造。

1. **吸收再生** 较小范围的坏死灶，被来自坏死组织本身或中性粒细胞释放的蛋白分解酶分解、液化，随后由淋巴管、血管吸收，不能吸收的碎片由巨噬细胞吞噬和消化吸收。最后，缺损的组织由邻近健康组织再生而修复。

2. **腐离脱落** 发生在体表或与外界相通器官的较大范围的坏死灶，由于坏死组织与健康组织之间出现炎症反应，使坏死组织与周围健康组织分离脱落。皮肤或黏膜的坏死脱落后，局部留下浅的组织缺损称为糜烂，深达真皮以下的缺损且表面形成凹陷者称为溃疡。肺组织坏死脱落排出后留下的较大空腔，称为空洞。溃疡和空洞都可通过周围健康组织再生而修复。

3. **机化、包囊形成和钙化** 多见于较大的坏死组织，不能完全吸收再生和腐离脱落，可逐渐被新生的肉芽组织长入替代，最后形成瘢痕，这种由肉芽组织取代坏死组织的过程称为机化。如果坏死组织不能完全被机化则由新生的肉芽组织将其包裹起来，称为包囊形成。其中的坏死组织可以进一步发生钙盐沉着，即发生钙化。

组织坏死后对机体的影响取决于坏死发生的部位、范围和机体的状态。当坏死发生于心和脑时，即使是很小的坏死灶也可造成严重的后果。一般器官小范围的组织坏死，可通过机能代偿而对机体影响不大。倘若继发感染时，可使患病动物发生毒血症或败血症而危及生命。因此，在临床上及时清除坏死组织和有效地控制感染是重要的治疗措施。

 **知识拓展**

细 胞 凋 亡

细胞凋亡指生物体为了维持机体内环境的稳定，由基因控制的细胞自主有序性地死亡。细胞凋亡就像秋天时树叶掉落一样，是机体为了更好地适应生存环境而主动死亡的过程。

1. **细胞凋亡的影响因素**　机体内、外有多种因素可以影响细胞的凋亡，既有生理性的，也有病理性的。其中有些可以诱导细胞凋亡，有些可以抑制细胞凋亡。如肿瘤坏死因子家族、神经递质、去除细胞生长因子、化疗的药物、细菌、病毒等均可诱导细胞的凋亡；而细胞生长因子、雌激素、雄激素、病毒等可抑制细胞的凋亡。除了这些影响因素外，细胞凋亡还需要多种基因进行调控，这些调控基因对细胞凋亡的作用有促进、抑制和执行三种。调控基因在种属之间存在一定的保守性，如 Bcl－2 原癌基因家族、caspase 家族、C－myc 原癌基因、抑癌基因 P53 等。随着研究的深入，人们对多种细胞凋亡的过程有了一定的认识，但到目前为止，细胞凋亡过程的确切机制尚未被研究透彻。

2. **细胞凋亡的病理变化**　细胞凋亡多为散在的单个细胞，即使是一小部分细胞一般也并非同步发生，它在形态上的变化是多阶段的。镜下，凋亡的细胞首先要收缩变圆，与周围的组织细胞脱离，绒毛消失，随后细胞质的密度增加，细胞核染色质浓缩，在核膜周围凝聚形成马蹄状或新月状，核膜破裂，DNA 被降解，进而细胞膜多处向细胞内陷入或向外凸出似发芽状，形成包裹结构将胞内物质包裹其中，并从根部脱离，形成凋亡小体。细胞凋亡后期可将凋亡的细胞分割为几个凋亡小体，且每个凋亡小体均有完整的包膜。凋亡小体形成后可被邻近的吞噬细胞所吞噬，一旦被吞入，凋亡小体很快被降解。由于细胞在整个凋亡过程中没有任何细胞内容物的外溢，所以细胞的凋亡不会引起周围组织的炎症反应。

3. **细胞凋亡的生物学意义**　细胞凋亡和细胞增生、分化一样，都是生命的基本现象，是机体维持自身稳定的基本措施。生物体在整个生命发育的各阶段，组织形态的结构和功能变化，都必须有凋亡的参与。在胚胎发育阶段通过细胞凋亡清除不该存在的和已无用的细胞，保证了胚胎的正常发育；在成年阶段通过细胞凋亡清除衰老和病变的细胞，保持组织器官形态结构相对稳定。正常情况下，细胞凋亡和增生处于平衡状态，如果这种平衡发生紊乱就会导致疾病的发生。当正常凋亡受到抑制，可引起增生性疾病的发生，如恶性肿瘤；相反，凋亡异常增加可导致免疫缺陷病等疾病的发生，如艾滋病、再生障碍性贫血。此外，细胞凋亡还可帮助机体抵御来自外环境的各种威胁，如细胞受到细菌或病毒的感染后发生凋亡，可减少病原对机体的侵害。

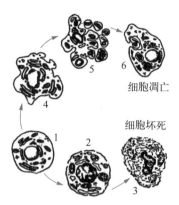

4. 细胞凋亡和坏死的区别 综上所述，细胞凋亡和坏死是两种不同的现象（图4-8）。坏死是活体内局部组织、细胞或器官的病理性死亡；细胞凋亡是指生物体为了维持机体内环境的稳定，由基因控制的细胞自主有序性地死亡。坏死是一种被动的过程，而细胞凋亡是由基因控制的一种主动过程。而且两者在发展过程中的形态变化也有很大的差别，细胞凋亡过程中形成的凋亡小体，被邻近细胞吞噬溶解，无内容物外溢，不会引起炎症反应；而坏死时细胞膜破裂，细胞内容物外溢，易引起炎症反应。此外，细胞凋亡和坏死对机体的影响也有很大的差别（表4-1）。

图4-8 坏死与细胞凋亡的区别
1. 正常细胞 2. 细胞肿胀、染色质浓缩和凝聚，核染色质加深，核膜皱缩 3. 细胞发生坏死，细胞膜破裂 4. 细胞开始皱缩，核染色质边集，呈新月状 5. 凋亡小体的形成 6. 吞噬细胞吞噬凋亡小体

表4-1 细胞凋亡和坏死的区别

项 目	细胞坏死	细胞凋亡
诱因	病理性因素	生理或病理性因素
分布特点	大片组织或成群细胞	多为单个散在细胞
细胞膜	完整性受到破坏	保持完整性，直到形成凋亡小体
染色质	分散呈絮状	凝聚在核膜下呈半月形
细胞体积	肿胀增大	固缩变小
凋亡小体	无，细胞自溶，残余碎片被巨噬细胞吞噬	有，被邻近细胞或巨噬细胞吞噬
调节过程	被动、无序进行	受基因调控主动进行
炎症反应	有，释放内容物	无，细胞内容物不外溢

技能训练

细胞和组织的损伤病变观察

【目的要求】 掌握并能识别常见器官组织萎缩、变性、坏死的眼观和镜检病理变化。

【实训材料】 相关大体标本、病理组织切片、光学显微镜等。

【方法步骤】

1. 肝脏的脂肪变性

眼观：体积肿大，边缘钝圆，呈土黄色或灰黄色，手触之有油腻感。切面微隆，肝小叶的结构模糊；若同时伴有慢性肝淤血，则在切面上可见到土黄色的脂变

区和暗红色的淤血区相间在一起，如槟榔切面的花纹。

镜检：肝细胞的细胞质内充满了大小不等的脂肪滴空泡，空泡大而多时，可占据整个细胞质，细胞肿大，肝窦狭窄。

2. 心脏的脂肪变性

眼观：心肌色黄无光泽，松软。在心外膜下、心内膜尤其是在心室乳头肌和肉柱的静脉血管周围，可见正常心肌之间夹有灰黄色的条纹或斑点，似虎皮样花纹。

镜检：HE 染色，脂滴呈空泡状在肌纤维内的肌原纤维间呈串珠状排列，肌纤维因脂肪的压迫而发生萎缩。

3. 肾脏的颗粒性变性

眼观：体积肿大，被膜紧张，质地脆软。色泽变淡且混浊，切面隆起，边缘外翻，组织结构模糊。

镜检：肾小管上皮细胞的体积肿大，突入管腔，管腔狭窄，肾小管上皮细胞质内有许多嗜伊红的蛋白质颗粒。

4. 肝脏的水泡变性

镜检：低倍镜下肝细胞排列紊乱，红色着染不均，肝窦贫血、狭窄甚至闭锁，高倍镜下细胞质淡染且出现许多大小不一的空泡，呈蜂窝状或网状，细胞核肿大淡染。

5. 肾小球的透明变性

镜检：低倍镜下，肾小管减少，肾小球相对集中。高倍镜下，整个肾小球着染伊红呈淡红色无结构状态。

6. 淋巴结的干酪样坏死

眼观：淋巴结体积肿大，表面有大小不等的圆形或类圆形结节，切面可见到皮质和髓质中有白色或灰白色的干酪样坏死物。

7. 皮肤的干性坏疽

眼观：病变皮肤皱缩，呈黑褐色或棕黑色，病变的部位与周围正常组织之间的界线明显。

8. 脑的液化性坏死

眼观：坏死部位可见到黄白色的乳汁状液体，由于液化可在病变部位看到不规则的空洞。

【实训报告】

（1）画出肝脏脂肪变性、肾脏颗粒性变性时显微镜下的病理变化。

（2）描述所观察标本的病变特征（包括大体标本和切片）。

实 践 应 用

1. 动物长期处于半饥饿状态时，机体各组织、器官是否会发生萎缩？萎缩程度是否相同？为什么？

2. 动物长时间采食高能量低蛋白的饲料，而引起突然死亡，剖检后发现肝脏体积增大，被膜紧张，边缘钝圆，质地变软易碎，呈土黄色，切面结构模糊，触之有油腻感。你认为肝脏此时发生了什么病变？试述其发生机理。

3. 肾的贫血性梗死是坏死吗？如果是，它属于坏死的哪一种类型？它与坏疽有何不同?

4. 坏疽有几种类型? 各有何特点?

5. 组织坏死后对机体是有害的, 机体将采取哪些方式将其清除?

历年执业兽医师考试真题

(2009, 2013) 一奶牛长期患病, 临床表现咳嗽、呼吸困难、消瘦和贫血等。死后镜检可见其多种器官组织, 尤其是肺、淋巴结和乳房等处有散在大小不等的结节性病变, 切面有似豆腐渣样、质地松软的灰白色或黄白色物。

答案: C

98. 似豆腐渣样病理变化属于 ( )。

A. 蜡样坏死　　　　　　　B. 湿性坏死

C. 干酪样坏死　　　　　　D. 液化性坏死

E. 贫血性梗死

答案: A

99. 该奶牛所患的病最有可能是 ( )。

A. 牛结核病　　　　　　　B. 牛放线菌病

C. 牛巴氏杆菌病　　　　　D. 牛传染性鼻气管炎

E. 牛传染性胸膜肺炎

答案: E

100. 进行病理组织学检查, 似豆腐渣样物为 ( )。

A. 肉芽组织　　　　　　　B. 寄生虫结节

C. 中性粒细胞团块　　　　D. 嗜酸性粒细胞团块

E. 无定型结构的坏死物

(2010) 某肉鸡场病死鸡, 剖检见营养状况良好, 肝脏肿大, 颜色淡黄、油亮, 切面结构模糊, 有油腻感, 质脆如泥。

答案: A

98. 该鸡肝脏的病变为 ( )。

A. 脂肪变性　　　　　　　B. 颗粒变性

C. 淀粉样变　　　　　　　D. 脂肪浸润

E. 玻璃滴样变

答案: E

99. 将此肝脏作石蜡切片, HE 染色后, 镜下可见肝细胞内有 ( )。

A. 红染团块　　　　　　　B. 红染条索

C. 红染小颗粒　　　　　　D. 均质红染圆滴

E. 大小不一的空泡

答案: B

100. 若将肝脏做冰冻切片, 证明该病变应采用 ( )。

A. PAS 染色　　　　　　　B. 苏丹Ⅲ染色

C. 刚果红染色　　　　　　D. 普鲁蓝染色

E. 甲苯胺蓝染色

答案: D

(2013) 67. 痘疹、口蹄疫等所发生的皮肤和黏膜上的疱疹属于 ( )。

A. 颗粒变性　　　　　　　B. 脂肪变性

C. 淀粉样变　　　　　　　D. 空泡变性

E. 以上都不是

（2013）68. 细胞坏死的主要形态学变化发生在（　　）。　　　　　　　　**答案：A**

　　A. 细胞核　　　　　　　　　　　　B. 细胞膜

　　C. 线粒体　　　　　　　　　　　　D. 细胞质

　　E. 以上都不是

（2013）69. 细胞坏死的主要形态学标志是（　　）。　　　　　　　　　**答案：C**

　　A. 核溶解，胞质浓缩和胞膜破裂　　B. 核溶解，胞质少和胞膜破裂

　　C. 核溶解，核碎裂，核固缩　　　　D. 核固缩，胞质固缩，细胞膜皱缩

　　E. 以上都不是

（2018）51. 细胞坏死是（　　）。　　　　　　　　　　　　　　　　　**答案：C**

　　A. 能形成凋亡小体的病理过程　　　B. 由基因决定的细胞自我死亡

　　C. 不可逆的过程　　　　　　　　　D. 可逆的过程

　　E. 细胞器萎缩的过程

（2019）53. 细胞内水分增多，胞体增大，胞浆内出现微细颗粒或大小不等的水　　**答案：E**

　　泡称为（　　）。

　　A. 脂肪变性　　　　　　　　　　　B. 黏液样变性

　　C. 淀粉样变　　　　　　　　　　　D. 透明变性

　　E. 细胞肿胀

（2020）29. 发生萎缩的细胞（　　）。　　　　　　　　　　　　　　　　**答案：D**

　　A. 功能无变化　　　　　　　　　　B. 形态不可恢复

　　C. 功能丧失　　　　　　　　　　　D. 功能降低

　　E. 代谢停止

（2021）59. 动物发生全身性萎缩时，最先萎缩的组织或器官是（　　）。　　**答案：D**

　　A. 心脏　　　B. 肝脏　　　C. 肾脏　　　D. 脂肪　　　E. 垂体

项目五彩图

项目五
代偿、适应与修复

学习目标

学习目标

能分析三种形式代偿的关系；能运用各种组织的再生过程和肉芽组织的功能，在临床上指导不同组织的修复和再生；在兽医实践中，能运用骨折和创伤处理的基本原则，促进骨和创伤的愈合。

代偿适应和
修复病变
观察（彩图）

正常动物机体内的细胞和组织经常受到内外环境因素的刺激，并通过自身的反应和调节机制对刺激做出应答性反应，以适应环境条件的改变，抵御刺激因素的损害。这种反应能力不仅能保证细胞和组织的正常功能，并且能维护细胞、器官乃至整个机体的生存。机体的组织和细胞受到轻度持续的病理性刺激时，会出现非损伤的适应性反应。主要通过组织、器官的代谢、功能、形态进行反应性调整来实现。当机体的细胞和组织遭受有害刺激的强度和持续时间超越了一定界限时，一方面会出现形态、功能、代谢的损伤变化，如萎缩、变性、坏死；另一方面会出现适应、代偿、修复等抗损伤反应。

任务一 代　　偿

在致病因子作用下，动物机体一些组织、器官的代谢和功能发生障碍或组织结构遭受破坏时，机体通过相应组织、器官的代谢改变、功能加强或形态结构改变进行代替、补偿的过程，称为代偿。代偿过程主要通过神经-体液调节实现，可分为代谢代偿、功能代偿和结构代偿三种形式。其中物质代谢的加强（代谢代偿）是基础，在此基础上出现功能加强（功能代偿），最后出现组织、器官形态结构的改变（结构代偿），这种形态结构的改变为功能的进一步加强提供物质保障，三者彼此联系，相辅相成。

1. 代谢代偿　代谢代偿是指机体在疾病过程中体内出现以物质代谢改变为其主要表现形式的一种代偿。如慢性饥饿时机体动员贮脂供能；缺氧时，体内糖的有氧代谢过程受阻，机体会通过加强糖的酵解（无氧代谢）来补充一部分供应不足的能量。

2. 功能代偿　功能代偿是机体通过器官功能的增强来代偿病变器官的功能障碍和损伤的一种代偿形式。如一侧的肾脏发生损伤而致其功能丧失时，另一侧的健康肾脏通过功能加强来补偿受损肾脏的功能。

3. 结构代偿 结构代偿是以器官、组织体积增大（肥大）来实现的一种代偿形式，增大的器官、组织实质细胞体积增大和（或）数量增多，因此功能进一步加强。

三种形式的代偿常同时存在，互相影响。其中功能代偿发生较早，长期功能代偿会引起结构的变化，因此结构代偿出现比较晚。结构代偿能使功能持久增强，而代谢代偿则是功能与结构代偿的基础。例如机体在缺血或缺氧时，首先通过心肌纤维的代谢加强，以增强心脏收缩功能，长期的代谢、功能增强，会导致心肌纤维的增粗，形成心脏肥大，肥大的心脏又反过来增强心脏的功能（彩图5）。

应当明确的是，机体的代偿能力虽然强大但却是有限的，如果某一器官的功能障碍超过了机体的代偿能力，则发生代偿失调，即失代偿。

任务二 适 应

骨骼肌肥大
（动画）

机体内的细胞、组织或器官在受到刺激或环境改变时，能改变其机能与形态结构以适应新的环境条件和新的机能要求，这个过程称为适应。适应是机体在进化过程中获得的适应性反应。适应性改变一般是可逆的，只要组织和细胞的局部环境恢复正常，其形态结构的适应性改变即可恢复。

（一）肥大

细胞、组织或器官的体积增大并伴有功能增强，称为肥大。组织或器官的肥大主要是由于组成该组织或器官的实质细胞体积增大或数目增多，或二者同时发生而形成的。肥大可分为代偿性肥大和内分泌性肥大两类。

1. 代偿性肥大 一些器官的功能负荷加重，引起相应组织或器官的肥大，称代偿性肥大。例如一侧肾脏手术摘除丧失功能时，另一侧肾脏发生肥大代偿其功能；心脏瓣膜疾病时心肌细胞体积增大（彩图23）。

2. 内分泌性肥大 某些激素分泌增多时，其效应器官可出现肥大。如雌激素可刺激妊娠子宫平滑肌引起肌纤维肥大。

（二）改建

器官、组织的功能负担发生改变后，为适应新的功能需要，其形态结构发生相应变化，称为改建。

1. 血管的改建 动脉内压长期增高，使小动脉壁弹性纤维和平滑肌增生，管壁增厚，毛细血管可转变成小动脉、小静脉；反之，当血管由于器官的功能减退时，其原有的一部分血管将发生闭塞，如胎儿的脐动脉在它出生后由于血流停止而转变为膀胱圆韧带。

2. 骨组织的改建 患关节性疾病或骨折愈合后，由于骨的负重方向发生改变，骨组织结构形式就会发生相应的改变。此时骨小梁将按力学负荷所赋予的新要求而改变其结构与排列，不符合重力负重需要的骨小梁逐渐萎缩，而符合重力负荷需要的则逐渐肥大，经一定时间之后，骨组织内形成适应新的机能要求的新结构。

3. 结缔组织的改建 创伤愈合过程中，肉芽组织内胶原纤维的排列也能适应皮肤张力增加的需要而变得与表皮方向平行。

（三）化生

已分化成熟的组织在环境条件改变的情况下，其形态和功能完全转变为另一种组织的过程，称为化生。这常常是由于组织适应生活环境的改变，或者某些理化刺激引起的。多发于上皮组织和结缔组织。根据化生发生的过程不同，化生可分为鳞状上皮化生与结缔组织化生两类。

1. 鳞状上皮化生 多见于气管和支气管。此处黏膜长时间受到刺激性气体刺激或慢性炎症的损伤，黏膜上皮反复再生，此时可出现化生。如慢性支气管炎或支气管扩张症时，支气管黏膜的柱状纤毛上皮化生为鳞状上皮（图5-1）；肾盂结石时，肾盂黏膜的移行上皮化生为鳞状上皮。

2. 结缔组织化生 结缔组织可化生为骨、软骨或脂肪组织等。

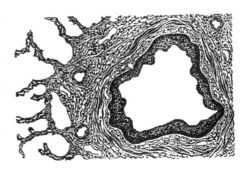

图5-1 支气管黏膜鳞状上皮化生

组织化生后虽然能增强局部组织对某些刺激的抵抗力，但却丧失了原有组织的功能，例如支气管黏膜的鳞状上皮化生（彩图24），由于丧失了黏液分泌功能和纤毛细胞，反而削弱了支气管的防御功能，易发生感染。更有甚者，诱发组织化生的刺激因子如长期存在，可能引起局部组织发生癌变。

任务三　修　复

修复是损伤组织的重建过程，是机体对细胞、组织损伤所形成的缺损，由周围健康组织再生进行修补、对生成的病理产物进行改造的过程。修复的内容包括再生、肉芽组织、瘢痕组织、创伤愈合、骨折愈合、机化和包囊形成、钙化等。

一、再　生

体内细胞或组织损伤后，由邻近健康细胞分裂增殖进行修补的过程，称为再生。

（一）再生的类型

1. 生理性再生 是生理条件下的新老交替过程，如表皮细胞角化和脱落后，由基底细胞不断增生、分化来补充；消化道上皮1～2 d更新一次；红细胞平均寿命120 d。

2. 病理性再生 是机体对致病因素引起的细胞死亡和组织损伤进行修复的过程。再生的组织其结构和功能与原来的组织完全相同，称为完全再生；如果缺损的组织不能完全由结构和功能相同的原组织修复，而由肉芽组织代替，最后形成瘢痕，称为不完全再生，也称为瘢痕修复。组织能否完全再生主要取决于组织的再生能力及组织损伤程度。机体内不同组织的再生能力不同，这是动物在长期的生物进化过程中获得的。如低等动物的组织再生能力比高等动物强；分化程度低的组织（结缔组织细胞、小血管、淋巴造血组织的一些细胞）再生能力比分化程度高的组织（平滑肌、横纹肌）强；平常容易遭到损伤的组织（表皮、黏膜）再生能力较强；神经细胞在出生后便缺乏再生能力，缺损后由神经胶质细胞再生修复，形成胶质瘢痕。

（二）各种组织的再生过程

1. 上皮组织的再生

（1）被覆上皮再生。皮肤复层鳞状上皮缺损时，由创缘的基底细胞层细胞分裂增殖修补，先形成单层上皮细胞层，继而向缺损中心延伸覆盖整个创面，以后增生分化为复层鳞状上皮。胃肠黏膜的柱状上皮细胞缺损后，同样也由邻近的上皮细胞分裂增生，初为立方形的幼稚细胞，以后逐渐分化为柱状或纤毛柱状上皮细胞，有的还可向深部生长形成管状腺。

（2）腺上皮再生。腺上皮的再生能力较被覆上皮弱，若腺上皮损伤后，基底膜未被破坏，残存的上皮细胞分裂修补，能完全再生修复，若腺体结构完全被破坏，则难以再生，如皮肤汗腺完全被破坏后不能再生，仅能由结缔组织增生取代。

2. 结缔组织再生　结缔组织再生能力强大，不仅能修补本身损伤，也能积极参与其他损伤组织的修复。结缔组织再生时，受损处的成纤维细胞分裂、增生。成纤维细胞可由静止状态的纤维细胞转变而来，或由未分化的间叶细胞分化而来。幼稚的成纤维细胞体积较大，细胞质嗜碱性，两端常有突起，细胞核大而淡染。当成纤维细胞停止分裂后，开始合成并分泌前胶原蛋白与基质，在细胞周围形成胶原纤维，细胞逐渐成熟，细胞及细胞核逐渐变细变长，成为长梭形的纤维细胞（图 5 - 2）。

3. 血细胞的再生　当机体因频繁的出血而发生失血性贫血时，会出现造血功能亢进，一方面原有红骨髓中成血细胞分裂增殖能力增强，大量新生的血细胞进入血液循环；另一方面，黄骨髓转变为红骨髓，恢复造血功能，甚至在淋巴结、脾脏、肝脏、肾脏以及其他器官出现髓外造血灶，外周血液中出现网织红细胞、晚幼红细胞增多。

4. 血管的再生　动、静脉血管不能再生。这类血管损伤后，管腔被血栓堵塞，以后被结缔组织取代，血液循环靠侧支循环恢复。毛细血管可以再生而且再生能力强，多以芽生的方式再生，即由原有毛细血管的内皮细胞肥大并分裂增殖，形成向外突起的幼芽，幼芽继续向外增长而成实心的内皮细胞条索，随着血液的冲击，细胞条索中出现管腔，形成新的毛细血管，新生毛细血管彼此吻合形成毛细血管网（图 5 - 3）。毛细血管再生后可以改建，有的管壁增厚发展成为小动脉或小静脉。

毛细血管
再生
（动画）

5. 骨组织的再生　骨组织的再生能力很强，但再生程度取决于损伤的大小、固定的状况和骨膜的损伤程度。骨组织损伤后主要由骨外膜和骨内膜的内层细胞分裂增生形成一种幼稚的组织，后逐渐分化为骨组织，通常可完全再生。

6. 软骨组织的再生　软骨组织的再生能力较弱，小损伤由软骨膜深层的成软骨细胞增殖，形成幼稚细胞，以后逐渐分化为软骨细胞与软骨基质来修复，大的损伤则由结缔组织修复。

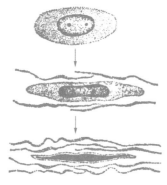

图5-2　成纤维细胞产生胶原纤维
并转化为纤维细胞

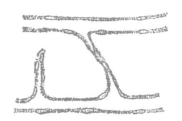

图5-3　毛细血管再生模式

7. 肌肉组织再生　骨骼肌轻微损伤，如果肌纤维变性或部分发生坏死，肌膜完整和肌纤维未完全断裂，此时由中性粒细胞和巨噬细胞进入病变肌纤维内，吞噬清除坏死物质，而后由残留的肌细胞核分裂增殖修复；如果肌纤维完全断裂，则由断端肌细胞核分裂增殖，断端肌浆增多，断端膨大，形成多核巨细胞样的肌芽，形如花蕾，又称肌蕾，但肌蕾不能直接连接肌纤维断端，而必须依靠结缔组织增生来修复连接。骨骼肌损伤严重，如果整个肌纤维（包括肌膜）均被破坏，则只能通过结缔组织增生形成瘢痕修复。平滑肌再生能力有限，损伤不大时，可由残存的平滑肌细胞再生修复。损伤严重时，则由结缔组织修复。心肌没有再生能力，心肌细胞死亡之后，通常均由结缔组织修复。

8. 腱的再生　腱能够再生，但再生过程非常缓慢，而且需要精确的对合，并有一定的张力，否则不能再生而由纤维组织连接。

9. 神经组织的再生　神经细胞没有再生能力，损伤后由神经胶质细胞修复，形成胶质细胞瘢痕。外周神经纤维具有一定的再生能力，只要损伤断裂很近或尚有接触，神经元未受损伤，就能完全再生修复（图5-4）。但如断端相隔太远，或其间有瘢痕组织，轴突不能到达远端，则常与增生的结缔组织混杂，卷曲成团，形成结节状损伤性神经瘤，导致顽固性疼痛。

周围神经
再生（动画）

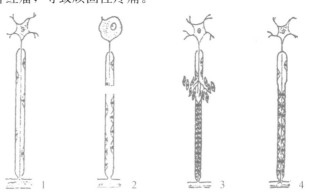

图5-4　神经纤维再生

1. 正常神经纤维　2. 神经纤维断裂，远端及近端的部分髓鞘及轴突崩解
3. 神经膜细胞增生，轴突生长　4. 神经轴突达末梢，多余部分消失

二、肉芽组织

1. 肉芽组织的形态　肉芽组织主要由新生的毛细血管、成纤维细胞、炎性细胞构成。眼观呈颗粒状，鲜红色，柔软，湿润，触之易出血，形似鲜嫩肉芽，故名肉芽组织。但其中尚无神经纤维，故无疼痛。镜下见肉芽组织的层次性结构明显，表层多有均质红染、散在的炎性细胞（主要是中性粒细胞）和破碎核组成的坏死层。因坏死层内有较多的炎性细胞，具有抗感染作用，故对肉芽组织起保护作用。坏死层下主要是幼稚的成纤维细胞和丰富的毛细血管（垂直于创面生长，近表面处弯曲），混有一定数量的炎性细胞。再下层是基本成熟的结缔组织层，由逐渐成熟的成纤维细胞和许多排列紊乱的胶原纤维构成，而毛细血管和炎性细胞则逐渐减少。最下层或最后为成熟结缔组织层（瘢痕组织），由排列规则的胶原纤维束和少量纤维细胞构成（图 5 - 5，彩图 25）。

2. 肉芽组织的功能　肉芽组织在创伤后 2～3 d 内即可出现。这些新生组织，从创口自下而上或从创缘向中心生长，以填补缺损的组织。随着时间的推移，肉芽组织逐渐成熟，炎性细胞减少并逐渐消失；间质内水分也逐渐被吸收；其中一部分毛细血管管腔闭塞并逐渐消失，一部分毛细血管演变为小动脉和小静脉；成纤维细胞产生胶原纤维后，逐渐变为纤维细胞。至此，肉芽组织成熟变为纤维结缔组织，并逐渐老化为瘢痕组织。

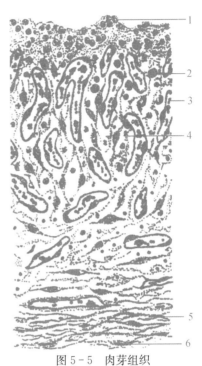

图 5 - 5　肉芽组织

1. 中性粒细胞　2. 巨噬细胞　3. 毛细血管
4. 成纤维细胞　5. 胶原纤维　6. 纤维细胞

肉芽组织在组织损伤修复过程中的重要功能是：填补伤口和其他缺损组织，或连接断裂的组织；抗感染，保护创面；机化或包裹坏死组织、血栓、血凝块及其他异物。

3. 健康肉芽组织与不良肉芽组织的区别　健康肉芽组织的形成是伤口愈合的重要条件，呈鲜红色，柔软，湿润、分泌物少，表面有均匀分布的颗粒，触之易出血。而不健康、生长欠佳的肉芽组织，生长较迟缓，呈苍白色、水肿状，松弛无弹性，色暗有脓苔，表面颗粒分布不均匀。

三、瘢痕组织

（一）瘢痕组织的形态

瘢痕组织是指肉芽组织经改建成熟形成的纤维结缔组织。瘢痕组织内血管较少，纤维细胞少，而胶原纤维增粗且互相融合，呈均质红染状即玻璃样变性。外观呈苍白色或灰白色，半透明，质地坚实而缺乏弹性。

（二）瘢痕组织的作用及影响

1. 对机体有利的一面 瘢痕组织的形成，可使损伤的创口或缺损的组织长期牢固地连接起来，并能保持组织器官的完整性及坚固性。

2. 对机体不利影响

（1）由于瘢痕组织弹性较差，抗拉力的强度弱，只有正常皮肤组织的70%～80%，若局部承受过大的压力，可使愈合的瘢痕组织向外膨出，如腹壁瘢痕处因腹压增大可形成腹壁疝，心肌梗死形成的瘢痕向外凸出则形成室壁瘤。

（2）瘢痕组织可发生收缩，肉芽组织越多，形成的瘢痕也越大，瘢痕收缩也越明显。

（3）若瘢痕发生在有腔器官（胃肠、泌尿道等）可导致管腔狭窄，如肠溃疡瘢痕可致肠道梗阻；关节处的瘢痕可致关节挛缩引起关节活动障碍。胸、腹腔内的器官间或器官内损伤，形成的纤维组织可致器官粘连或器官硬化，都不同程度地造成机体功能障碍，引起严重后果。

（4）少数动物瘢痕组织过度增生形成隆起的斑块，称瘢痕疙瘩；具有这种状况的体质，称瘢痕体质。

经过较长一段时间后，瘢痕组织内的胶原纤维在胶原酶的作用下，分解吸收，使瘢痕缩小、变软。胶原酶主要来自巨噬细胞、中性粒细胞和成纤维细胞等。

四、创伤愈合

（一）创伤愈合的类型

创伤愈合是指创伤造成的组织缺损，通过损伤部位周围的健康组织再生进行修补的过程。根据损伤程度不同及有无感染，创伤愈合可以分为以下两种类型。

1. 第一期愈合 又称直接愈合，多见于组织损伤较小、坏死、出血、渗出物少，创缘互相接近且整齐，对合严密，无感染的伤口。典型的一期愈合见于皮肤无菌手术的切口愈合。创口小，出血少，创缘平整，无感染，炎症反应轻微，一般在损伤后1～2 h，创口周围发生轻度充血和少量炎性细胞浸润，以溶解吸收创口内的血凝块和渗出物，12～24 h后，肉芽组织从伤口边缘长入，将创缘连接起来，同时表皮明显增生，逐渐把创伤表面覆盖，1周左右伤口达到临床愈合，此时可拆线，2～3周可完全愈合，留下一条线状瘢痕。第一期愈合的时间短，形成的瘢痕小，对机体一般无大的影响（图5-6）。

创伤愈合
过程（动画）

2. 第二期愈合 又称间接愈合，多见于组织缺损较大、创缘不整齐、创口裂开、无法对合或伴有感染的创伤。这种创口由于坏死组织多，并有不同程度的感染，创口周围常有明显的炎症反应，只有感染被控制、坏死组织被清除后，组织再生才能开始。从创口底部和创缘生长大量的肉芽组织逐渐将伤口填平后，表皮自创口边缘向中心生长，最后覆盖创口。肉芽组织逐渐成熟，形成瘢痕。瘢痕组织中通常没有毛囊、汗腺、皮脂腺、色素等。这种创伤愈合时间长，形成的瘢痕大（图5-7）。

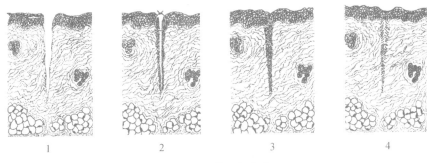

图 5-6　第一期愈合

1. 外科手术切口，切口平整，损伤少，无感染　2. 2 d 内周围上皮增生、连接

3. 少量肉芽组织长入切口内，上皮略向下增生呈尖突　4. 肉芽组织成熟，痂皮脱落，创口愈合

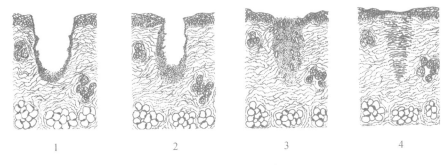

图 5-7　第二期愈合

1. 创口大，坏死组织多，有感染，充满血凝块　2. 创口收缩，肉芽组织长入创口，机化坏死物和凝血块

3. 创口全部机化，上皮完全覆盖　4. 肉芽组织成熟，创口收紧

（二）影响创伤愈合的因素

创伤愈合是否完全及时间的长短，除与组织损伤的范围、大小及组织的再生能力强弱有关外，还受机体全身性和局部性因素的影响。了解这些因素有助于更好地处理各种组织损伤的修复。

1. 全身因素

（1）年龄因素。幼龄动物及成年动物的组织再生能力强，愈合快；老龄动物因组织、细胞的再生能力弱，愈合慢，可能与老龄动物血管硬化，血液供应不足有关。

（2）营养状况。各种原因引起的营养不良，特别是蛋白质及维生素等缺乏时影响组织的再生。蛋白质缺乏，尤其是含硫氨基酸（如甲硫氨酸、胱氨酸）缺乏时，肉芽组织形成减弱，胶原纤维形成不良，伤口愈合延缓。维生素中尤以维生素 C 缺乏时，成纤维细胞合成胶原纤维减少，伤口愈合慢。这是由于 α-多肽链中的两个氨基酸——脯氨酸和赖氨酸，必须经羟化酶羟化，才能形成前胶原分子，而维生素 C 具有催化羟化酶的作用。微量元素锌缺乏也会延缓愈合。因此，给较大手术后的动物补充必要的营养，有利于手术后创伤的愈合。

（3）激素或药物的作用。机体的内分泌状态或一些药物对再生修复有重要影响。如垂体的促肾上腺皮质激素及肾上腺糖皮质激素，能抑制炎症的渗出、巨噬细胞的吞噬及肉芽组织的形成，且能加速胶原纤维分解，故在炎症创伤愈合过程中要慎重使用此类激素。某些药物，如青霉胺能抑制结缔组织的再生及胶原的合成。

2. 局部因素

（1）感染与异物。局部感染对再生、修复非常不利。伤口感染时，局部渗出物多，伤口张力大，易使伤口裂开。感染菌产生的毒素、酶可加重组织损伤，引起组织坏死，胶原纤维与基质溶解，使感染扩散，致伤口愈合延缓。因此，有感染、坏死组织多的伤口必然是第二期愈合，要对此类伤口进行处理，清除坏死组织、控制感染、缩小创面，使二期愈合伤口达到一期愈合。异物（如丝线、纱布等）既是一种刺激物，同时也加重炎症反应，不利于修复。只有对异物清除后，炎症得到控制，伤口才能愈合。

（2）局部血液供应。局部血液供应好能保证组织再生所需的氧和营养，同时也有利于对坏死组织的吸收及控制局部感染。反之则影响愈合。如有四肢静脉淤血的动物，局部损伤后愈合慢。

（3）神经支配。局部神经受到损伤时，可导致局部受累组织因神经营养不良而难以愈合。自主神经损伤，血管的舒缩调节失衡使血液循环障碍，也不利于再生修复。

五、骨折愈合

骨折愈合
过程（动画）

骨组织具有较强的再生能力，骨折发生后，经过良好的复位、固定，可以完全愈合而恢复正常的结构和功能。骨折愈合的基础是骨膜的成骨细胞再生，愈合过程可分为以下四个阶段（图 5-8）。

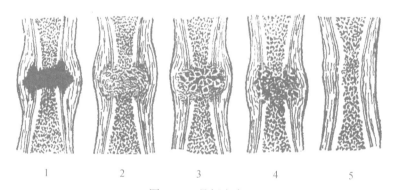

1　　　　2　　　　3　　　　4　　　　5

图 5-8　骨折愈合

1. 血肿形成　2. 纤维性骨痂形成　3. 转化为类骨细胞　4. 骨性骨痂形成　5. 骨痂改建

1. 血肿形成　骨折时因骨和周围组织损伤，局部血管破裂出血形成血肿，数小时后血肿凝固，将骨折两断端初步连接，局部出现炎症反应，故外观局部红肿。渗出的白细胞清除坏死组织，为肉芽组织长入与机化创造条件。

2. 纤维性骨痂形成　自骨折后第 2～3 天开始，骨外膜及骨内膜处的骨膜细胞增生成为成纤维细胞及毛细血管构成的肉芽组织，逐渐向凝血块内长入，最终将其完全取代而机化。肉芽组织 2～3 周逐渐纤维化形成局部呈梭形膨大的纤维性骨痂，将骨折两断端紧密连接起来，但此时的连接并不牢固。

3. 骨性骨痂形成　在纤维性骨痂基础上，成纤维细胞逐渐分化为成骨细胞或成软骨细胞。成骨细胞初始分泌大量的骨基质，沉积于细胞间，随后成熟变为骨细胞，形成骨样组织。骨样组织结构似骨，但无钙盐沉着，后经钙化成为骨组织。成软骨细胞同样经过骨化过程变成骨性组织，形成骨性骨痂，骨性骨痂虽然使断骨连接比较牢固，但由于骨小梁排列比较紊乱，结构较疏松，比正常骨脆弱，仍达不到正常骨组织的功能要求。这一过程需 4～8 周。

4. 骨痂改建 骨性骨痂虽然达到临床愈合阶段，但根据功能要求，骨性骨痂需进一步改建形成板骨层。改建是在破骨细胞和成骨细胞协调作用下完成的。破骨细胞将不需要的骨组织吸收、清除，而成骨细胞可产生新的骨质，负荷重的部位逐渐加强，使骨小梁排列逐渐适应力学方向，经过 6～12 个月，可以完全恢复正常骨的结构和功能。

骨折后虽然可完全再生，但如骨膜破坏较多（粉碎性骨折）、断端对位不好，或断端有软组织嵌塞，均可影响骨折愈合。因此，保护骨膜、正确复位与固定，对促进骨折愈合十分必要。

六、机化和包囊形成

各种病理产物或异物（如坏死组织、炎性渗出物、血栓、血凝块、寄生虫、缝线等），被新生的肉芽组织取代或包裹过程，前者称机化，后者称包囊形成（图 5-9）。但脑组织坏死后，机化由神经胶质细胞来完成。

机化与包囊的形成作为机体抗御疾病的重要手段之一，能够消除或限制各种病理性产物或异物的致病作用。但机化能造成永久性病理状态，有时会给机体带来严重的不良后果。如心肌梗死后机化形成瘢痕，引起心脏机能障碍。心瓣膜赘生物机化能导致心瓣膜增厚、粘连、变硬、变形，造成瓣膜口狭窄或闭

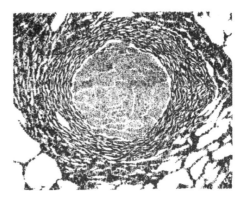

图 5-9 包囊形成
（肺坏死灶周围形成结缔组织的包囊）

锁不全，严重影响瓣膜机能。浆膜面纤维素性渗出物机化，可使浆膜增厚、不平，形成一层灰白、半透明绒毛状或斑块状的结缔组织，有时造成内脏之间或内脏与胸、腹膜间的结缔组织性粘连。肺泡内纤维素性渗出物发生机化，肺组织形成红褐色、质地如肉的组织，称为"肺肉变"，使肺组织呼吸机能丧失。

七、钙　化

体液中的钙盐以固体状态析出并沉着于病理产物或局部组织中的现象，称病理性钙盐沉着，简称钙化。沉着的钙盐主要是磷酸钙，其次为碳酸钙。病理性钙化以营养不良性钙化为主，而转移性钙化极为少见。

1. 原因和发生机理 钙盐常沉积在结核病坏死灶、鼻疽结节、脂肪坏死灶、

梗死、干涸的脓液、血栓、细菌团块、死亡寄生虫（如棘球蚴、囊尾蚴、旋毛虫等）与虫卵（如血吸虫卵）以及其他异物中。此型钙化并无血钙含量升高，即没有全身性钙磷代谢障碍，而仅是钙盐在局部组织的析出和沉积。钙化的基本机理是组织液中呈解离状态的钙离子（Ca^{2+}）和磷酸根离子（PO_4^{3-}）结合而发生沉淀所致。

2. 病理变化　组织中少量钙盐沉着时，肉眼难以辨认。量多时，则表现为白色石灰样的坚硬颗粒或团块，刀切时有沙沙声。例如，宰后常见牛和马肝脏表面形成大量钙化的寄生虫小结节，称为沙砾肝。在苏木素-伊红染色的组织切片中，钙盐呈蓝色粉末、颗粒或斑块状。

3. 结局及影响　少量的局灶性钙化是一种可复性变化，可被溶解吸收；若钙化量很多时，因溶解吸收困难而成为异物，长期存在于机体内，刺激周围结缔组织增生，将其包裹使钙化灶局限在一定部位。

钙化是机体的一种防御适应性反应，可使病变局限化，固定和杀灭病原微生物，消除其致病作用。如结核病灶的钙化，可使分枝杆菌局限在结核灶内，并逐渐使其失去致病作用。但是，钙化也有不利的一面，即不能恢复病变部位的功能，有时甚至给局部功能带来障碍。例如，血管壁发生钙化时，血管壁失去弹性，变脆，容易破裂出血；胆管寄生虫损害引起钙化，可导致胆管狭窄或阻塞。

▨ 技 能 训 练

代偿、适应与修复病变观察

【目的要求】掌握并能识别常见器官组织代偿、适应、修复的眼观和镜检病理变化。

【实训材料】相关大体标本、病理组织切片、图片、光学显微镜等。

【方法步骤】

1. 肝脏假性肥大大体标本（肝片吸虫病）

眼观：因肝片吸虫在肝脏内寄生，导致慢性炎症，肝间质内结缔组织大量增生并深入肝实质内，压迫肝实质使之发生萎缩，肝脏体积增大，质地变硬。

2. 心肌肥大

眼观：心脏体积明显增大，心尖钝圆，心腔变大，乳头肌、肉柱变粗，心室壁和室中隔增厚。

镜检：心肌纤维变粗，横纹明显，肌细胞核变大，肌纤维数量增多，间质相对减少，血管增粗。

3. 肉芽组织

眼观：肉芽组织表面覆盖有炎性分泌物形成的痂皮，痂皮下肉芽色泽鲜红，呈颗粒状，柔软湿润，触之易出血。

镜检：肉芽组织表面均质红染，散在多量炎性细胞；下层为幼稚的成纤维细胞和丰富的毛细血管，成纤维细胞形态不一，细胞体大，细胞质丰富，细胞核呈椭圆形。毛细血管内皮细胞较大，细胞核着色较浅，其管腔大小不一，向创面垂直生长；再下层成纤维细胞逐渐成熟，并分泌合成胶原纤维，但排列紊乱，毛细血管和炎性细胞减少；最下层是排列规则的胶原纤维束和少量的成熟结缔组织。

4. 瘢痕组织

眼观：瘢痕组织局部呈收缩状态，色泽苍白，质硬。

镜检：瘢痕组织由大量平行或交错分布、均质红染的胶原纤维束组成，纤维细胞稀少，核细长且深染，组织内血管较少。

5. 钙化和包囊形成

（1）牛肺结核。

眼观：肺组织中散在灰白色、大小不一的斑点状结节，触之如砂粒，坚硬，刀切有沙沙声。

镜检：HE染色钙盐呈蓝紫色细颗粒状。坏死灶外围为上皮样细胞、多核巨细胞等构成的特殊肉芽组织，再外层为淋巴细胞、结缔组织构成的普通肉芽组织形成的包囊。

（2）肝寄生虫结节包囊形成。肝脏表面可见大小不一的结节，结节呈半球样隆起，边缘规整，结节中央为白色石灰样物质，结节周围包以灰白色膜样结构，即为包囊。

6. 横纹肌再生

镜检：横纹肌纤维坏死、断裂，一些肌纤维的断端膨大，有数个淡染的肌细胞核增生聚集，呈花蕾状，横断面上形成多核巨细胞样细胞。

7. 肠壁增生

眼观：肠黏膜表面被覆多量黏液，肠黏膜固有层结缔组织增生、肥厚，结缔组织增生不均，使黏膜表面呈现颗粒状。

镜检：黏膜固有层和黏膜下层结缔组织大量增生，侵及肌层和黏膜下组织，并有大量淋巴细胞、浆细胞和巨噬细胞浸润。

8. 机化（猪肺疫）

眼观：肺胸膜和肋膜增厚呈灰白色，其间有坚韧的绒毛样结缔组织增生，使肺脏与胸壁发生粘连，这是因为大量的纤维素性渗出物被增生的结缔组织机化的结果。

【实训报告】

（1）绘出心肌肥大、肉芽组织的显微病理变化。

（2）说明机化和包囊形成的组织结构和作用。

（3）说明肉芽组织是怎么形成的、有何结构特点，肉芽组织的功能有哪些。

（4）钙化灶眼观有什么特征，常见于哪些病理过程？

实 践 应 用

1. 代偿有哪几种方式？几种代偿之间的关系如何？

2. 说明血管再生的方式及意义。

3. 简述神经纤维的再生过程。

4. 试述肉芽组织的结构及功能。

5. 犬骨折后是怎样愈合的？治疗时应注意哪些？

6. 手术创伤和感染创伤愈合各有何特点?

7. 创伤动物护理时应注意哪些因素?

历年执业兽医师考试真题

答案: D　(2009) 58. 创伤愈合时, 不属于肉芽组织固有成分的是 (　　)。

A. 胶原纤维　　　　　　　　B. 成纤维细胞

C. 中性粒细胞　　　　　　　D. 平滑肌细胞

E. 新生毛细血管

答案: D　(2010) 61. 构成肉芽组织的主要成分除毛细血管外, 还有 (　　)。

A. 肌细胞　　　　　　　　　B. 上皮细胞

C. 纤维细胞　　　　　　　　D. 成纤维细胞

E. 多核巨细胞

答案: B　(2013) 73. 维生素 A 缺乏时食管腺单层柱状上皮细胞变为复层鳞状上皮, 称为 (　　)。

A. 再生　　　　　　　　　　B. 化生

C. 增生　　　　　　　　　　D. 肥大

E. 以上都不是

答案: B　(2016) 50. 坏死组织由新生肉芽组织吸收、取代的过程称为 (　　)。

A. 疤痕　　　　　　　　　　B. 机化

C. 包囊形成　　　　　　　　D. 钙化

E. 吸收

答案: C　(2017) 55. 球虫寄生肠道导致肠黏膜上皮细胞数量增多的病变是 (　　)。

A. 化生　　　　　　　　　　B. 再生

C. 增生　　　　　　　　　　D. 真性肥大

E. 假性肥大

答案: E　(2018) 54. 再生能力较弱的细胞是 (　　)。

A. 肠黏膜上皮细胞　　　　　B. 肾小管上皮细胞

C. 肝细胞　　　　　　　　　D. 成纤维细胞

E. 心肌细胞

答案: B　(2019) 肉芽组织是一种幼稚结缔组织, 其中富含 (　　)。

A. 炎性细胞和胶原纤维　　　B. 新生毛细血管和成纤维细胞

C. 网状纤维和胶原纤维　　　D. 胶原纤维和纤维细胞

E. 成纤维细胞和纤维细胞

项目六
炎　症

项目六彩图

学习目标

能说出炎症的基本概念、炎症的类型和本质；能识别不同组织各类炎症的病理变化特征；能通过大体标本和组织切片，识别组织器官炎症的性质，并正确分析炎症病因的发展过程。

任务一　炎症的概念和原因

（一）炎症的概念和特征

炎症病变
观察（彩图）

炎症是机体对致炎因素引起的损伤所产生的以防御反应为主的应答性反应。其基本病理变化表现为局部组织变质、渗出和增生。发炎组织器官局部症状为红、肿、热、痛和机能障碍。炎症过程还会出现不同程度的全身性病理反应，主要表现为发热、白细胞增多、单核巨噬细胞系统机能增强和血清急性期反应物形成。

炎症是十分常见而复杂的病理过程，炎症过程中既有组织细胞变性、坏死性变化，又有炎性充血、炎性渗出及组织细胞增生修复的过程。许多疾病如传染病、寄生虫病、内科病及外科病等都是以炎症为基础的。炎症可发生于各种组织器官，正确认识炎症的本质，掌握其发生发展的基本规律，可以帮助人们了解疾病发生发展机制，更好地防治动物疾病。

（二）炎症的原因

凡是能够引起组织损伤的致病因素都可成为炎症的原因，但是否发生炎症还取决于机体内部因素，包括机体的防御机能、免疫状态、应激机能、营养状态、遗传性等。常见致炎因素如下。

1. 生物性因素　是最常见的致炎因素，如细菌、病毒、支原体等病原微生物和寄生虫等，它们通过机械性损伤或产生内、外毒素使组织损伤，亦可通过诱发免疫反应导致炎症。

2. 化学性因素　包括内、外源性化学物质。强酸、强碱、机体内的组织坏死产物、代谢废物等均可引起炎症，如霉菌毒素可引起动物胃肠炎，某些植物毒素可引起出血性胃肠炎。

3. 物理性因素 高温、低温、放射线及紫外线等均可造成组织损伤引起炎症。机械性因素如机械性创伤、挫伤等也可引起炎症。

4. 免疫反应 各种变态反应均能造成组织细胞损伤而导致炎症，如过敏性皮肤炎、变态反应性甲状腺炎等。

任务二　炎症的基本病理变化

炎症的基本病理变化过程包括局部组织损伤、血管反应和细胞增生，概括为变质、渗出和增生三个基本病理变化。在炎症过程中这些病理变化按照一定的先后顺序发生，一般炎症早期以变质、渗出变化为主，后期以增生为主，三者互相联系和影响。一般地说，变质属于损伤过程，而从渗出和增生开始炎症进入抗损伤过程。

一、变质性变化

变质是炎症局部组织细胞物质代谢障碍并发生变性和坏死的总称。具体包括实质细胞发生各种变性和坏死；间质结缔组织中的纤维断裂、溶解、基质解聚或发生黏液样变性、纤维素样坏死等；炎灶内组织物质代谢的特点是分解代谢加强和氧化不全产物堆积，导致炎区组织渗透压升高，pH 下降。

炎症局部的变质变化，一方面是由于致炎因素直接干扰、破坏细胞代谢及引起局部血液循环障碍造成的；另一方面，组织细胞崩解后，形成多种病理性分解产物或释放一些酶类物质，进一步加重炎区组织细胞的损伤。一般炎症早期变质变化十分明显，随后出现炎症的渗出和增生等反应。

炎区组织渗透压升高，pH 下降，是由于炎灶内组织分解代谢加强和氧化不全产物堆积。糖无氧酵解加强引起乳酸含量在炎灶局部急剧增多，脂肪分解增加，但因氧化不全而导致酸性中间代谢产物如脂肪酸和酮体蓄积，引起炎灶内各种酸性产物增多。炎症初期，炎灶及其周围组织发生充血，酸性代谢产物可被血液、淋巴液吸收带走，或被组织液中的碱储所中和，局部酸碱度可无明显改变。但随着炎症的发展，炎灶内酸性产物不断增多，加之血液循环障碍，碱储消耗过多，可引起酸中毒。一般在炎灶中心 pH 降低最明显，从炎灶边缘到中心呈梯度降低。如急性化脓性炎时 pH 可降至 6.5～5.6。此外，细胞崩解导致 K^+ 释放增多，炎灶内 K^+、H^+ 堆积引起离子浓度升高；炎灶内糖、蛋白质、脂肪分解生成许多小分子微粒，加之血管壁通透性升高、血浆蛋白渗出等因素，又可引起分子浓度升高。上述因素的综合作用使局部渗透压增高，炎灶中心最明显，周围渐次降低。

二、渗出性变化

渗出性变化是指炎区组织发生的血管反应、液体渗出和细胞渗出。在炎症过程中，局部组织的小血管发生短暂的痉挛后扩张充血，然后，血液中的液体成分和细胞成分通过血管壁进入炎区间质、体表、体腔或黏膜表面，形成渗出性变化过程。

(一)血管反应

当致炎因子作于局部组织时,炎区组织的小血管发生短暂的痉挛,随即扩张充血,在炎症介质的作用下发生炎性充血,局部血流加快,血流量增加,充血持续时间长短不等。炎性充血时间过久,血管壁紧张性下降,并由于局部代谢障碍,酸性代谢产物(如乳酸等)堆积,导致血管内皮细胞肿胀。同时,由于炎症介质的作用使毛细血管和细静脉壁的通透性增加,血液中液体成分渗出,局部血液浓缩,黏稠度增加,毛细血管和细静脉血流减慢,从而出现淤血。

炎症时血管反应(动画)

随着淤血的发生,大量白细胞逐渐向血管壁靠近,并黏着在血管内膜上,称为白细胞附壁。血管内皮细胞肿胀和白细胞附壁使血流阻力升高,可进一步造成血流减慢甚至血流停滞。

(二)液体渗出

伴发炎区充血、淤血后,血液中的液体成分包括血浆和血浆蛋白通过血管壁渗出。渗出的液体称为炎性渗出液。血管壁损伤较轻时,渗出液中仅含有电解质和相对分子质量较小的白蛋白;损害严重时,大分子的球蛋白,甚至纤维蛋白原也能渗出。渗出液和一般水肿时的漏出液不同(表6-1)。

表6-1 渗出液与漏出液的比较

渗 出 液	漏 出 液
混浊	澄清
浓厚,含有组织碎片	稀薄,不含组织碎片
相对密度在1.018以上	相对密度在1.015以下
蛋白质含量高,超过4%	蛋白质含量低于3%
在活体内外均凝固	不凝固,只含少量纤维蛋白质
细胞含量多	细胞含量少
与炎症有关	与炎症无关

液体的渗出是由多种因素引起的。首先,致炎因子、炎区酸性环境、炎症介质的作用,使血管内皮细胞收缩,内皮细胞之间的连接受损,导致血管壁通透性升高,这是引起渗出的主要原因。其次,炎区静脉淤血,血管内压升高,炎区组织渗透压升高,均促使了液体渗出。炎性渗出液的作用和影响如下:

1. 作用 炎性渗出液含有多种成分,对机体有重要的防御作用。

(1)渗出液中含有各种特异性免疫球蛋白、补体、调理素等多种抗菌物质,对病原微生物及其毒素有中和、抑制或稀释的作用。

(2)渗出液中的纤维蛋白凝固后,交织成网可限制病原体的扩散,因而有利于吞噬细胞发挥吞噬作用。

(3)渗出液可为炎区组织细胞带来营养物质,并带走炎症灶中的代谢产物。

2. 影响 渗出液过多,会对机体产生不利影响。如胸腔渗出液过多可阻碍肺脏呼吸和心脏舒张活动,脑膜炎症时渗出液使颅内压升高引起头痛、神经功能紊乱。

（三）细胞渗出

在炎症过程中，伴随着炎区组织血流减慢及血浆成分的渗出，白细胞主动由微血管壁渗出到炎区组织间隙内，称为炎性细胞浸润。白细胞渗出，吞噬和降解病原微生物、免疫复合物及坏死组织碎片，是最主要的炎症防御反应，但白细胞释放的酶类、炎症介质等也可加剧正常组织细胞损伤。

1. 白细胞的渗出过程　白细胞经过边移、贴壁、游出等阶段，在趋化因子的作用下到达炎症中心，完成渗出过程。

（1）边移。白细胞从血液的轴流进入边流，滚动并靠近血管壁的现象称为边移，白细胞边移是由选择素介导的，通过选择素及其相应配体间的作用，引起白细胞滚动、流速变慢并向血管内皮细胞靠近。

（2）贴壁。继边移之后，白细胞与血管内皮细胞发生紧密黏附称为贴壁。白细胞贴壁是由整合素介导的，白细胞滚动，激活整合素，整合素的表达阻止白细胞继续滚动，并在细胞黏附分子的作用下，与血管内皮紧密黏附。

（3）游出。白细胞穿过血管壁进入周围发炎组织的过程称为游出。电镜观察证实，白细胞黏附于内皮细胞连接处，伸出伪足，逐渐以变形运动方式从内皮细胞间的连接处逸出，并穿过基底膜，到达血管外（图6-1）。

白细胞穿过血管壁后，便向炎灶集中。白细胞这种向着炎症部位定向运动的特性称为趋化作用。调节白细胞定向运动的化学刺激物称为趋化因子。趋化因子的作用有特异性，有的趋化因子只吸引中性粒细胞，而另一些趋化因子则吸引单核细胞或嗜酸性粒细胞。

2. 白细胞的吞噬过程　渗出到炎灶内的白细胞，吞噬和消化病原微生物、抗原抗体复合物、异物或组织坏死崩解产物的过程称为吞噬作用。具有吞噬功能的细胞主要是中性粒细胞和巨噬细胞，其吞噬异物体的过程大体包括黏附、摄入和消化三个阶段。

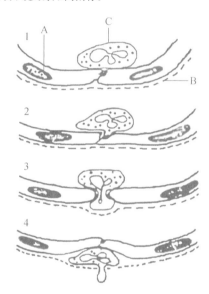

图6-1　中性粒细胞游出

1. 白细胞黏附在血管内膜上　2. 白细胞伸出伪足
3. 伪足插入血管壁内皮细胞之间
4. 伪足已伸出血管外膜
A. 血管内皮细胞核　B. 血管外膜　C. 中性粒细胞
（陆桂平. 动物病理. 2001）

被吞噬的物质首先在调理素的参与下黏附在吞噬细胞的细胞膜上。调理素为一类能增强吞噬细胞吞噬活性的血清蛋白质，主要是免疫球蛋白（IgG）和活化补体成分（C3a）等。吞噬细胞通过表面受体，能识别被抗体和补体包被的细菌，经抗体或补体与相应受体结合后，细菌就被黏着在吞噬细胞表面。随后，吞噬细胞伸出伪足，随伪足的延伸和互相吻合形成由吞噬细胞膜包围吞噬物的泡状小体，称为吞噬体。吞噬体脱离细胞膜进入细胞内，与溶酶体相融合，形成吞噬溶酶体。最后通

微课：白细胞的渗出及吞噬

白细胞的吞噬过程（动画）

白细胞贴壁（动画）

过溶酶体的酶解作用及吞噬细胞代谢产物两条途径杀伤和降解被吞入的病原和异物。

3. 炎性细胞的种类和功能　炎症过程中，渗出的白细胞主要有中性粒细胞、嗜酸性粒细胞、单核细胞、淋巴细胞和浆细胞。不同致炎因子所引起的炎症，以及炎症过程中不同阶段出现的炎性细胞种类和数量也不尽相同（图6-2，彩图22）。

白细胞游出
（动画）

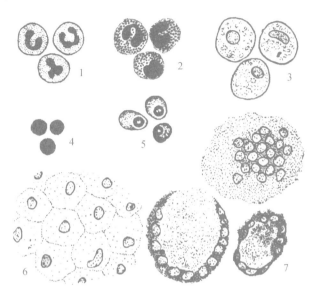

图6-2　几种炎性细胞形态
1. 中性粒细胞　2. 嗜酸性粒细胞　3. 巨噬细胞　4. 淋巴细胞
5. 浆细胞　6. 上皮样细胞　7. 多核巨细胞

（1）中性粒细胞。

形态：中性粒细胞起源于骨髓干细胞，细胞核一般都分成2~5叶，幼稚型中性粒细胞的细胞核呈弯曲的带状、杆状或锯齿状而不分叶。HE染色细胞质内含淡红色中性颗粒。

作用：中性粒细胞具有很强的游走运动能力，主要吞噬细菌，也能吞噬组织碎片、抗原抗体复合物以及细小的异物颗粒。其细胞质中所含的颗粒相当于溶酶体，其内含有多种酶，这种颗粒在炎症时可见增多。中性粒细胞还能释放血管活性物质和趋化因子，促进炎症的发生、发展，是机体防御作用的主要成分之一。

诊断意义：中性粒细胞多在化脓性炎症和急性炎症初期渗出。在病原微生物引起的急性炎症时，外周血液中的中性粒细胞也增多；在一些病毒疾病时，中性粒细胞可能减少。中性粒细胞减少或幼稚型中性粒细胞增多，往往是病情严重的表现。

（2）嗜酸性粒细胞。

形态：嗜酸性粒细胞也起源于骨髓干细胞，细胞核一般分为二叶，各自成卵圆形。细胞质丰富，内含粗大的强嗜酸性颗粒。

作用：嗜酸性粒细胞具有游走运动能力，主要作用是吞噬抗原抗体复合物，抑制变态反应，同时对寄生虫有直接杀伤作用。嗜酸性粒细胞的颗粒主要含有碱性蛋白、阳离子蛋白、过氧化物酶、组胺酶、活性氧等，对寄生虫有直接杀灭作用，对组织胺等过敏反应中的化学介质有降解灭活作用。

诊断意义：嗜酸性粒细胞主要在寄生虫感染和过敏反应引起的炎症时渗出。如反复感染或重度感染时不仅局部组织内嗜酸性粒细胞增多，循环血液中也显著增加。在过敏反应时，嗜酸性粒细胞可占白细胞总数的 20%～25%。

（3）单核细胞和巨噬细胞。

形态：单核细胞和巨噬细胞均来源于骨髓干细胞，单核细胞占血液中白细胞总数的3%～6%。血液中的单核细胞受刺激后，离开血液到结缔组织或其他器官后转变为组织巨噬细胞。这类细胞体积较大，圆形或椭圆形，常有钝圆的伪足样突起，核呈卵圆形或马蹄形，染色质细粒状，细胞质丰富，内含许多溶酶体及少数空泡，空泡中常含一些消化中的吞噬物。

作用：巨噬细胞具有趋化能力，其游走速度慢于中性粒细胞，但有较强的吞噬能力，能够吞噬非化脓菌、原虫、衰老细胞、肿瘤细胞、组织碎片和体积较大的异物，特别是对于慢性细胞内感染的细菌如分枝杆菌、布鲁菌和李氏杆菌的清除有重要意义。巨噬细胞还可以识别抗原信息并传递给免疫活性细胞，从而参与特异性免疫反应。巨噬细胞能产生许多炎症介质，促进调整炎症反应。巨噬细胞还可转变为上皮样细胞和多核巨细胞。

诊断意义：巨噬细胞主要出现于急性炎症的后期、慢性炎症、非化脓性炎症（分枝杆菌、布鲁菌感染）、病毒性感染和原虫病。

（4）上皮样细胞和多核巨细胞。炎症反应过程中，炎灶内存在某些病原体（如分枝杆菌、鼻疽杆菌等）或异物（如缝线、芒刺等）时，巨噬细胞可转变为上皮样细胞或多个巨噬细胞融合成多核巨细胞。

上皮样细胞：外形与巨噬细胞相似，呈梭形或多角形，细胞质丰富，内含大量内质网和许多溶酶体。细胞膜不清晰，细胞核呈圆形、卵圆形或两端粗细不等的杆状，核内染色质较少，着色淡。此类细胞的形态与复层扁平细胞中的棘细胞相似，故称上皮样细胞。上皮样细胞具有强大的吞噬能力，它的细胞质内含有丰富的脂酶，对菌体外表覆有蜡质的分枝杆菌也能消化，主要见于肉芽肿性炎症。

多核巨细胞：这种细胞是由多个巨噬细胞融合而成。细胞体积巨大，细胞质丰富，在一个细胞体内含有许多个大小相似的细胞核。细胞核的排列有三种不同形式：一是细胞核沿着细胞体的外周排列，呈马蹄状，这种细胞又称朗汉斯细胞；二是细胞核聚集在细胞体的一端或两极；三是细胞核散布在整个巨细胞的细胞质中。多核巨细胞可见于结核病、副结核病、鼻疽、放线菌病及曲霉菌病病灶中，也可常出现在坏死组织的边缘。多核巨细胞具有十分强大的吞噬能力，有时可见它包围着嵌进组织的异物，如芒刺、缝线等。

（5）淋巴细胞。

形态：淋巴细胞产生于淋巴结及其他淋巴组织，经胸导管进入血液循环。血液中的淋巴细胞大小不一，有大、中、小型之分。在白细胞分类中的比例因动物而异。大多数是小型的成熟淋巴细胞，细胞核为圆形或卵圆形，常见在核的一侧有小缺痕；细胞核染色质较致密，染色深；细胞质很少，嗜碱性，但在组织切片中常看不见。大淋巴细胞数量较少，是未成熟的，细胞质较多。虽然各型淋巴细胞的形态在外表看来都很相似，但实际上，淋巴细胞是一群混杂的细胞，它们的功能、寿命及特异性都有差别。根据免疫学的研究，淋巴细胞可分为 T 细胞（胸腺依赖淋巴细胞）和 B 细胞（腔上囊依赖淋巴细胞或称骨髓依赖淋巴细胞）。

作用：淋巴细胞主要是产生特异性免疫反应，在炎症过程中，被抗原致敏的 T 淋巴细胞产生和释放 IL-6、淋巴因子等多种炎症介质，具有抗病毒、杀伤靶细胞、激活巨噬细胞等多种重要作用。而 B 淋巴细胞可产生抗体，参与体液免疫。

诊断意义：主要见于慢性炎症、炎症恢复期及病毒性炎症和迟发性变态反应过程中。

（6）浆细胞。

形态：浆细胞是 B 淋巴细胞受抗原刺激后演变而成。细胞呈圆形，较淋巴细胞略大，细胞质丰富，轻度嗜碱性，细胞核圆形，位于一端，染色质致密呈粗块状，多位于核膜的周边呈辐射状排列，呈车轮状，这种特征是识别浆细胞的标志之一。

作用：浆细胞主要具有合成免疫球蛋白（免疫球蛋白包括 IgG、IgA、IgM、IgD 和 IgE）的能力，参与体液免疫。

诊断意义：主要在慢性炎症和病毒感染时渗出。

三、增生性变化

增生是炎症发展过程中以局部细胞活化增殖为主的变化，增生的细胞主要有巨噬细胞、成纤维细胞和血管内皮细胞。有时也有上皮细胞和实质细胞增生。

增生变化在炎症的晚期和慢性炎症时表现明显，但也有些急性增生性炎症开始就表现以细胞增生为主，炎症早期有较多的血管外膜细胞活化增殖参与吞噬活动，炎症后期主要有成纤维细胞和毛细血管内皮细胞增生，形成肉芽组织以局限炎症和修复损伤。

增生的原因是致炎因子、组织崩解产物或某些理化因子的刺激，近年来研究证明，一些细胞因子具有刺激细胞增生的作用，如巨噬细胞衍生的生长因子（MDGF）具有促进成纤维细胞增生和纤维化的作用。淋巴细胞释放的促分裂因子可促进血管内皮的增殖和肉芽组织的生成。

炎症的变质、渗出、增生三个基本过程是互相联系的，在任何炎症过程中，都有这三个基本过程的存在，但在不同类型的炎症或炎症的不同阶段，其表现程度各有差异。例如，在炎症的早期和急性炎症时，常以组织变质和渗出为主。而在炎症的后期和慢性炎症时，则以增生反应为主。

知 识 链 接

血常规检查是指通过观察血细胞的数量变化及形态分布从而判断血液状况及疾病情况。随着检验现代化、自动化的发展，现在的血常规检验是由机器检测完成的。血常规检查包括红细胞计数（RBC）、血红蛋白（Hb）、白细胞（WBC）、白细胞分类计数及血小板（PLT）等，通常可分为三大系统，即红细胞系统、白细胞系统和血小板系统。

血常规中的许多项具体指标都是一些常用的敏感指标，对机体内许多病理改变都有敏感反应，其中又以白细胞计数、红细胞计数、血红蛋白和血小板最具有诊断参考价值，许多患畜在病因不明时可以做血常规检查对其进行辅助诊断。此外，血常规检查还是观察治疗效果、用药或停药、继续治疗或停止治疗、疾病复发或痊愈的常用指标。

任务三　炎症的类型

微课：
炎性细胞

根据炎症的基本病理变化——变质、渗出、增生的表现程度，将炎症分为三大类，即变质性炎、渗出性炎、增生性炎。渗出性炎又分为浆液性炎、卡他性炎、化脓性炎、纤维素性炎、出血性炎；增生性炎又分为普通增生性炎和特异性增生性炎。

一、变质性炎

1. 病理特征　以炎区组织细胞的变质变化为主，主要表现为组织细胞的变性、坏死，而渗出和增生变化表现轻微。发炎器官眼观肿大，质软质脆，色泽变淡；以坏死为主的变质性炎（可称为坏死性炎）在炎症器官表面有大小不一的灰白或灰黄色坏死灶。

变质性炎症多发生于肝、心、肾等实质器官，常在发炎器官形成灰白或灰黄色斑点或病灶，整个器官肿胀不一、红黄相间、质软易碎。

2. 类型　常见变质性炎包括以下几种。

心肌变质性炎：见于恶性口蹄疫、牛恶性卡他热等（图6-3，彩图23）。

肝脏变质性炎：见于鸡副伤寒、禽霍乱、猪弓形虫病、鸡包含体性肝炎、鸭病毒性肝炎等。

肾脏变质性炎：见于猪弓形虫病、猪附红细胞体病、鸡肾型传支等。

脑变质性炎：见于狂犬病、伪狂犬病、鸡传染性脑脊髓炎、流行性乙型脑炎等。

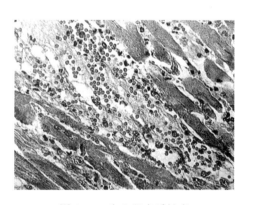

图6-3　牛心肌变质性炎
（心肌纤维坏死，大部分消失，
其间有以中性粒细胞为主的炎性浸润）

3. 原因和结局　变质性炎常见于某些传染病、中毒病或变态反应性疾病，毒素或毒物直接或间接引起组织细胞代谢的急性障碍，从而发生变性、坏死，形成变质性炎症。变质性炎症多呈急性经过，但也可转变为慢性，迁延不愈，对机体影响严重，发生于心、脑时可危及生命。

二、渗出性炎

渗出性炎是以渗出性变化为主，变质和增生变化表现轻微的炎症。根据渗出物的性质及病变特征，渗出性炎分为浆液性炎、卡他性炎、化脓性炎、纤维素性炎、出血性炎。

（一）浆液性炎

浆液性炎是指以大量浆液渗出为主要特征的炎症。

1. 病理特征　浆液类似血浆或淋巴液，含3%～5%的蛋白质，主要是白蛋白，还有少量白细胞和纤维蛋白原，浆液性渗出物眼观混浊，易于凝固，局部组织潮红、肿胀或呈胶冻样变。光镜下，炎区组织明显充血，水肿和白细胞浸润。

发生于浆膜时，在体腔内形成积液，如猪肺疫、猪传染性水疱病、牛出血性败血症等，表现为胸膜浆液纤维素性炎，初期胸腔蓄积浆液性渗出液。

发生于疏松结缔组织时，形成炎性水肿，如急性猪肺疫时咽喉周围组织浆液浸润。

发生于皮肤时，积聚在表皮和真皮之间形成水疱，见于口蹄疫、猪水疱病等。

发生于黏膜下层时，形成厚层胶冻样物，如仔猪水肿病时的胃壁下层。

发生于肺脏时，表现浆液性肺炎，如巴氏杆菌引起的猪、牛纤维素性肺炎早期，表现为浆液性肺炎。

2. 原因和结局　各种理化因素、生物性因素等均可引起浆液性炎，呈急性经过，属于轻度炎症，易于消退，一般结局良好，有些发展为纤维素性炎，则表现严重。

（二）卡他性炎

只发生于黏膜，其渗出液由浆液转变成黏液或黏脓性液的炎症称为卡他性炎。

1. 病理特征　眼观黏膜潮红、肿胀、粗糙不平，伴有出血斑纹，镜检黏膜上皮变性、坏死、脱落，黏膜固有层及黏膜下层充血、水肿、白细胞浸润，有时有少量红细胞渗出。如卡他性上呼吸道炎症、卡他性胃肠炎、卡他性子宫内膜炎等。

2. 原因和结局　卡他性炎多由于较温和的刺激引起，如变质饲料、寒冷、某些微生物毒素等。卡他性炎常呈急性经过，如病因消除，可迅速康复；如继发感染，可转为慢性炎症，发炎器官或因细胞增生和渗出而肥厚，或因纤维结缔组织增生而变薄变硬。

（三）化脓性炎

化脓性炎是指以大量中性粒细胞渗出并伴有不同程度的组织坏死和脓液形成为特征的炎症。

1. 病理特征　脓液眼观为灰白色、灰黄色或灰绿色的混浊凝乳状物，光镜下可见大量中性粒细胞、脓细胞（变性坏死的白细胞），发炎组织坏死溶解，炎区充血、水肿，有时伴有出血或增生（图 6 - 4）。
化脓性炎症有多种表现形式。

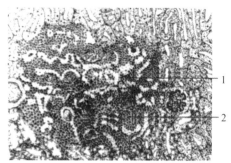

图 6 - 4　肾脓肿
1. 肾组织坏死液化，大量脓细胞聚集
2. 脓肿内细菌集落

（1）脓性卡他。发生于黏膜表面，
眼观黏膜表面出现大量黄白色、黏稠混
浊的黏脓性渗出物，黏膜充血、出血、
肿胀、糜烂。光镜下渗出物内有大量变
性的中性粒细胞，黏膜上皮细胞变性、
坏死和脱落，黏膜固有层充血、出血和
中性粒细胞浸润。如鼻黏膜脓性卡他性
炎、子宫内膜脓性卡他炎等。

（2）积脓。指浆膜发生化脓性炎时，
脓性渗出物大量蓄积于体腔内的现象，见于牛创伤性心包炎、化脓性胸膜肺炎、化
脓性腹膜炎等。

（3）脓肿。是组织内发生的局限性化脓性炎症。组织中心坏死液化，形成充满
脓液的囊腔，周围初期充血、水肿和中性粒细胞浸润，然后逐渐形成结缔组织包
膜。深部脓肿可以向皮肤、体腔或黏膜表面穿破，其穿破的管道称为瘘管。如皮肤
或皮下脓肿、肝包膜下脓肿、肾包膜下脓肿等。

（4）蜂窝织炎。指发生于结缔组织的弥漫性化脓性炎，常发于皮下组织，发展
迅速。如溶血性链球菌感染。

2. 原因和结局　化脓性炎主要见于化脓性细菌感染，如葡萄球菌、链球菌、
化脓棒状杆菌、铜绿假单胞菌等；某些化学物质如松节油、巴豆油、机体自身组织
液化性坏死可导致无菌性化脓性炎。化脓性炎多为急性经过，如及时消除病原，消
除脓液，可以痊愈；较大的化脓灶由肉芽组织修补形成疤痕，如果机体抵抗力较
低，局部化脓灶的化脓菌侵入血液和淋巴液，可导致脓毒败血症。

（四）纤维素性炎

纤维素性炎是以渗出大量纤维素为特征的炎症。

1. 病理特征　从血管内渗出的纤维蛋白原凝固成的纤维素，在炎区组织内呈
网状、片状或膜状，同时伴有充血、水肿、出血、白细胞浸润，组织细胞变性坏
死，肉芽组织增生等变化，眼观发炎器官附有淡黄色或灰黄色伪膜样、绒毛样或絮
片样物，器官表面粗糙不平、糜烂或溃疡，伴有红肿、实变或粘连等变化。根据形
成的纤维素性伪膜是否易于剥离，可分为两种形式。

（1）浮膜性炎。发炎部位形成的纤维素性伪膜易于剥离，组织损伤较轻。常发
于黏膜、浆膜和肺脏（彩图 24）。

发生于浆膜时，浆膜表面附有伪膜，浆膜腔积液，浆膜粗糙、充血、出血或粘
连。例如，浆液纤维素性胸膜肺炎时，胸腔、心包腔积液，并含有多量絮状物，肺
与心包、胸膜粘连。

发生于气管或肠道黏膜时，纤维素性伪膜可呈管状物存在或排出。黏膜充血、
出血、糜烂。

发生于肺脏时，形成充血水肿、红色肝变、灰白色肝变、溶解吸收四个期的变

化，肺脏呈大理石样外观。如猪肺疫、猪传染性胸膜肺炎、牛出血性败血症等，可发生纤维素性肺炎。

（2）固膜性炎（亦称纤维素性坏死性炎）。发炎部位渗出的纤维素与深层坏死组织牢固地结合，不易剥离，组织损伤严重，发炎器官病变部表面粗糙，呈糠麸样，局灶性或弥漫性，凸出增厚。如慢性猪瘟时大肠黏膜的纽扣样肿，仔猪副伤寒时大肠黏膜的糠麸样变，鸡新城疫时肠黏膜的枣核样病变（彩图 25），黏膜型鸡痘时气管或肠道黏膜的纤维素性坏死性伪膜。

2. 原因和结局　纤维素性炎常见于病原微生物感染，一般呈急性或亚急性经过，浮膜性炎可消散康复，也可发生机化，形成粘连、肺肉变等，固膜性炎常形成疤痕。

（五）出血性炎

出血性炎是指大量红细胞出现于渗出物中的炎症。

1. 病理特征　眼观渗出物呈红色，发炎组织充血、出血、红肿和糜烂等，光镜下观察炎区血管扩张充血，红细胞、白细胞渗出，组织细胞变性、坏死。

出血性炎常和其他类型的炎症混合发生，如浆液性出血性炎、纤维素性出血性炎、化脓性出血性炎、坏死性出血性炎等。常见于炭疽、猪瘟、巴氏杆菌病时的出血性淋巴结炎，猪败血性链球菌病、鸡新城疫时的出血性胃肠炎等。

2. 原因和结局　出血性炎常见于烈性传染病，如炭疽、猪瘟、巴氏杆菌病、禽流感、鸡新城疫等，多呈急性经过，必须及时救治才有可能康复，一般不易痊愈。

必须指出，上述几种渗出性炎可以单独、混合或先后转化发生。

三、增生性炎

增生性炎是以结缔组织或某些细胞增生为主，变质与渗出变化表现轻微的炎症。分为普通增生性炎和特异性增生性炎。

（一）普通增生性炎

多为慢性增生性炎症过程，以间质纤维结缔组织增生为主，其间散在一些淋巴细胞、浆细胞、单核细胞的浸润，实质细胞发生萎缩、变性和坏死。眼观发炎器官出现散在的大小不等的灰白色病灶，其体积逐渐缩小，质地变硬，表面凹凸不平，即发生硬化和皱缩。例如，反刍动物的肝片形吸虫病引起的慢性肝炎和猪的慢性间质性肾炎。

少数为急性增生性炎症，以某些组织细胞增生为主要特征。例如，猪瘟、狂犬病的急性病毒性非化脓性脑炎中，神经胶质细胞增生形成胶质结节；急性肾小球性肾炎时，肾小球毛细血管内皮细胞、血管系膜细胞（间质细胞）及肾小囊上皮细胞均有增生；急性传染病时淋巴结发生急性增生性炎症，淋巴结髓样肿胀，切面多汁，镜检可见淋巴细胞、网状细胞和淋巴窦内皮细胞明显增生；动物副伤寒时，肝脏网状细胞、单核细胞增生形成副伤寒结节。

（二）特异性增生性炎（肉芽肿性炎症）

是指以肉芽肿形成为特征的慢性增生性炎症。肉芽肿是以巨噬细胞为主的结节，有如下两类。

1. 感染性肉芽肿　由生物性病原如细菌或真菌引起的有一定特异性结构的肉芽肿，故又称特异性肉芽肿。如结核病、鼻疽和放线菌的特异性结节性病灶。

肉芽肿的
形成
（动画）

组织学观察，可见结节的中央发生干酪样坏死，并常有钙盐沉着，紧靠坏死区的周围，由许多胞体较大、分界不清的浅红色上皮样细胞组成一层细胞带，包围坏死区。其中常散在数量不等的多核巨细胞（朗汉斯巨细胞）。结节的外围区，积集多量淋巴细胞和浆细胞，最外围则是纤维结缔组织形成的包裹层（图 6-5，彩图 26）。

各种肉芽肿的中心结构成分不同，具有一定的诊断意义。放线菌的特异性结节性病灶中心为放线菌块和中性粒细胞。禽曲霉菌肉芽肿的中心部为干酪样坏死，其中可见到霉菌菌丝及孢子。

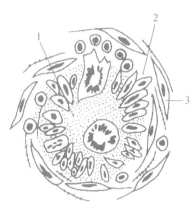

图 6-5　肉芽肿结构
1. 异物、坏死灶　2. 上皮样细胞
3. 纤维结缔组织

2. 异物性肉芽肿　指组织中的异物周围有数量不等的巨噬细胞、异物巨细胞和结缔组织包围的肉芽肿。异物可包括寄生虫、虫卵、缝线、灰尘、滑石粉、坏死组织崩解后形成的类脂质等。

任务四　炎症经过和结局

炎症的局
部蔓延
（动画）

在炎症过程中，损伤和抗损伤双方力量的对比决定着炎症的发展方向和结局。如抗损伤过程（白细胞渗出、吞噬能力加强等）占优势，则炎症向痊愈的方向发展；如损伤性变化（局部代谢性障碍、细胞变性坏死等）占优势，则炎症逐渐加剧并可向全身扩散；如损伤和抗损伤矛盾双方处于一种相持状态，则炎症可转为慢性而迁延不愈。

（一）吸收消散

炎症病因消除，病理产物和渗出物被吸收，发炎组织的结构和机能完全恢复正常。常见于短时期内能吸收消散的急性炎症。

（二）修复愈合

1. 痊愈　炎症局部病理产物和渗出物被完全吸收，组织的损伤通过炎灶周围健康细胞的再生而得以修复，局部组织的结构和机能完全恢复正常。

2. 不完全痊愈　通常发生于组织损伤严重时，虽然致炎因素已经消除，但病理产物和损伤的组织是通过肉芽组织取代修复，故引起局部疤痕形成，正常结构和机能未完全恢复。

（三）转为慢性

在某些情况下，急性炎症可逐渐转变成慢性过程，呈长期不愈状态，主要原因是机体抵抗力降低，或治疗不彻底，病原因素未被彻底清除，致使炎症持续存在，表现时而缓解，时而加剧，成为慢性炎症，长期不愈。

（四）蔓延播散

由病原微生物引起的炎症，当机体抵抗力下降或病原微生物数量增多、毒力增强时，常发生蔓延播散，主要方式有以下几种。

1. 局部蔓延　炎症局部的病原微生物可经组织间隙或器官的自然通道向周围组织蔓延，使炎区扩大。如心包炎可蔓延引起心肌炎，支气管炎可扩散引起肺炎，尿道炎可上行扩散引起膀胱炎、输尿管炎和肾盂肾炎。

2. 淋巴道蔓延　病原微生物在炎区局部侵入淋巴管，随淋巴液流动扩散至淋巴结引起淋巴结炎，并可再经淋巴液继续蔓延扩散。如急性肺炎可继发引起肺门淋巴结炎，淋巴结呈现肿大、充血、出血、渗出等炎症变化。

3. 血道蔓延　炎区的病原微生物或某些毒性产物，有时可突破局部屏障而侵入血流，引起菌血症、毒血症、败血症和脓毒败血症。

炎　症　介　质

炎症介质是指在炎症过程中由细胞释放或由体液产生、参与或引起炎症反应的化学物质。按其来源可分为细胞源性炎症介质和血浆源性炎症介质。

（一）细胞源性炎症介质

机体在内在致炎因素的作用下能够生成并释放炎症介质的细胞主要有肥大细胞、白细胞、巨噬细胞、血小板等。其产生的炎症介质包括：

1. 血管活性胺

（1）组织胺。它主要储藏于肥大细胞、嗜碱性粒细胞及血小板中。在各种致炎因素、抗原抗体复合物及蛋白水解酶等的作用下，组织及肥大细胞受到损害，于是大量组织胺被释放出来。组织胺能明显地引起毛细血管、小动脉及小静脉扩张，管壁通透性增加。组织胺还能引起血管内皮细胞收缩，从而使邻接的细胞互相牵拉，结果使一些细胞间隙扩大，导致渗出增加。此外，它还可引起支气管、胃肠道、子宫平滑肌收缩，导致哮喘、腹泻和腹痛。

（2）5-羟色胺（5-HT）。它主要存在于肥大细胞、血小板、脑组织和胃肠道的嗜银细胞内。炎症时，由于这些组织和细胞受到损害，可将5-HT释出。它的作用和组织胺相似，能使血管壁的通透性显著升高，可引起痛觉反应，并能促进组织胺释放。

2. 白细胞三烯（LT） 来自于嗜碱性粒细胞、肥大细胞和单核细胞。白细胞三烯能增强毛细血管的通透性，而且是强有力的白细胞趋化因子，它能吸引中性粒细胞并促进其黏附于血管内膜。它也是强有力的血小板凝集因子，还能引起平滑肌收缩。

3. 前列腺素（PG） 是广泛存在于机体各处的一种组织激素，特别是前列腺、肾脏、肠、肺脏、子宫、脑、胰腺等，炎区内的PG主要来自于血小板和白细胞。在炎症反应中，前列腺素具有多方面的效应，如对毛细血管有显著的扩张作用，增强血管壁的通透性及吸引白细胞游出；能增强组织胺及缓激肽的致痛作用；作为热原，它与炎症时的发热反应亦有关。

4. 过敏性嗜酸性粒细胞趋化因子 其储存部位与组织胺相同，它的作用是吸引嗜酸性粒细胞向炎区聚集，吞噬免疫复合物和杀伤寄生虫，同时能促进组织胺酶释放。

5. 溶酶体成分 中性粒细胞和单核细胞的溶酶体具有致炎作用，其中的主要炎症介质有阳离子蛋白、酸性蛋白酶、中性蛋白酶、纤维蛋白溶解酶原激活物等，具有促进肥大细胞脱颗粒释放组胺，使血管壁通透性升高，降解胶原纤维、基底膜、细菌和细胞碎片等作用。

6. 细胞因子 机体各种组织细胞在其生命周期中，会释放多种具有不同生物学效应的物质，以完成自身的功能，参加复杂的细胞—细胞间调节网络，这类物质被统称为细胞因子（cytokine）。根据其生物学效应的不同，分为白细胞介素（在白细胞间发挥作用）、肿瘤坏死因子（对肿瘤细胞具有细胞毒作用）、造血生长因子（作用于骨髓造血前体细胞，促其增殖、分化、成熟）、干扰素（干扰正常细胞内病毒增殖，增强免疫活性）、淋巴因子（促进免疫活性细胞增殖、增强免疫活性）等。细胞因子在作用上具有四个显著的特点：多效性、多源性、高效性和快速反应性。

具有强烈的致炎活性的细胞因子有以下几种：白细胞介素-1(IL-1)、白细胞介素-6(IL-6)、肿瘤坏死因子、白细胞介素-8(IL-8)、单核细胞趋化蛋白-1(MCP-1)等。

（二）血浆源性炎症介质

在致炎因素作用下，血浆内的凝血系统、纤维蛋白溶解系统、激肽形成系统和补体系统可被激活，产生许多有活性的炎症介质，主要有纤维蛋白肽、纤维蛋白降解产物、激肽、补体裂解产物等。

1. 激肽类 激肽属于多肽类物质。激肽系统的激活最终产生缓激肽。缓激肽能显著增强血管壁的通透性，还能使支气管、胃、肠的平滑肌痉挛，故能引起气喘、腹泻等症状。激肽也是一种致痛物质，微量即能引起疼痛感反应。缓激肽作用限于早期增加血管通透性（又称过敏毒素）。

2. 补体系统 补体系统是一组血浆蛋白，具有酶活性，正常情况下以非活性状态存在，当受到某些物质激活时，补体各成分便按一定顺序呈现连锁的酶促反应，参与机体的防御功能，并非为炎症介质参与机体的炎症过程。如C2b能使小血管扩张，增强血管壁的通透性及具有收缩平滑肌的作用；C3a 和 C5a 能刺激组织中的肥大细胞和血液中的嗜酸性粒细胞，促使其释放组胺和其他活性介质，因而使渗出加强；C3a、C5a 具有趋化因子的作用，能吸引中性粒细胞和单核细胞游走；C5b67 能促使释放溶酶，导致组织坏死；C3b 具有调理素的作用，它能加强吞噬活动；还有 C5b6789 复合物能破坏靶细胞膜的类脂质，故对病毒、细菌、原虫以及受病毒感染的细胞等均能溶解。

3. 纤维蛋白溶酶（纤溶酶）　纤维蛋白溶酶又称血浆素，由血浆内的纤维蛋白酶原被组织中的激肽释放酶分解而形成。它的作用是消化纤维蛋白和其他血浆蛋白。纤维蛋白裂解则形成纤维蛋白肽，此物具有抗凝血、增加毛细血管壁通透性和吸引白细胞游走等作用。

综上所述，炎症介质是炎症发生、发展的重要物质基础。炎症过程中，组织损害、血管反应和渗出形成以及炎症的消散和修复都是相当复杂的过程，炎症介质在其中参与启动和推动各个环节。

临床上在治疗炎症时，除针对生物性致炎因素常采用相应的药物外，其他的抗炎药物，其疗效机理大多数是通过抑制炎症介质的合成与释放，或直接对抗炎症介质，而达到抗炎的效果。类固醇类药物如糖皮质激素类的可的松等有较好的抗炎疗效，是由于其具有降低血管壁的通透性，稳定溶酶体膜从而控制溶酶体的释出，抑制白细胞向血管内皮细胞黏附和血管外游出，抑制肥大细胞的组织胺合成和蓄积，抑制血小板释放前列腺素等的作用。糖皮质激素对肉芽组织的形成亦有抑制作用，这是因为它能抑制毛细血管和成纤维细胞的增生，同时也能抑制成纤维细胞的胶原合成和黏多糖的合成所致。故局部反复使用极少量的糖皮质激素，对缩小炎灶的疤痕组织形成是有好处的。非类固醇类抗炎药物如消炎痛、保泰松等能抑制前列腺素的合成，同时也有稳定细胞溶酶体膜的作用，从而达到减轻炎症的发展及缓和炎症的诸多症状。

■ 技能训练

器官组织炎症病变观察

【目的要求】掌握并识别变质性炎、渗出性炎、增生性炎的眼观和镜检病理变化；掌握并识别各种炎性细胞的形态特征。

【实训材料】相关大体标本、病理组织切片、光学显微镜、图片等。

【方法步骤】

1. 炎症细胞

中性粒细胞：细胞核一般分成 2～5 叶，幼稚型中性粒细胞的细胞核呈弯曲的带状、杆状或锯齿状而不分叶。细胞体圆形，细胞质淡红色，内有淡紫色的细小颗粒，禽类的称为嗜异性粒细胞，细胞质中含有红色的椭圆形粗大颗粒。

嗜酸性粒细胞：细胞核一般分为 2 叶，各自成卵圆形。细胞质丰富，内含粗大的强嗜酸性染色反应的颗粒。

单核细胞和巨噬细胞：细胞体积较大，呈圆形或椭圆形，常有钝圆的伪足样突起，细胞核呈卵圆形或马蹄形，染色质细粒状，细胞质丰富，内含许多溶酶体及少数空泡，空泡中常含一些消化中的吞噬物。

上皮样细胞：外形与巨噬细胞相似，呈棱形或多角形，细胞质丰富，细胞膜不清晰，内含大量内质网和许多溶酶体，细胞核呈圆形、卵圆形或两端粗细不等的杆状，细胞核内染色质较少，着色淡，形态与复层扁平细胞中的棘细胞相似，故称上皮样细胞。

多核巨细胞：是由多个巨噬细胞融合而成，细胞体积巨大。它的细胞质丰富，在一个细胞体内含有许多个大小相似的细胞核。细胞核的排列有 3 种不同形式：①细胞核沿着细胞体的外周排列，呈马蹄状，这种细胞又称朗汉斯细胞；②细胞核聚集在细胞体的一端或两极；③细胞核散布在整个巨细胞的细胞质中。

2. 变质性肝炎

眼观：肝脏肿大，质地脆弱，肝脏在黄褐色或灰黄色的背景上，见暗红色的条纹，呈类似于槟榔切面的斑纹。

镜检：中央静脉扩张，肝窦淤血和出血。肝细胞广泛颗粒变性、脂肪变性或水泡变性和局灶性坏死，以及以中性粒细胞为主的炎症细胞浸润。

3. 皮肤痘疹

眼观：羊痘、猪水疱病、猪口蹄疫大体标本，其蹄部、乳房等部位皮肤及口腔黏膜出现浆液性炎，形成水疱、丘疹、糜烂或溃疡等病理变化。

4. 纤维素性心包炎　见于猪肺疫、猪链球菌病、牛巴氏杆菌病、家禽大肠杆菌病等病例。

眼观：心包表面血管充血，心包增厚。心包腔积聚渗出液，并混有黄白色的絮状纤维素。心外膜充血、肿胀，表面附着黄白色纤维素膜，易于剥离。有的纤维素膜覆盖在心外膜上，形成绒毛状。

5. 急性淋巴结炎　多见于炭疽、猪瘟、猪丹毒、猪巴氏杆菌病等急性传染病。

（1）浆液性淋巴结炎。多发生于急性传染病的初期。

眼观：淋巴结肿大，被膜紧张，质地柔软，潮红或紫红色；切面隆突，颜色暗红，湿润多汁。

镜检：淋巴结中的毛细血管扩张、充血，淋巴窦扩张，内含浆液和不同数量的中性粒细胞、淋巴细胞、浆细胞和多量的巨噬细胞（大量网状细胞增生，脱落），此变化称为窦性卡他。巨噬细胞内常有吞噬的致病菌、红细胞、细胞碎片等。淋巴小结的生发中心扩张，并有细胞分裂象，淋巴小结周围、副皮质区和髓索处有淋巴细胞增生。

（2）出血性淋巴结炎。可由浆液性淋巴结炎发展而来。

眼观：淋巴结肿大，呈暗红或黑红色，被膜紧张，质地稍实；切面湿润，稍隆突并含多量血液，呈弥漫性暗红色或呈大理石样花纹（出血部暗红，淋巴组织呈灰白色）。

镜检：除一般急性炎症的变化外，最明显的变化是出血，淋巴组织中可见充血和散在的红细胞或灶状出血，淋巴窦内及淋巴组织周围有大量红细胞。

（3）坏死性淋巴结炎。常见于猪弓形虫病、坏死杆菌病、仔猪副伤寒等。

眼观：淋巴结肿大，呈灰红色或暗红色；切面湿润，隆突，边缘外翻，散在灰白色或灰黄色坏死灶和暗红色出血灶，坏死灶周围组织充血、出血；淋巴结周围常呈胶冻样浸润。

镜检：可见坏死区淋巴组织结构破坏，细胞核崩解，呈蓝染的颗粒，并有充血和出血，并可见中性粒细胞和巨噬细胞浸润；淋巴窦扩张，其中有多量巨噬细胞和红细胞，也可见白细胞和组织坏死崩解产物。淋巴结周围组织明显水肿和白细胞浸润。时间稍长的，坏死灶可发生机化或包囊形成。

（4）化脓性淋巴结炎。是化脓菌沿血流、淋巴流侵入淋巴结的结果。

眼观：淋巴结肿大，有黄白色化脓灶，切面有脓汁流出。严重时整个淋巴结可全部被脓汁取代，形成脓肿。

镜检：炎症初期淋巴窦内聚集浆液和大量中性粒细胞，窦壁细胞增生、肿大，进而中性粒细胞变性、崩解，局部组织随之溶解形成脓液。时间较久则见化脓灶周围有纤维组织增生并形成包囊，其中脓汁逐渐浓缩进而钙化。

6. 慢性淋巴结炎　常见于某些慢性疾病，如结核、布鲁菌病、猪支原体肺炎等。

眼观：发炎淋巴结肿大，质地变硬；切面呈灰白色，隆突，常因淋巴小结增生而呈颗粒状。后期淋巴结往往缩小，质地硬，切面可见增生的结缔组织不规则交错，淋巴结固有结构消失。

镜检：淋巴细胞、网状细胞显著增生，淋巴小结肿大，生发中心明显。淋巴小结与髓索及淋巴窦间界线消失，淋巴细胞弥漫性分布于整个淋巴结内。网状细胞肿大、变圆，散在于淋巴细胞间。后期淋巴结结缔组织显著增生，严重时，整个淋巴结可变为纤维结缔组织小体。

7. 慢性猪瘟固膜性肠炎

眼观：肠黏膜可见散在的纽扣状溃疡（扣状肿），它是在肠壁淋巴滤泡坏死的基础上发展的局灶型固膜性炎症。溃疡面上的坏死物痂形成明显隆突的同心层状结构，形似纽扣，圆形，质硬，色灰黄，沾染肠内容物色素而呈暗褐色或污绿色，其周围常有红晕。

镜检：肠黏膜脱落溶解，固有层组织崩溃，坏死组织中有渗出的纤维素和浸润的各种炎性细胞。

8. 肺炎

（1）支气管肺炎。

眼观：病变多见于尖叶、心叶和膈叶，呈镶嵌状，病变中心部为灰白至黄色，周围为红色的实变区以及充血和萎陷，外围为正常乃至气肿的苍白区。

镜检：细支气管和相连的肺泡内充满中性粒细胞，并有细胞碎屑、黏液、纤维素与巨噬细胞的混合物。细支气管上皮变性、坏死或脱落，周围结缔组织有轻度急性炎症。

（2）间质性肺炎。常因病毒、支原体、寄生虫（如弓形虫）感染，以及过敏反应、某些化学性因素等引起。

眼观：病变区灰白或灰红色，呈局灶性分布，质地稍硬，切面平整，炎灶大小不一，病灶周围有肺气肿。病区可为小叶性、融合性或大叶性。病程较久时，则可纤维化而变硬。

镜检：支气管周围、血管周围，肺小叶间隔和肺泡壁及胸膜，有不同程度水肿和淋巴细胞、单核细胞浸润，结缔组织轻度增生，间质增宽。肺泡腔闭塞，有时渗出的血浆成分在肺泡内形成透明膜。

（3）结核性肺炎。

眼观：结核性肺炎常表现为小叶性或小叶融合性。病变部充血、水肿，色灰红或灰白，质地硬实；切面上，肺组织充满灰黄色干酪样坏死物。

镜检：病变区肺组织和渗出物及增生成分一起发生干酪样坏死，变成无结构的干酪样坏死物。病变部周围可见上皮样细胞和朗汉斯巨细胞。病灶周围肺组织充血、水肿和炎症细胞浸润。肺泡腔内有浆液、纤维素和炎症细胞。

9. 肾炎

（1）急性肾小球肾炎。常见于猪丹毒、猪瘟、链球菌病、沙门氏菌病等传染病过程中，是一种变态反应性炎症。

眼观：肾脏肿大、充血，包膜紧张，表面光滑，色较红，俗称"大红肾"。有时肾脏表面及切面可见散在的小出血点，形如蚤咬，称"蚤咬肾"。肾切面皮质由于炎性水肿而变宽，纹理模糊，与髓质分界清楚。

镜检：肾小球毛细血管扩张、充血，内皮细胞和系膜细胞肿胀增生，肾小球内往往有多量炎性细胞浸润，肾小球体积增大，膨大的肾小球毛细血管网几乎占据整个肾球囊腔。囊腔内有渗出的白细胞、红细胞和浆液。肾脏间质内常有不同程度的充血、水肿及少量淋巴细胞和中性粒细胞浸润。

（2）亚急性肾小球肾炎。

眼观：肾脏体积增大，被膜紧张，质度柔软，颜色苍白或淡黄色，俗称"大白肾"。若皮质有无数瘀点，表示曾有急性发作。切面隆起，皮质增宽、苍白色、混浊，与颜色正常的髓质分界明显。

镜检：在肾球囊内毛细血管丛周围见有壁层上皮细胞增生和渗出的单核细胞形成的新月体或环状体。肾小管上皮细胞广泛变性，间质水肿，炎性细胞浸润，后期发生纤维化。

（3）慢性肾小球肾炎。

眼观：肾脏体积缩小，表面高低不平，呈弥漫性细颗粒状，质地变硬，肾皮质常与肾被膜发生粘连，颜色苍白，故称"颗粒性固缩肾"或"皱缩肾"。切面见皮质变薄，纹理模糊不清，皮质与髓质分界不明显。

镜检：大量肾小球纤维化，玻璃样变，所属的肾小管萎缩消失，纤维化。由于萎缩部有纤维化组织增生，继而发生收缩，致使玻璃样变的肾小球互相靠近，称为肾小球集中。残存的肾单位代偿性肥大，表现为肾小球体积增大，肾小管扩张。扩张的肾小管管腔内常有各种管型。间质纤维组织明显增生，并有大量淋巴细胞和浆细胞浸润。

（4）间质性肾炎。本病原因尚不完全清楚，一般认为与感染、中毒性因素有关，药物过敏及寄生虫感染等也可引起间质性肾炎。

眼观：急性病例的肾脏稍肿大，颜色苍白或灰白，被膜紧张容易剥离，切面间质明显增厚，灰白色，皮质纹理不清，髓质淤血暗红。慢性者，肾脏体积缩小，质度变硬，表面凹凸不平，呈淡灰色或黄褐色，被膜增厚，与皮质粘连；切面皮质变薄，与髓质分界不清，眼观和显微镜下与慢性肾小球肾炎不易区别。

镜检：急性者间质小血管扩张充血，结缔组织水肿，整个肾间质内有单核细胞、淋巴细胞和浆细胞浸润。肾小管及肾小球变化多不明显。当转为慢性间质性肾炎时，间质纤维组织广泛增生，炎性细胞数量逐渐减少。许多肾小管发生颗粒变性、萎缩消失，并被纤维组织所代替，残留的肾小管扩张和肥大。肾小囊发生纤维性肥厚或者囊腔扩张，以后肾小球变形或皱缩。在与慢性肾小球肾炎鉴别诊断时，许多肾小球无变化或仅有轻度变化是其主要特点。

（5）化脓性肾盂肾炎。主要病原菌有棒状杆菌、葡萄球菌、链球菌、绿脓杆菌等，大多是混合感染。

眼观：初期，肾脏肿大、柔软，被膜容易剥离。肾表面常有略显隆起的灰黄或灰白色斑状化脓灶，脓灶周围有出血。切面肾盂高度肿胀，黏膜充血水肿，肾盂内充满脓液；髓质部见有自肾乳头伸向皮质的呈放射状的灰白或灰黄色条纹，以后这些条纹融合成楔状的化脓灶，其底面转向肾表面，尖端位于肾乳头，病灶周围有充血、出血，与周围健康组织分界清楚。

镜检：初期肾盂黏膜血管扩张、充血、水肿和细胞浸润。浸润的细胞以中性粒细胞为主。黏膜上皮细胞变性、坏死、脱落，形成溃疡。自肾乳头伸向皮质的肾小管（主要是集合管）内充满中性粒细胞，细菌染色可发现大量病原菌，肾小管上皮细胞坏死脱落。间质内常有中性粒细胞浸润、血管充血和水肿。

【实训报告】
（1）对所观察的组织学病理变化进行绘图。
（2）对所观察的大体标本病理变化特征进行描述。

实 践 应 用

1. 依据炎症的基本病理变化分析炎症局部症状为什么表现红、肿、热、痛和功能障碍。

2. 炎症时为什么引起发热和白细胞增多的全身反应？

3. 当发生猪急性败血性链球菌病时，胸腔和心包腔内蓄积多量的黄色混浊的液体，请问这是属于渗出液还是漏出液？两种液体成分和眼观特征有什么不同？

4. 慢性猪瘟时在大肠黏膜上形成纽扣样肿胀，请分析这是属于什么类型的炎症，该种炎症类型的特征是什么。

5. 鸡结核病时在肺脏、腹腔肠浆膜和卵巢等器官上可见黄白色的结节，切开结节断面中心呈豆腐渣样，周围组织呈致密均匀状态，请问这是属于什么类型炎症？结节中心和周围分别是什么组织？请再举几个属于这种类型炎症的例子。

6. 猪传染性胸膜肺炎时，初期肺脏血管充血，支气管腔、肺泡腔内浆液渗出，然后大量红细胞和纤维素渗出，再发展到有大量白细胞和纤维素渗出，有的部位有大量中性粒细胞渗出、组织坏死溶解。请分析肺脏发生了哪些类型的炎症。

历年执业兽医师考试真题

答案：C (2009) 62. 红、肿、热、痛和机能障碍是指（　　）。

    A. 炎症的本质

    B. 炎症的基本经过

    C. 炎症局部的主要表现

    D. 炎症时机体的全身反应

    E. 炎症局部的基本病理变化

答案：D (2010) 64. 寄生虫性炎症病灶内特征性的炎性细胞是（　　）。

    A. 单核细胞　　　　　　　　B. 淋巴细胞

    C. 嗜中性粒细胞　　　　　　D. 嗜酸性粒细胞

    E. 嗜碱性粒细胞

答案：B 88. 鸡感染了新城疫病毒，临诊见有观星姿势，组织病理学观察见有非化脓性脑炎，脑血管周围有大量炎性细胞浸润，该疾病炎症病灶中渗出的主要炎性细胞类型是（　　）。

答案：C 89. 犊牛感染了化脓性棒状杆菌，剖检见肾脏有明显的化脓灶，组织病理学观察见病灶局部有大量的炎性细胞浸润，该疾病炎症病灶中渗出的主要炎性细胞类型是（　　）。

答案：B (2013) 76. 发生化脓性炎症时，渗出的炎性细胞主要是（　　）。

    A. 嗜酸性粒细胞　　　　　　B. 嗜中性粒细胞

    C. 嗜碱性粒细胞　　　　　　D. 单核巨噬细胞

    E. 淋巴细胞

答案：A (2013) 77. 发生鸡大肠杆菌病时，在心包膜表面形成的一层灰白色伪膜属于（　　）。

    A. 浮膜性炎　　　　　　　　B. 固膜性炎

    C. 变质性炎　　　　　　　　D. 增生性炎

    E. 以上都不是

答案：B (2015) 63. 疏松结缔组织内的弥漫性化脓性炎称为（　　）。

    A. 纤维素性炎　　　　　　　B. 蜂窝织炎

    C. 浆液性炎　　　　　　　　D. 出血性炎

    E. 变质性炎

答案：E (2016) 60. 脓液中的脓球是指变性坏死的（　　）。

    A. 浆细胞　　　　　　　　　B. 淋巴细胞

    C. 嗜酸性粒细胞　　　　　　D. 单核细胞

    E. 嗜中性粒细胞

答案：B (2018) 58. 化脓性心肌炎时渗出的炎性细胞主要是（　　）。

    A. 嗜酸性粒细胞　　　　　　B. 嗜中性粒细胞

    C. 淋巴细胞　　　　　　　　D. 浆细胞

    E. 单核细胞

（2019）60. 在结核肉芽肿性炎症灶内的特异性细胞成分是（　　）。　　　　　　**答案：B**

　　A. 肥大细胞　　　　　　　　B. 多核巨细胞

　　C. 淋巴细胞　　　　　　　　D. 嗜中性粒细胞

　　E. 嗜酸性粒细胞

项目七
败 血 症

■ 学习目标

能说出败血症、菌血症、虫血症等的概念；在临床中，能够识别败血症的病理变化并分析败血症的原因。

任务一 败血症概念

败血症是指病原微生物及其产生的毒素和其他代谢产物侵入血液循环，并随血流不断扩散，造成广泛的组织损伤和严重的物质代谢障碍的全身严重感染的病理过程。

败血症的发生与动物机体的抵抗力、病原微生物的毒力、病原体的数量和侵袭力有密切关系。近年来，对败血症的研究越来越重视机体对侵入微生物及其毒素所产生的全身性反应。当机体的抵抗力低下，不能有效阻挡和清除进入体内的病原体时，这些病原体就会突破防御屏障，进入循环血液并向全身扩散，引起多器官功能、代谢障碍，临床上出现高热、寒战、心动过速、呼吸急促、器官组织广泛性出血等严重的全身反应。

败血症病
变观察
（彩图）

病原微生物中除细菌引起败血症外，一些病毒、寄生原虫及细菌毒素和其他毒性产物也会引起相类似的病理变化，也称为败血症。若引起败血症的细菌是化脓菌，除了有败血症的表现外，化脓菌可随血流到达全身各处，在各组织器官引起新的多发性化脓性病灶，通常称脓毒败血症或脓毒血症。

动物机体在发生败血症的过程中往往伴有菌血症、病毒血症、虫毒血症或毒血症出现，这些是败血症的重要标志之一。但仅有这些，并不能诊断为败血症，还必须结合是否有败血症的病理变化，方可做出确切诊断。

1. 菌血症 病原菌出现于循环血液中的现象，称为菌血症。此时病原菌出现于血液中可能为暂时性或称为路过性，能很快被血液中的白细胞、肝脾等器官中的吞噬细胞所消灭，并不出现全身症状和病理变化。但菌血症的出现也可能是败血症的前期征兆。

菌血症
（动画）

2. 病毒血症 循环血液中出现病毒粒子，称为病毒血症。病毒出现于血液中，也可能为临时性或路过性。但如果机体防御机能解体，不能将其清除，大量病毒存在于血液中，同时伴有明显的全身性感染，则称为败血型病毒血症。

3. **虫血症**　寄生原虫侵入血液的现象，称为虫血症。败血型原虫病时的虫血症，主要是由于原虫在其适宜寄生的部位繁殖后，大量原虫进入血液，同时伴有明显的全身性病理过程。

4. **毒血症**　细菌产生的毒素及局部组织坏死、分解产生的各种有毒产物进入血液，引起全身中毒的现象，称为毒血症。毒血症的发生，主要是病原微生物侵入机体后，在其适宜部位增殖，不断产生毒素，被机体吸收入血而引起全身中毒有关。其次也与全身物质代谢障碍、肝脏的解毒功能和肾脏的排毒机能障碍等因素有关。

虽然现代诊疗技术不断提高，新的抗菌药物广泛使用，但在临诊实践中，由于病原体的变异、强毒株的出现以及免疫失败等原因，导致动物因败血症死亡的现象不时发生，给养殖业造成很大损失。

虫血症
（动画）

毒血症
（动画）

任务二　原因和类型

各种致病菌都可引起败血症，某些原虫（如牛泰勒虫、弓形虫等）也可成为败血症的病原。病原体突破机体的外部屏障入侵体内的部位称为侵入门户。皮肤、消化道、呼吸道及泌尿生殖道的黏膜均可成为病原体的侵入门户，尤其是当皮肤或黏膜有损伤时更易造成病原体的感染。

由侵入门户进入体内的病原体，如果未被白细胞及免疫球蛋白所消灭，则在局部组织、淋巴结或其适宜生存的部位增殖，破坏局部组织，引起局部炎症，称为原发性感染灶。此后，病原体的损伤作用与机体的防御适应性反应（即抗损伤作用）之间进行激烈斗争。若病原体的损伤作用明显占优势，而机体的抗损伤作用低下或趋于瓦解时，则很容易发生败血症。

根据病原菌的传染性，可将败血症分为非传染性败血症和传染性败血症两种类型。

（一）非传染性败血症

非传染性败血症又称感染创伤型败血症，其特点是不具传染性。在局部炎症的基础上，由局部病灶转为全身性的病理过程。如坏死杆菌、气肿疽梭菌及恶性水肿梭菌等病原菌，首先在侵入的部位引起局部炎症，当机体防御机能下降、治疗不当或不及时，病原菌大量增殖，局部组织损伤加剧，炎症波及淋巴和血管，引起局部淋巴结炎、淋巴管炎及静脉炎，这时病原菌便经淋巴管和血管不断向全身扩散。开始进入血液的病原菌可被单核巨噬细胞吞噬，但随着机体抵抗力进一步下降，局部炎症病灶内的病原菌及其毒性产物大量进入血液并随血流扩散到全身，引起全身各器官、组织损伤，物质代谢障碍和生理机能发生严重紊乱，此时患病动物出现明显的全身症状和病变，即发生败血症。

（二）传染性败血症

传染性败血症是指由某些具有传染性的病原微生物引起的败血症。例如，某些细菌（如炭疽、败血型猪丹毒、败血型巴氏杆菌等）和病毒（如马传染性贫血、猪瘟、牛瘟、高致病性禽流感、鸡传染性喉气管炎及鸡新城疫等病的病原体），由于这些病原体的侵袭力和毒力都很强，侵入机体后，迅速突破机体防御屏障，经血液散播到全身，在适宜生存的部位进行增殖，然后大量向血液释放，造成广泛的组织损伤，此时机体的防御适应反应虽有所表现，但在病原体的强大作用下迅速瓦解，很快发展为败血症。此时肉眼常常找不到侵入门户的明显病变，以往曾称为隐源性败血症。

某些慢性传染病（如鼻疽和结核）通常表现慢性局灶性炎症。但是，当机体抵抗力下降时，病原菌则突破局部病灶的防线进入血流，随血流扩散到全身，并在许多器官形成多发性转移病灶，即称粟粒型鼻疽或粟粒型结核，此种由慢性炎症转化为急性全身性的病理过程，实质上也可称为败血型鼻疽或结核。此外，少数原虫（如牛泰勒梨形虫、弓形虫等）侵入机体后，也具有败血症的一般特征，所以也列为此范畴。

综上所述，无论任何原因引起的败血症，都可表现出病原与机体进行激烈斗争的过程。只是传染型败血症由于病原毒力很强，可迅速突破机体的防御系统，使机体的抵抗力丧失，出现明显的败血症变化。而非传染型败血症则是先引起局部感染病灶，然后由局部病灶扩散到全身，并形成具有败血症特征的病理变化。

任务三　病理变化和发病机理

对于每一个具体的败血症病例来说，随着机体的状况、病程长短以及病原毒力强弱等不同，各有其特有的表现形式。但无论何种原因引起的败血症，在病理形态学变化上通常都有一些共同的特点。

（一）全身性病理变化

1. 最急性型　在机体抵抗力特别弱、病原体的侵袭力特别强时，机体的防御机能迅速被摧垮，动物很快死亡。此类型的败血症因病程特别短，各个器官、组织几乎没有明显肉眼可见的病理变化。但可以看到各个器官、组织内有大量的病原体及明显的组织学变化。

2. 急性型　急性经过的败血症一般可出现下述变化。

（1）尸僵不全，尸体腐败。由于动物体内有大量病原微生物及其毒素存在，动物死亡前，体内的肌肉组织发生变性坏死，释放出大量的蛋白酶，故在动物死后往往不出现尸僵或尸僵不完全。同时，由于肠道内的腐败菌在机体抵抗力降低的情况下进入血液，因此极易引起尸体腐败。临床常见臌气。

（2）血液凝固不良。由于病原体及其毒素使血液中凝血物质遭到严重破坏，所以往往发生血液凝固不良。常见从尸体的口、鼻、内眼角、阴门及肛门等天然孔流出黑红色不凝固的血液。

（3）溶血现象及黄疸。由于在细菌毒素的作用下，红细胞遭到破坏，故发生溶血现象。常见心内膜、血管内膜及周围组织被血红素染成污红色。同时，由于肝脏机能不全，造成胆红素在体内蓄积，可视黏膜及皮下组织可见黄染。

（4）全身黏膜、浆膜出血。关于出血的机理比较复杂，但主要是由于血管壁受到损伤而引起的。其一，由于病原菌及其毒素的作用，使血管壁通透性增高，血液渗出。其二，病毒直接作用于血管内皮细胞，导致血管壁损伤。其三，中枢神经系统受损，引起血管运动神经中枢发生机能障碍，导致植物神经系统功能失调，从而使全身血管出现一系列变化，加重了血管壁的损伤。其四，变态反应，抗原抗体相互作用形成免疫复合物，激活补体系统，导致血管壁损伤，引起局部出血。临床可见四肢、背腰部和腹部皮下、黏膜和浆膜下的结缔组织有浆液性或胶样出血性浸润，在皮肤、浆膜、黏膜及一些实质器官的被膜上有散在的出血点或出血斑。

（5）脾脏肿大。由于脾被膜和小梁的平滑肌受到病原体、毒素和酶的作用发生变性或坏死，收缩力降低，导致脾脏高度淤血，而出现脾脏肿大，淤血严重的脾组织几乎呈一片血海。脾脏肿大是败血症的特征性变化。但是，某些机体极度衰弱的动物或最急性型病例的脾脏肿大并不十分明显或不肿大。

（6）淋巴结呈急性炎症。病程较长的病例，全身各处的淋巴结均见肿大、充血、出血、水肿等急性浆液性和出血性淋巴结炎的变化。组织学检查可见淋巴窦扩张，窦内有单核细胞、中性粒细胞和红细胞，有时可见细菌团块。扁桃体和肠道淋巴小结亦见肿大、充血及出血等急性炎症变化。

（7）实质器官。心脏、肝脏、肾脏等实质器官以变性、坏死为主，有时也见炎症变化。肺脏可见淤血、水肿。肾上腺明显变性，类脂质消失，皮质部失去固有的黄色，呈浅红色，皮质与髓质部可见出血灶。

（8）神经系统。眼观脑软膜充血，脑实质无明显病变。组织学检查，可见软脑膜下和脑实质充血、水肿，毛细血管有透明血栓形成，神经细胞不同程度变性，有时见局灶性充血、出血、坏死、炎性细胞浸润和神经胶质细胞增生等变化。

（二）原发病灶病理变化

败血症原发病灶的病理变化，因所感染的病原菌及侵入门户不同而表现各异。如由坏死杆菌引起的败血症，其原发性病灶通常位于四肢下部的深部创伤中；异物性肺炎引起败血症的原发病灶为化脓性坏疽性肺炎；而口腔感染链球菌和坏死杆菌引起的败血症，原发病灶常见于扁桃体，呈化脓性坏死性扁桃体炎变化。

1. 由创伤感染引起的败血症　常在侵入门户表现局部浆液性化脓性炎、蜂窝织炎和坏死性炎。当原发灶内的病原菌突破机体的防御屏障，沿附近的淋巴管扩散时，可见淋巴管肿胀、变粗，管壁增厚，管腔狭窄，管腔内积有脓汁或纤维素凝块，而相应的淋巴结也呈浆液性化脓性炎变化。当病原菌经血管扩散时，原发病灶内带菌栓子随血流转移到全身，其过程与栓塞形成的规律相同，最后在体内多个部位形成大小不等的转移性化脓灶。数量少而体积大的转移性化脓灶，说明形成的时间较久；数量多而体积小的转移性化脓灶，说明原发病灶内较大的血管发生崩溃，病原菌在短时间内大量进入血液循环，向机体各处扩散，在大量转移性化脓灶形成后不久就可导致动物死亡。有时还可看到转移性化脓灶大小不一，且密度不等，说明病原体侵害已非一日，也非一次。

此外，从化脓灶的结构上也可以反映出机体抵抗力的强弱，在那些较大的化脓灶中一般均可看到脓灶周围有肉芽组织（即生脓膜）形成，证明机体对病原已有较强的抗御过程。而死于粟粒型（既多又小的转移性病灶）脓毒败血症的病例，往往以局部组织的显著坏死为主，而组织的增生和白细胞浸润则很微弱，表明机体还未能来得及抗御病原的损害就已死亡。

2. 幼畜脐炎引起的败血症　往往只在脐带的根部看到不太明显的出血性化脓性病灶，该病灶可蔓延到腹膜，引起纤维素性化脓性腹膜炎。病原菌还可沿化脓的脐静脉进入血液，引起肝脏、肺脏化脓性炎和化脓性关节炎（多见于肩关节、肘关节、髋关节及膝关节等四肢关节）。

3. 产后败血症　是因母畜分娩后护理不当、子宫黏膜损伤或子宫内遗有胎盘碎片，使子宫黏膜感染化脓性细菌或腐败菌，引起化脓性坏疽性子宫内膜炎，常由此发生败血症而死亡。剖检可见子宫膨胀，触之有波动感，浆膜混浊无光泽，切开子宫，内有大量污秽不洁、带恶臭的脓汁，子宫内膜肿胀、淤血、出血和坏死，并见糜烂或溃疡变化。

此外，尿道感染所引起的肾盂肾炎和膀胱炎等也会导败血症发生。

微课：败血症动物的运送

实 践 应 用

1. 简述败血症的分类和病变特点。革兰氏阳性菌与阴性菌引起的败血症有何不同？

2. 临床上应从哪些方面判断败血症？哪种诊断结果具有确诊意义？

3. 发现动物败血症时，你认为应采取什么治疗原则？

历年执业兽医师考试真题

答案：E　（2009）64. 脓毒败血症的主要特点是（　　）。

  A. 血液内出现化脓菌　　　　　　B. 体表有多发性脓肿

  C. 血液中白细胞增多　　　　　　D. 病畜不断从鼻孔流出带血脓汁

  E. 血液中出现大量的化脓菌及其毒素

答案：C　（2010）67. 动物发生急性传染病时导致死亡的主要原因是（　　）。

  A. 菌血症　　　　　　　　　　　B. 毒血症

  C. 败血症　　　　　　　　　　　D. 虫血症

  E. 病毒血症

（2016）61. 关于败血症对机体的影响，表述错误的是（　　）。　　　　　　　　　**答案：A**

    A. 心功能无异常　　　　　　B. 凝血功能异常

    C. 休克　　　　　　　　　　D. 全身组织出血

    E. 尸僵不全

（2021）61. 关于败血症对机体的影响，表述错误的是（　　）。　　　　　　　　　**答案：A**

    A. 心功能无异常　　　　　　B. 凝血功能异常

    C. 休克　　　　　　　　　　D. 全身组织出血

    E. 尸僵不全

项目八彩图

项目八
肿　瘤

肿瘤病变观察（彩图）

■■ **学习目标**

　　能说出肿瘤的基本概念；能识别肿瘤的病理变化；在临床上能对常见的动物肿瘤做出诊断；能对良性肿瘤和恶性肿瘤进行鉴别。

任务一　肿瘤的概念和病因

（一）肿瘤的概念

　　肿瘤是指动物机体在各种致病因素的作用下，局部组织细胞在基因水平上对其生长失去控制，导致异常增生所形成的新生物，这种新生物所形成的局部肿块，称为肿瘤。

　　肿瘤是在致病因素的作用下，正常细胞的 DNA 结构和功能异常，发生异常增生形成的肿块，表现出与正常细胞明显的差异。其特点如下：

　　（1）肿瘤细胞是由正常细胞转变而来，它与正常组织细胞形态有一定程度的相似性。

　　（2）肿瘤增生与炎症增生有质的不同。后者是针对一定刺激所做出的反应性增生，是适应机体需要的，所增生的组织基本上具有原组织的结构与功能，且整个增生过程受机体控制，一旦刺激因素去除增生即停止。肿瘤细胞生长无限制性，与整个机体不协调，特别是恶性肿瘤还具有浸润与转移能力。

　　（3）肿瘤组织缺乏正常细胞的形态结构、功能和物质代谢。

　　（4）没有正常的生理机能，即使致病因素已不存在，仍能持续性生长，对机体有百害而无一利。

　　（5）在不同的程度上失去发育为成熟组织的能力，甚至具有接近幼稚的胚胎细胞的表现。

　　（6）体内因素对肿瘤有一定影响。如对肿瘤的免疫反应，能抑制细胞的生长；体内激素的分泌，可刺激或抑制肿瘤细胞生长。

（二）肿瘤的病因

　　肿瘤的病因包括内因和外因两方面。外因主要是指来自周围环境中的各种致瘤因素，内因则是指机体自身抗瘤能力的降低。二者往往互为联系、协同作用。

1. 外界致瘤因素

（1）生物性因素。

① 病毒。包括 DNA 和 RNA 两类病毒。DNA 病毒有疱疹病毒、腺病毒、乳头状瘤病毒等；RNA 病毒主要为禽白血病/肉瘤病毒群的病毒，能引起多种家禽的良恶性肿瘤，致瘤 RNA 病毒也能对牛、猫和其他一些哺乳动物诱发白血病。

② 寄生虫。如华支睾吸虫与胆管上皮癌、日本血吸虫与大肠癌的发生有关。

（2）化学性因素。

① 亚硝胺类。目前已知能致癌的亚硝胺有 70 多种。主要引起食管癌和肝癌。

② 霉菌毒素。主要是黄曲霉毒素，能诱发多种动物的肝癌。

③ 多环碳氢化合物。如 3,4-苯并芘、1,2,5,6-双苯并蒽、3-甲基胆蒽、9,10-二甲基苯蒽等均有较强的致癌性。

④ 芳香胺类与氨基偶氮染料。芳香胺类致癌物有乙萘胺、联苯胺、4-氨基联苯等。氨基偶氮染料有奶油黄、猩红等，长期接触可引起膀胱癌、肝癌。

⑤ 烷化剂与酰化剂。如环磷酰胺、氮芥、苯丁酸氮芥、亚硝基脲等均能致癌。

⑥ 某些微量元素。如砷、铬、镉、镍等具有致癌性。

（3）物理性因素。主要有 X 射线，各种放射性射线、紫外线、热辐射、慢性炎性刺激等可引起各种肿瘤的发生。

2. 内部致瘤因素　肿瘤的发生除了与外部因素有关外，机体内在因素也起着重要作用。主要包括遗传因素、免疫因素、内分泌因素、性别和年龄因素。

3. 肿瘤发病学简介　肿瘤的发病机理目前尚未完全清楚。一般认为各种致癌因素引起体细胞 DNA 突变，或使基因表达异常，转变为瘤细胞。肿瘤的形成是瘤细胞单克隆性扩增的结果。肿瘤的发生是一个长期的、分阶段的、多种基因突变积累的过程，特别是原癌基因的激活和抑癌基因的失活在细胞恶性转化过程中具有重要作用。机体的免疫监视功能降低，不能及时清除体内突变细胞，与肿瘤的发生也有重要关系。

任务二　肿瘤的生物学特性

（一）肿瘤的外观形态（眼观）

1. 外形　肿瘤外观形态与肿瘤的性质、发生的部位、生长方式、组织来源有很大关系。常见的有圆球状、乳头状、息肉状、分叶状、菜花状、绒毛状、溃疡状等（图 8-1）。

2. 大小　肿瘤的大小不一，主要取决于其生长速度、生长部位、生长时间等。生长在狭小体腔内的常较小，在柔软体腔内或身体表面则可长得很大。对机体物质代谢和重要器官的机能无重大影响可长得很大（如良性肿瘤），但如果对机体破坏作用严重，它尚未充分长大时，患体即死亡，则体积较小。

3. 数量　常是一个或多个。

4. 颜色　与组织来源、形成时间长短、含血量多少或含其他色素成分及有无继发性病变等有关。一般为灰白色，有的呈红色、黄色、灰黑色等。如黑色素细胞组成黑色素瘤呈黑色；脂肪瘤呈黄色或白色；纤维瘤呈灰白色；淋巴肉瘤、纤维肉瘤呈鱼肉色。

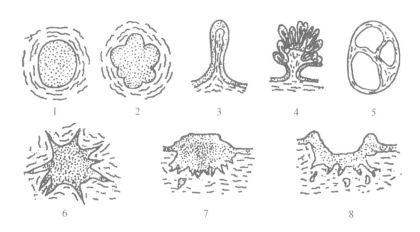

图 8-1　肿瘤的外形及生长方式

1. 结节状（膨胀性生长）　2. 分叶状（膨胀性生长）　3. 息肉状（外生性生长）
4. 乳头状（外生性生长）　5. 囊状（膨胀性生长）　6. 浸润性包块状（浸润性生长）
7. 弥漫性肥厚状（浸润性生长）　8. 溃疡状（浸润性生长）

5. 硬度　与肿瘤组织的实质与间质的比例以及有无变性坏死等有关。如骨瘤最硬、软骨瘤次之，纤维瘤较硬固、黏液瘤较柔软；间质成分多的较硬，实质成分多的较柔软。

（二）肿瘤的组织结构（镜检）

肿瘤的组织结构由实质（瘤细胞）和间质（结缔组织）两部分组成。

1. 实质　由瘤细胞构成，是肿瘤的特殊成分，决定肿瘤的病理学特性和临床特点。瘤细胞由原来组织的正常细胞发生质变而来，其形态和组织结构，与起源的正常细胞组织有一定的相似之处。临床通常根据肿瘤细胞的组织来源、分化程度的高低和异型性的大小来进行肿瘤的分类、命名和组织学诊断。如果瘤细胞分化程度高，其细胞形态和组织结构排列与其起源组织的细胞很相似，异型性小，多为良性肿瘤。如果瘤细胞分化程度低，甚至不分化，其细胞形态和组织结构与其起源的组织很少相似，即组织细胞幼稚和不成熟，接近胚胎性组织，多为恶性肿瘤。其细胞形态、大小不一，一般比正常细胞大，外形不整齐，细胞核变大，呈异型现象，细胞核与细胞质比例不对称，核膜粗糙不平，多见异常核分裂象。

2. 间质　肿瘤的间质是肿瘤的非特异性成分。主要由结缔组织和血管组成，有时还有淋巴管，起支持和营养肿瘤的作用。一般生长迅速的肿瘤，间质血管丰富，结缔组织少；生长慢的肿瘤间质血管少，因此临床抑制血管的生长也可达到控制或治疗肿瘤的目的。

肿瘤的异型性：肿瘤组织无论在细胞形态还是在组织结构上，都与发源的正常组织有不同程度的差异，称为异型性。肿瘤组织异型性的大小反映了肿瘤组织的成熟程度（即分化程度，在此指肿瘤的实质细胞与其来源的正常细胞和组织在形态、功能上的相似程度）。异型性小者，说明它和正常组织相似，肿瘤组织分化程度高（成熟程度高）；异型性大者，表示肿瘤组织成熟度低（分化程度低）。区别这种异型性的大小是诊断肿瘤，确定其良、恶性的主要组织学依据。恶性肿瘤常具有明显的异型性。

由未分化细胞构成的恶性肿瘤也称间变性肿瘤。间变原意是指"退性发育"，即失去分化，指已分化成熟的细胞和组织倒退分化，返回原始幼稚状态。现已知，绝大部分的未分化的恶性肿瘤起源于组织中的干细胞丧失了分化能力，而并非是已经分化的特异细胞去分化所致。在现代病理学中，间变是指恶性肿瘤细胞缺乏分化。间变性的肿瘤细胞具有明显的多形性（pleomorphism，即肿瘤细胞彼此在大小和形状上的变异）。因此往往不能确定其组织来源。间变性肿瘤几乎都是高度恶性肿瘤，但大多数恶性肿瘤都显示某种程度的分化。

（三）肿瘤代谢特点

肿瘤组织具有旺盛的生长特性，其物质代谢也很特殊，但与正常组织并无质的差异。

1. 糖代谢　许多肿瘤组织在有氧或无氧条件下均以糖酵解方式获取能量。恶性肿瘤与良性肿瘤在糖酵解方面有量的差别，恶性肿瘤细胞更为显著，糖酵解的许多中间产物被肿瘤细胞利用来合成蛋白质、核酸、类脂，以保证肿瘤细胞生长的需要。当有大量乳酸产生时，常导致酸中毒。

2. 蛋白质代谢　蛋白质的合成与分解代谢均增强，但合成代谢超过分解代谢，甚至可夺取正常组织的蛋白质分解产物，以合成肿瘤本身所需蛋白质（这与肿瘤生长迅速有关）。因此体内蛋白质大量消耗，导致机体出现严重的恶病质状态。

有些肿瘤组织还可合成肿瘤蛋白，作为肿瘤相关抗原，引起机体免疫反应。有些与胚胎组织有共同抗原性，称为肿瘤胚胎性抗原。如肝细胞癌合成的甲胎蛋白、胃癌产生的硫糖蛋白质等，这些均可帮助诊断相应的肿瘤性疾病。

3. 核酸代谢　肿瘤组织合成 DNA、RNA 的能力均比正常组织强，在恶性肿瘤里 DNA、RNA 含量明显增高，这为肿瘤迅速生长、繁殖提供了物质基础。肿瘤细胞有高度合成 DNA 能力，而且能将 RNA 转变成 DNA，这也加快了肿瘤细胞分裂、增殖。

4. 脂肪代谢　肿瘤组织内不饱和脂肪酸含量高，类脂尤其胆固醇含量高，人们认为它改变膜的表面张力、膜的通透性，为肿瘤细胞迅速繁殖创造条件。

5. 水、盐代谢　肿瘤生长越快，K^+ 含量越高。K^+ 能促进蛋白质的合成。Ca^{2+} 量减少，可使肿瘤细胞容易发生解聚，有利于其浸润性生长与转移。

外生性生长
（动画）

（四）肿瘤的生长与扩散方式

1. 生长方式

（1）突起性生长。即外生性生长。肿瘤细胞向组织表面突起，形成许多皱褶，呈乳头状，乳头中心常有随肿瘤细胞生长而增生的纤维组织和血管，乳头形成后，还可以不断分支，再出现新乳头。多见于皮肤、黏膜表面、管道、囊腔。良、恶性肿瘤均可呈此种方式生长，但恶性肿瘤在外生性生长的同时还伴有浸润性生长。

膨胀性生长
（动画）

（2）膨胀性生长。肿瘤细胞并不侵入周围组织，而是以初发点为中心向周围逐渐扩大，挤压正常组织，呈结节状，周围有较完整纤维包膜，与正常组织分界明显，触诊时可活动，手术易于摘除，不易复发。良性肿瘤多为这种生长方式。

浸润性生长
（动画）

（3）浸润性生长。肿瘤组织向邻近组织侵犯、延伸，侵入周围组织间隙、淋巴管或血管内。肿瘤无包膜，与邻近组织紧密连接在一起，无明显界限。肿瘤所到之处，原有组织被摧毁，触诊时较固定，不活动，手术切除困难，易复发或转移。恶性肿瘤多为这种生长方式。

（4）弥漫性生长。是造血组织肉瘤、未分化癌、未分化神经细胞肿瘤的生长方式。肿瘤细胞不聚集，而是单个地沿组织间隙向周围扩散。

2. 扩散与转移

（1）直接蔓延。浸润性生长的肿瘤，由原发部位向周围推进，连续不断地沿着组织间隙、淋巴管、血管或神经束浸润，破坏邻近正常器官、组织，并继续生长。如晚期宫颈癌可蔓延至直肠、膀胱；晚期胰腺癌可穿过胸肌、胸壁蔓延至胸腔甚至肺脏。

（2）肿瘤的侵犯。恶性肿瘤侵犯周围组织引起组织反应。侵犯包膜时，局部包膜发生断裂，肿瘤从裂隙处凸出；侵犯骨骼时，使骨质破损形成孔洞，如动物的副鼻窦癌多见；侵犯静脉时，瘤细胞进入血流形成瘤栓。

淋巴道转移
（动画）

（3）转移。肿瘤细胞由原发部位通过血管、淋巴管或浆膜腔转移到其他部位，继续生长形成新的肿瘤，称为转移。转移是恶性肿瘤的特征，良性瘤不会转移。

① 淋巴道转移。即淋巴管性转移，是最普通的转移通路。一般而言，癌多倾向于淋巴管转移。

② 血道转移。瘤细胞侵入血管后随血流到达其他器官继续生长，形成转移瘤。肉瘤的转移大多数借此途径。

血道转移
（动画）

③ 种植性转移和接触性转移。多见于腹腔内器官的肿瘤。种植性转移，亦称为接种性转移，指内脏器官的肿瘤侵犯浆膜后，肿瘤细胞可以脱落并像播种一样，种植在浆膜上形成转移瘤。接触性转移，是由于身体正常部分经常与肿瘤接触而发生的转移。如浆膜面上的肿瘤，可由浆膜一面转移到直接接触的对面器官。

应该指出，肿瘤细胞种植到正常没有破损的上皮组织的表面是难以生长的。因此，在外科手术时，应避免器械与正常组织接触、肿瘤与伤口接触，以防肿瘤转移。

转移瘤是原发性瘤的子瘤，它的颜色、性状、镜下结构与原发瘤相似，但一般没有原发瘤那样富于浸润性，和周围组织之间的界限比较明显，有时还含有"包膜"，其分化程度比原发瘤可能差一些或好一些，但组织结构相似，这就可以推断出原发瘤的性质与位置。

任务三　良性肿瘤与恶性肿瘤的区别

良性肿瘤与恶性肿瘤的区别应根据细胞的分化程度、组织结构、生长方式、生长速度、蔓延、转移以及对机体的影响等诸多方面进行鉴别（表 8-1）。

1. 良性肿瘤　多数是膨胀性生长或外生性生长，不浸润邻近组织，不转移，生长较慢，只排挤与压迫邻近组织，界限明显，有结缔组织包膜。对机体危害较小，手术可治，不易复发。

组织学观察，肿瘤细胞分化程度良好，核分裂现象少或无，与正常起源细胞的形态相差不大，有时只是排列与正常组织不同。

2. 恶性肿瘤　恶性肿瘤既有外生性生长又有浸润性生长，生长迅速，侵犯与破坏邻近组织，常发生转移，对机体危害较大，手术后易复发，晚期引起全身性反应（如恶病质、发热等）。

组织学检查，肿瘤细胞分化程度低，与正常起源的细胞形态上相差较大，近似胚胎发育期未分化成熟的细胞，核分裂象多。良性与恶性之分不是绝对的，在一定条件下可以相互转化，一般是由良性转化为恶性，也有少数肿瘤可自行消失。

表 8-1　良性肿瘤与恶性肿瘤鉴别

生物学特征	良　性	恶　性
生长速度	缓慢	迅速
核分裂	少	较多
核染色质	较少，接近正常	较多
细胞分化程度	分化好，异型性小	分化差，异型性大
局部生长方式	膨胀性生长	外生性生长与浸润性生长
包膜形成	常有包膜，与周围组织界限清楚	无包膜，与周围组织界限不明显
破坏正常组织	少	很多
侵入血管	无	常侵入血管
转移	不转移	常有转移
术后复发	不复发	常常复发
对宿主影响	较小，主要为局部压迫或阻塞作用。如发生在重要器官也可引起严重后果	较大，除压迫、阻塞外，还可破坏原发处和转移处的组织，引起坏死、出血、继发感染，造成恶病质

任务四　肿瘤的命名与分类

（一）肿瘤的命名

肿瘤的命名既要反映组织来源，又要反映肿瘤的性质。因此肿瘤的命名原则一般是：来源组织加上反映该肿瘤性质的后缀（如瘤、癌、肉瘤等）。

1. 良性肿瘤　通常是在来源组织的名称之后加一个"瘤"字，如来源于纤维组织的良性肿瘤称为纤维瘤；来源于脂肪组织的良性肿瘤称为脂肪瘤。或结合其部位、形态特点命名，如乳头状瘤。也可将发生组织结合形态特征命名，如皮肤乳头状瘤、膀胱乳头状瘤等。

2. 恶性肿瘤　由于恶性肿瘤中，癌几乎占85%，故人们习惯于把恶性肿瘤统称为癌。而事实上恶性肿瘤的命名比较复杂。

（1）凡是来源于上皮组织的恶性肿瘤统称为癌。通常在来源组织的名称后加"癌"。如来源于鳞状上皮的恶性肿瘤称为鳞状细胞癌。

（2）凡是来源于间叶组织（包括纤维组织、脂肪、肌肉、软骨组织）的恶性肿瘤统称为肉瘤。命名时，在来源组织名称后加"肉瘤"。如来源于纤维组织的恶性肿瘤称为纤维肉瘤。

（3）凡是来源于未成熟的胚胎组织或神经组织的恶性肿瘤称母细胞瘤。如肾母细胞瘤、神经母细胞瘤等。

（4）有一些恶性肿瘤由于其来源和成分复杂，既不能称癌，也不能称为肉瘤，一般在传统名称前加上"恶性"二字。如恶性畸胎瘤、恶性黑色素瘤。

（5）有些恶性肿瘤一直沿用习惯名称。如马立克病、劳斯氏肉瘤都是用人名作肿瘤名称。

（6）由造血细胞组织来源的肉瘤，因为血液中有大量异常白细胞出现，所以习惯上称为白血病。

（二）肿瘤的分类

肿瘤的分类通常以其组织来源为依据，每一类别根据其生长特性及对机体的危害程度不同，又分为良性肿瘤和恶性肿瘤（表8-2）。

表8-2　肿瘤的分类

类型	组织来源		良性肿瘤	恶 性 肿 瘤
上皮组织	被覆上皮		乳头状瘤	鳞状细胞癌、基底细胞癌、移行细胞癌
	腺上皮		腺瘤	腺癌
间胚组织	支持组织	结缔组织	纤维瘤	纤维肉瘤
		脂肪组织	脂肪瘤	脂肪肉瘤
		黏液组织	黏液瘤	黏液肉瘤
		软骨组织	软骨瘤	软骨肉瘤
		骨组织	骨瘤	骨肉瘤
	造血组织	淋巴组织	淋巴瘤	淋巴肉瘤
		骨髓组织		骨髓瘤
	脉管组织	血管	血管瘤	血管肉瘤
		淋巴管	淋巴瘤	淋巴肉瘤
	间皮组织		间皮瘤	恶性间皮瘤
	肌组织	平滑肌	平滑肌瘤	平滑肌肉瘤
		横纹肌	横纹肌瘤	横纹肌肉瘤
神经组织	神经上皮		室管膜瘤	成髓细胞瘤
	成神经细胞		神经节细胞瘤	成神经细胞瘤
	成胶质细胞		星形细胞瘤	多形性成胶质细胞瘤
	神经细胞		神经鞘瘤	恶性神经鞘瘤
	神经纤维		神经纤维瘤	神经纤维肉瘤
其他	三种胚叶		畸胎瘤	恶性畸胎瘤，胚胎性癌
	黑色素细胞		黑色素瘤	恶性黑色素瘤
	各种成分		混合瘤	恶性混合瘤，癌肉瘤

任务五　动物常见肿瘤

（一）良性肿瘤

1. 乳头状瘤　皮肤乳头状瘤病是由乳多空病毒科的 DNA 病毒感染所致，多种动物均可发病，常侵害 2 岁以下的犊牛、1～3 岁的马匹和兔。肿瘤可见于头、颈、耳、口唇、乳房、会阴、阴唇、阴茎等处，一般认为发生部位与擦伤有关。乳头状瘤的大小不一，凸起于皮肤表面，肿瘤的外形如花椰菜状，表面粗糙，有许多细小裂隙，有蒂柄或宽广的基部与皮肤相连。大的乳头状瘤容易受到损伤，常引起出血和继发感染。

镜检可见乳头状瘤是由极度增厚的表皮组织构成，中心为增生的真皮组织。真皮组织呈长圆形，表面覆盖角化过度的鳞状上皮。在棘细胞层中，可见细胞质呈空泡状的单个细胞或细胞群。颗粒层中有大量变性的细胞，细胞质发生空泡化，覆盖在真皮乳头顶部的表皮组织极度增生（图 8-2，彩图 27）。

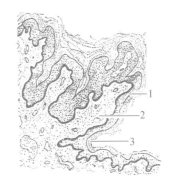

图 8-2　皮肤乳头状瘤（低倍）
1. 向皮肤表面生长的乳头瘤细胞和正常组织相似　2. 乳头结缔中轴　3. 角化层

2. 脂肪瘤　发生于脂肪组织，肿瘤大小不一，单发或多发，外观呈扁圆形，质地柔软，淡黄色。包膜完整。光镜下，瘤组织由分化成熟的脂肪细胞和少量纤维组织构成。

（二）恶性肿瘤

1. 纤维肉瘤　纤维肉瘤在动物很常见，特别多发于犬、猫、黄牛和水牛。大多数发生在成年和老年动物，也偶见于幼龄动物。多发生躯体和四肢的皮肤及皮下、口腔和鼻腔等部位，内脏器官发生很少。肉瘤组织常发生缺血性坏死、炎症和水肿。绝大多数纤维肉瘤都呈迅速的浸润性生长，手术切除后常会再发，但发生转移的病例并不很多。一般通过血流转移，首先在肺脏内形成继发瘤，也可能呈全身性转移，但不常扩散到局部淋巴结。

眼观：纤维肉瘤大小不一，呈不规则结节状，界线不清，无包膜，质地坚实。切面呈灰红色鱼肉状，可见红褐色的出血区和黄色的坏死区。肿瘤侵蚀皮肤及黏膜时，表面常形成溃疡和继发感染。

镜检：纤维肉瘤是由交织的不成熟的成纤维细胞索和数量不等的胶原纤维构成。细胞含量比纤维瘤多，纤维形成一般很少，尤其是在高度间变的纤维肉瘤。瘤细胞通常为梭形，但也可能为卵圆形或星形。未分化肉瘤含有多核瘤巨细胞和具有异形核的瘤细胞。细胞核长圆形或卵圆形，染色深，核仁明显，2～5 个，常见核分裂象。细胞质含量有差异，细胞质边界有时很难与基质辨别。

2. 淋巴肉瘤　淋巴肉瘤是动物的一种常见肿瘤，牛、猪及鸡发生最多。现认为牛、猪和鸡的淋巴肉瘤均是病毒引起的。广泛地见于全身所有的淋巴结，或仅见于个别的淋巴结群。生长迅速，容易广泛转移。

眼观：淋巴结和器官增大，大小差异很大，经常不对称。淋巴结呈灰白色，质地柔软或坚实；切面像鱼肉状，有时伴有出血或坏死。肿瘤早期有包膜，互相粘连或融合在一起。内脏器官（如胃、肝脏、肾脏等）的淋巴肉瘤有结节型和浸润型两种。结节型为器官内形成大小不一的肿瘤结节，灰白色，与周围正常组织之间的分界清楚，切面上可见无结构、均质的肿瘤组织，外观如淋巴组织。浸润型肿瘤组织呈弥漫性浸润在正常组织之间，外观仅见器官（如肝脏）显著肿大或增厚，而不见肿瘤结节。

镜检：淋巴肉瘤是由未成熟的淋巴网状细胞组成，器官组织的正常结构破坏消失，被大量分化不成熟的瘤细胞所代替，间质很少。

3. 鳞状细胞癌 又称扁平细胞癌，简称鳞癌，多发于口腔、舌、肛门、食管、阴道及皮肤无色素处，生长很快，常转移至局部淋巴结和肺脏等器官。

眼观：鳞状细胞癌多呈不规则团块状，按形态可分为生长型和糜烂型。生长型的肿瘤呈大小不一的乳头状，形成花椰菜状的突起，表面常形成溃疡，易出血；有的肿瘤向深部组织发展，形成浸润性硬结。糜烂型肿瘤初期表面为有结痂的溃疡，溃疡向深部发展，外观呈火山口状；肿瘤的切面呈白色，质地柔软，形成均匀的结节形组织，结节之间有纤维组织分隔。

镜检：癌细胞呈短梭形或不规则形，细胞核大而深染，呈巢状排列。鳞癌的分化程度差异很大。分化较好的，可见癌巢具有鳞状上皮的结构层次。癌巢的中心常有"癌珠"或角化珠形成（彩图28）。癌珠呈同心层状排列，红色深染，外观如透明蛋白，厚薄不等。癌珠外周环绕着色淡的棘细胞层，细胞之间有时可见到细胞间桥。分化差的，很少见到角化的癌珠和细胞间桥，而癌细胞的核分裂象则很多，并出现不典型的核分裂象。

4. 鸡卵巢腺癌 本病一般均见于成年母鸡，至少1岁龄以上。许多病鸡外观营养状况良好，严重病例经常伴有腹水，液体澄清，呈琥珀色，但不含纤维蛋白，所以并不凝固。

眼观：典型病鸡在卵巢形成多量白色乳头状结节。有的卵巢腺癌由于腺腔中含多量液体，因此在外观上形成大量大小不一的透明卵泡，大的可达鸽蛋大，充满于腹腔内，这种类型称为卵巢囊腺癌。继发性肿瘤广泛分布于腹腔内其他器官，可见灰白色、坚实、单个和融合的肿瘤，通常在十二指肠袢和胰腺部分的数量特别多，有时在肝脏中也可以看到转移瘤，但很少发生在胸膜上面。

镜检：癌细胞呈现不同的分化程度。幼稚型癌细胞细胞核染色质丰富，细胞质嗜碱性，不形成典型腺腔；成熟型癌细胞呈柱状或立方状，细胞核位于细胞基部，呈腺管样排列，腺泡数量很多时，排列致密，以致相互挤压形成髓样癌；衰老型癌细胞细胞质染色变淡，细胞核浓染，严重者细胞核碎裂成细小碎片，衰老型癌细胞排列紊乱，仅保留腺体样结构轮廓。

5. 黑色素瘤 是由产黑色素的细胞形成的肿瘤。灰色或白色的老马最容易发生。常发生在肛门周围及会阴部，牛的各处皮肤均能发生，容易转移到直肠周围淋巴结以及其他骨盆淋巴结。转移瘤可以见于肺脏、脾脏、肝脏、淋巴结及骨髓内。黑色素瘤一般为恶性，良性的极少。

眼观：肿瘤为单发或多发，大小及硬度不一，生长很快，呈深黑色，切面干燥。原发瘤有时较坚实，转移瘤多较柔软。

镜检：肿瘤内瘤细胞排列致密，间质成分很少。瘤细胞呈圆形，形态像上皮细胞，或呈星形或梭形像成纤维细胞。细胞质为嗜碱性，大多数瘤细胞的细胞质内充满一种黑色素颗粒或团块，呈棕黑色，因而细胞本身结构不太清楚。此外，还可见到一种吞噬黑色素颗粒的吞噬细胞（黑色素细胞），也呈圆形，细胞质内含有黑色素颗粒。

知识拓展

肿瘤的诊断与治疗

（一）肿瘤的诊断

目前，对于肿瘤的确诊，主要是病理学检查方法，包括巨检、脱落细胞检查和活体组织检查，对于某些组织来源不明的病症，还可借助电镜观察，以求确诊。

1. **巨检**　借助于肉眼对可疑肿物进行一般性观察，根据肿瘤生长部位、形状、质度、色泽、表面光滑度、与周围组织的关系等获得初步印象，作出初步诊断。

2. **脱落细胞检查**　由于癌瘤组织代谢高，癌细胞的表面缺乏钙和透明质酸酶，彼此黏着力比正常细胞低，故细胞易于脱落。脱落细胞检查法，是指采集机体脱落细胞（尤其是管腔器官表面）进行染色后镜检的一种方法，在医学上还常被用于肿瘤普查。

病料采样可根据具体情况，取可疑部位的坏死物、分泌物或排泄物，如新鲜痰液、乳头溢液、尿液、胃冲洗液等，也可借助内窥镜等器械直接在可疑肿瘤处采样。脱落细胞样品涂片后一般采用巴氏染色法。

单纯应用脱落细胞检查方法诊断肿瘤有一定的局限性，因为脱落细胞往往是分散的，无法观察到肿瘤组织结构的全面特征及其与周围正常组织的关系。

3. **活体组织检查**　从病变部位取出小块组织制成病理切片，观察细胞和组织的形态结构变化，以确定病变性质，作出病理学诊断。活检不仅可以鉴别是否是肿瘤，还可辨别肿瘤细胞的组织来源、原发瘤与转移瘤。

4. **电镜观察**　通过电子显微镜可以观察肿瘤细胞特殊超微结构，尤其对早期发现具有重要意义。此外，组织化学和免疫组织化学方法也广泛用于肿瘤的诊断与研究中。

（二）肿瘤的治疗

由于现代医学的深入研究和经验积累，目前对恶性肿瘤形成了的一整套的治疗模式，即手术治疗、放射治疗、化学药物治疗、生物反应调节剂和中医药治疗等方法。

1. **手术治疗**　主要用于实体瘤病畜，特别适用于癌的早期。当发展至晚期或已转移时，手术仅能起到延长生命和减轻痛苦的作用。手术疗法适用于绝大部分的早期和尚未转移的中期癌症病例，或部分虽属于晚期，但需要手术"减瘤"再进行放疗或化疗以达到减轻病畜痛苦的目的。

2. **放射治疗**　是用治疗机或同位素产生的射线治疗肿瘤。它是一种局部治疗方法，在肿瘤的治疗中占有极重要的地位。

3. 化学药物治疗　是指应用化学药物治疗，其中也包括内分泌药物，如治疗乳腺癌的抗雌激素药物——三苯氧胺和抑制雌激素合成药物——氨米特等治疗肿瘤的药物，属于全身性治疗。主要用于播散趋向明显，仅凭手术和（或）放疗等局部治疗不能防止其复发和转移的肿瘤。

4. 生物反应调节剂　是一类能够调动宿主（患畜）自身的抗癌能力，通过增强机体固有的抗癌机制来抑制、杀灭癌细胞，从而达到治疗肿瘤的目的的药物。

5. 中医药治疗肿瘤　中医药治疗时更强调肿瘤是全身性疾病，认为肿瘤发生主要是由于全身机体抗病能力减弱所致。

实 践 应 用

1. 肿瘤的概念及其生物学特性是什么？
2. 良性肿瘤与恶性肿瘤的区别是什么？
3. 在动物剖检中，发现肝脏有一肿瘤，应如何命名？
4. 调查一下当地动物肿瘤的类型，并分析引发肿瘤可能的病因有哪些。

历年执业兽医师考试真题

答案：B　（2009）65. 良性肿瘤的特点之一是（　　）。
　　　　A. 易转移　　　　　　　　　　B. 异型性小
　　　　C. 异型性大　　　　　　　　　D. 生长速度快
　　　　E. 常见核分裂象

答案：A　（2010）68. 鳞状细胞癌组织中的癌细胞来源于（　　）。
　　　　A. 上皮组织　　　　　　　　　B. 神经组织
　　　　C. 脂肪组织　　　　　　　　　D. 纤维组织
　　　　E. 肌肉组织

答案：D　（2017）61. 下列最易发生转移的肿瘤是（　　）。
　　　　A. 乳头状瘤　　　　　　　　　B. 腺瘤
　　　　C. 平滑肌瘤　　　　　　　　　D. 纤维肉瘤
　　　　E. 血管瘤

答案：D　（2018）57. 癌原发于（　　）。
　　　　A. 神经组织　　　　　　　　　B. 脂肪组织
　　　　C. 肌肉组织　　　　　　　　　D. 上皮组织
　　　　E. 结缔组织

答案：A　（2021）64. 鳞状细胞癌的癌细胞来源于（　　）。
　　　　A. 上皮组织　　　　　　　　　B. 神经组织
　　　　C. 脂肪组织　　　　　　　　　D. 纤维组织
　　　　E. 肌肉组织

项目九
脱水与酸中毒

学习目标

能说出脱水与酸中毒的概念；在兽医临床中，能分析不同类型脱水和酸中毒的病理过程，并对发生脱水与酸中毒的病例进行正确判断和处理。

任务一 脱 水

体液由细胞内液和细胞外液组成，而细胞内液和细胞外液在组成方面又各不相同。细胞外液中的电解质，阳离子以 Na^+ 为主，占阳离子总量的 90% 以上，其他任何阳离子都不能代替 Na^+，Na^+ 的浓度是影响细胞外液渗透压的主要因素；阴离子以 Cl^-、HCO_3^- 为主，Cl^- 可被 HCO_3^-、PO_4^{3-} 和有机酸根等阴离子所代替。细胞内液的电解质，阳离子是以 K^+ 为主，阴离子以 PO_4^{3-} 和蛋白质为主。生理条件下，体液的组成、容量和分布都维持在一定的适宜范围内，处于动态平衡。体液的电解质浓度、渗透压和 pH 等理化特性，均在一定范围内保持着相对的稳定性。

机体在某些情况下，由于水和电解质的摄入不足或丧失过多，而引起体液总量减少，并出现一系列功能、代谢紊乱的病理现象，称为脱水。脱水是水和电解质代谢紊乱的一种病理过程，机体丢失水分的同时，也伴有电解质（主要是 Na^+）的丢失，引起血浆渗透压改变。根据脱水时血浆渗透压的改变，可将脱水分为高渗性脱水、低渗性脱水和等渗性脱水三种类型。

一、高渗性脱水

以水分丧失为主，盐丧失较少的一种脱水，又称缺水性脱水、单纯性脱水。该型脱水的特点是血液浓缩，血清钠离子浓度、血浆渗透压升高（超过正常最高值），患畜口渴，尿少、相对密度增加，细胞脱水、皮肤皱缩。

（一）原因

主要由于饮水不足和低渗性体液丢失过多所致。

1. 饮水不足 动物长时间在沙漠或山地运输、放牧，因水源断绝而饮水不足

高渗性脱水
（动画）

高渗性脱水
的表现
（动画）

又消耗过多；因消化道疾病如咽炎、食道阻塞或由于破伤风等疾病引起的饮水障碍。

2. 低渗性体液丢失过多 常见的丢失途径如下。

（1）经胃肠道丢失。呕吐、腹泻、胃扩张、肠梗阻、反刍动物瘤胃酸中毒等疾病时，引起大量低渗性消化液丧失。如肠炎时，可在短时间内排出大量的低渗性水样粪便。

（2）经皮肤、肺脏丢失。过度使役、过度通气、夏季为调节体温而发生热性喘息，高温下及发热时大出汗等，使大量低渗性体液随皮肤和呼吸运动丢失。

（3）经肾脏丢失。ADH 合成、分泌障碍，或由于肾小管上皮细胞代谢障碍而对抗利尿激素反应性降低，因而经肾脏排出大量低渗尿。

（4）某些药物使用不当。过量使用利尿药，如高渗糖、速尿等；不适当地使用发汗药、解表药和泻下药。

（二）病理生理反应

由于血浆渗透压升高，机体发生以排钠、保水为主的一系列适应、代偿性反应。

（1）血浆渗透压升高，细胞间液的水分转移进入血液增多，以降低血浆渗透压，但这又可使细胞间液渗透压升高。

（2）血浆渗透压升高，可直接刺激丘脑下部视上核的渗透压感受器，反射性地引起患畜产生渴感，饮水增多，但动物饮水障碍时此种代偿方式不能发挥作用。同时，渗透压升高又使脑垂体后叶释放 ADH，加强肾小管对水分的重吸收，减少水分排出，使水分尽可能多地保留在体内。

（3）血浆钠离子浓度升高，可通过渗透压感受器抑制肾上腺皮质多形区细胞分泌醛固酮，减弱肾小管对钠离子的重吸收，钠离子随尿排出增多，血浆钠离子浓度得以降低。

（4）脱水时有效循环血量下降，通过容量感受器和渗透压感受器反射性引起 ADH 分泌增多，远曲小管和集合管重吸收水分增多，故尿量减少，钠离子含量增多，尿相对密度增大。

经过以上一系列的代偿反应，可使细胞外液得到补充，血浆渗透压降低，循环血量有所恢复，但如果病因持续作用，脱水过程继续发展，机体的适应性代偿能力逐渐降低，进入失代偿阶段，将对机体造成较大的影响。

（三）对机体的影响

1. 脱水热 脱水持续进行，机体血液浓稠，血容量减少而导致循环障碍，从腺体、皮肤、呼吸器官分泌和蒸发的水分减少，散热困难，热量在体内蓄积，引起体温升高，称脱水热。

2. 酸中毒 因细胞外液渗透压不断升高，细胞内的水分大量进入细胞外，造成细胞内脱水。此时细胞皱缩，细胞内氧化酶活性降低，细胞内物质代谢障碍，酸性代谢产物大量蓄积而发生酸中毒。

3. 自体中毒 血浆渗透压升高，组织间液得不到及时更新，加之循环衰竭，大量有毒代谢产物滞留体内而不能迅速排出，引起自体中毒。

上述过程发展到严重阶段，可使脑组织体积缩小，内压降低，引起大脑皮层和皮层下各级中枢的功能相继紊乱，患畜呈现出运动障碍和昏迷等症状，甚至导致死亡。

二、低渗性脱水

脱水时，盐的丧失多于水分的丧失，又称缺盐性脱水。该型脱水的特点是血清钠离子浓度及血浆渗透压均低于正常。血浆容量及组织间液减少，细胞水肿。患病动物无口渴感，早期出现多尿及尿相对密度下降，后期易发生低血容量性休克。

低渗性脱水
（动画）

（一）原因

主要由于补液不当或大量钠离子经肾丢失所致。

1. 补液不当　大汗、严重呕吐、腹泻、大面积烧伤时引起体液大量丧失后只补充水分或补给葡萄糖溶液，忽略了电解质的补充，使血浆和组织间液的钠离子浓度相对减少，渗透压降低。

2. 大量钠离子经肾丢失

（1）慢性肾功能不全或肾上腺皮质机能低下时，醛固酮分泌减少，肾小管对钠离子的重吸收障碍；或泌 H^+ 不足而致钠损失过多。

（2）利尿剂使用不当，如长期使用速尿、利尿酸、双克塞等排钠性利尿剂，使钠排出增加。

（3）某些代谢性疾病如牛酮血症时，机体为排出酮体而使大量钠离子同时被排出；或由于反复大量排放胸水、腹水也可引起水、钠丢失。

（二）病理生理反应

机体的代偿反应主要为保存钠离子，恢复和维持血浆渗透压。

（1）血浆钠离子浓度降低，使 Na^+/K^+ 值减小和容量减少，通过渗透压感受器，使肾上腺皮质分泌醛固酮增多，肾小管对钠的重吸收增强，以升高血浆和细胞间液的渗透压，而尿的相对密度降低。

（2）血浆渗透压下降，可直接抑制丘脑下部视上核中的渗透压感受器，反射性地抑制 ADH 分泌，远曲小管和集合管对水的重吸收减少，尿量增多，呈低渗状态，因而血容量更加减少。

低渗性脱水
的表现
（动画）

（3）血浆渗透压下降，细胞间液钠离子可通过毛细血管壁进入血液内，使血浆晶体渗透压有所升高，以此使血浆渗透压得以调节，但同时又导致细胞间液的渗透压下降。

机体通过上述保钠、排水的调节，可使血浆渗透压有所恢复，血浆钠离子浓度相对升高，如脱水较轻，则可得到缓解而不致对机体产生严重影响，当病因去除并加以适当的治疗之后，病畜可逐渐恢复正常。如果病因未除，钠离子丢失继续加重，则脱水进一步加剧。

（三）对机体的影响

1. 细胞水肿 因细胞间液 Na^+ 不断进入血浆而导致渗透压降低，细胞间液的水分向渗透压较高的细胞内转移，引起细胞水肿。如水分进入脑细胞内，引起脑细胞水肿，可出现神经症状。由于大量的水分在细胞内积聚，使本来已减少的细胞外液进一步下降，严重者导致外周循环衰竭，患畜出现血压下降、四肢厥冷、脉搏细速等症状。

2. 低血容量性休克 严重而持续的低渗性脱水，体液明显减少，水分又大量从尿排出以及进入细胞内，从而导致血浆容量越来越少，有效循环血量减少，血液浓稠，黏度增大，流速减慢，极易发生低血容量性休克。

3. 自体中毒 低渗性脱水发展到严重阶段时，因有效循环血量减少，肾灌流量不足，肾小球滤过率降低、尿量急剧减少，血中非蛋白氮浓度不断升高，从而引起氮质血症。加之细胞水肿，物质代谢和排泄障碍同时发生，有害产物在体内蓄积，病畜可因自体中毒而死亡。

三、等渗性脱水

机体失水、失钠比例大致相等，又称混合性脱水。该型脱水在兽医临床上最为常见，其特点是水和钠同时大量丧失，细胞外液容量减少，血浆渗透压基本无变化。但因肺、皮肤不断排出部分水，可使渗透压稍升高。

（一）原因

等渗性脱水是一些疾病过程中大量等渗性液体丧失所致。如呕吐、腹泻时，丢失大量的消化液，其中胰液、胆汁为等渗溶液，而胃肠液为低渗溶液；剧烈而持续的腹痛、肠梗阻、肠变位时，因大量出汗，肠液分泌增多和大量血浆漏入腹腔而丧失大量等渗性体液；大面积烧伤、中暑、大出汗时，大量的体液从皮肤渗出；大量的胸水和腹水形成也可导致等渗性体液的丢失。

（二）病理生理反应

脱水初期，血浆渗透压基本正常。但随着水分不断从皮肤和呼吸道丢失，导致水分的丢失略多于钠盐的丢失，血浆渗透压随之升高。

（1）血浆渗透压升高，刺激丘脑下部视上核渗透压感受器，引起患畜饮欲增加，并通过视上核垂体途径，引起 ADH 释放增多，使尿量减少。同时可通过肾素-血管紧张素-醛固酮系统，导致醛固酮分泌减少，Na^+ 排出增多。

（2）血浆渗透压升高，引起组织间液和细胞内液的水分进入血浆，以维持渗透压。

如果上述代偿性反应不能使血浆渗透压有所恢复，脱水进一步发展，代偿失调，可对机体造成严重的影响。

（三）对机体的影响

（1）脱水初期如处理不及时，患畜经皮肤、呼吸继续丧失水分，从而转变为高渗性脱水，出现与高渗性脱水相似的变化。也可因处理不当，如输入大量葡萄糖液，使患畜转变为低渗性脱水。

（2）因水、钠同时丢失，所以从组织间液和细胞内吸收而来的水分以及从外界摄入的水分仍不能保持而被排出体外，最终引发低血容量性休克。

（3）细胞外液容量减少而细胞内液量变化不大，使单位体积血液中红细胞数增多，血红蛋白含量增高，红细胞压积增大，血液浓缩，血流变慢。

由此可见，等渗性脱水和高渗性脱水相比，前者缺盐程度较重，若单纯补水，则缺盐症状就会急剧表现出来；与低渗性脱水相比，等渗性脱水的水分损失更多，故细胞外液渗透压升高，细胞内液也随之丧失。因此，等渗性脱水具有高渗性脱水和低渗性脱水的综合特征。

四、脱水的补液原则

兽医临床上，首先应查明脱水的原因，积极治疗原发病。补液时，应根据脱水的类型、程度，确定补液量和补液中水和盐的比例。

1. 确定脱水类型 在三种类型的脱水中，细胞外液渗透压变化各不相同，可通过测定血清钠离子浓度来确定脱水的类型，并根据病因、患畜脱水的临床表现，做出正确诊断。

2. 确定补液量 根据脱水时患畜的临床症状，可将脱水分为3级。

（1）轻度脱水。临床症状不明显，患畜仅表现为口渴，失水量可达体重的4%。

（2）中度脱水。患畜口渴，少尿，皮肤和黏膜干燥，眼球内陷，失水量可达体重的6%。

（3）重度脱水。患畜口干舌燥，眼球深陷，脉搏微弱，静脉塌陷，血液浓缩，四肢无力，共济失调，甚至昏迷，失水量超过体重的6%。

3. 确定补液中水和盐的比例 高渗性脱水时，血浆钠离子浓度虽然升高，但仍有钠的丢失，故在补足水分的同时，也要适当地补充钠盐，补液中水和盐的比例为 $2:1$，即两份5%葡萄糖溶液和一份生理盐水。低渗性脱水时，由于细胞外液钠离子大量丢失，一般要给予生理盐水以恢复细胞外液容量，补液中水和盐的比例为 $1:2$。如缺钠严重，则应适当给予高渗盐（25% $NaCl$），以迅速提高细胞外液的渗透压。等渗性脱水时，可先给予生理盐水以扩充血容量，一旦血压恢复，可改用5%葡萄糖加等量生理盐水，补液中水和盐的比例为 $1:1$。

任务二　酸 中 毒

生理条件下，机体通过体内的各种缓冲系统以及肺、肾等对体液酸碱度进行调节，始终使体液的 pH 稳定在 $7.35\sim7.45$，机体维持内环境酸碱度相对恒定的过程称为酸碱平衡。

体液的 pH 是由血浆中 $NaHCO_3/H_2CO_3$ 值决定的，正常比值为 $20:1$，平均pH 为 7.4。如果 $NaHCO_3/H_2CO_3$ 值小于 $20:1$，pH<7.4，称为酸中毒；反之，

若 $NaHCO_3/H_2CO_3$ 值大于 20∶1，pH＞7.4，则称为碱中毒。由于血浆中 HCO_3^- 的含量受代谢的影响，对维持体液 pH 来说，$NaHCO_3$ 是代谢性因素，所以把血浆中 $NaHCO_3$ 含量原发性降低（或升高）引起的酸中毒（或碱中毒）称为代谢性酸中毒（或碱中毒）；血浆中 H_2CO_3 的含量受呼吸状况的影响，对维持体液 pH 来说，H_2CO_3 是呼吸性因素，故将血浆中 H_2CO_3 含量原发性升高（或降低）引起的酸中毒（碱中毒），称为呼吸性酸中毒（或碱中毒）。本任务重点介绍酸中毒。

一、酸碱平衡及其调节

体内酸性物质主要包括挥发性酸和非挥发性酸两种。糖、脂肪、蛋白质完全氧化产生 CO_2，进入血液与 H_2O 形成碳酸，由于碳酸又在肺部变成 CO_2 排出体外，因此称碳酸为挥发性酸。非挥发性酸包括蛋白质分解代谢产生的硫酸、磷酸和尿酸等；糖氧化分解过程中产生的柠檬酸、α-酮戊二酸、琥珀酸、苹果酸等；脂肪分解代谢产生的乙酰乙酸、β-羟丁酸等。由于这些酸不能经肺呼出，过量时必须由肾脏排出体外，故又称固定酸。体内碱性物质主要包括碳酸氢根、氨基酸脱氨基产生的氨等。

动物性饲料主要为蛋白质，在体内分解代谢过程中产生硫酸、磷酸、尿酸等，故肉食动物产酸大于产碱；而草食动物一般产碱大于产酸。机体对酸碱平衡的调节主要是通过以下四个途径实现的。

（一）血液缓冲系统调节

血浆和红细胞内存在弱酸及弱酸盐组成的缓冲对，共同构成血液的缓冲系统。

1. 碳酸氢盐-碳酸缓冲对 细胞外液中为 $NaHCO_3/H_2CO_3$，细胞内为 $KHCO_3/H_2CO_3$，是体内最大的缓冲系统。

2. 磷酸氢盐缓冲对 由 Na_2HPO_4/NaH_2PO_4 构成，是红细胞和其他细胞内的主要缓冲对，特别是在肾小管内，作用更为重要。

3. 血浆蛋白缓冲对 由 NaPr/HPr 构成，主要存在于血浆和细胞内。

4. 血红蛋白缓冲对 由 KHb/HHb 和 $KHbO_2/HHbO_2$ 构成，是红细胞独有的缓冲对。

上述四对缓冲系统，以碳酸氢盐-碳酸缓冲系统的含量最高，其缓冲固定酸的能力占全血缓冲总量的 53％。故临床上常用血浆中这一对缓冲系统的量代表体内的缓冲能力。

缓冲系统能有效地将进入血液中的强酸转化为弱酸，强碱转化为弱碱，最大限度降低强酸、强碱对机体造成的危害，维持体液 pH 的正常。

$$CH_3CHOHCOOH + NaHCO_3 \longrightarrow CH_3CHOHCOONa + H_2CO_3$$
（乳酸，酸性较强）   （弱酸性）

在上述调节过程中，缓冲对的两个组分发生相互转化，生成的碳酸可继续分解为 CO_2 和 H_2O，CO_2 浓度升高可兴奋呼吸中枢使之排出加快，使 $NaHCO_3/H_2CO_3$ 值保持相对稳定。由此可见，碳酸氢盐-碳酸缓冲系统的相对稳定还有赖于肺脏和肾脏的调节作用，以继续有效地发挥缓冲作用。

（二）肺脏的调节

肺脏可通过改变呼吸运动的频率和幅度以控制 CO_2 的排出量，从而调节血浆中的 H_2CO_3 的浓度，维持血浆中 HCO_3^- 和 H_2CO_3 的正常比值，保持 pH 相对恒定。当动脉血 CO_2 分压升高，氧分压下降，血浆 pH 降低时，可刺激延髓中枢化学感受器和主动脉弓、颈动脉体的外周化学感受器，反射性地引起呼吸中枢兴奋，呼吸加深加快，排出 CO_2 增多，使血浆 H_2CO_3 浓度降低。而当动脉血 CO_2 分压降低或血浆 pH 升高时，呼吸变浅变慢，CO_2 排出减少，血浆中 H_2CO_3 的浓度升高。

（三）肾脏的调节

肾脏主要通过排酸保碱和碱多排碱的方式，排出体内过多的酸或碱，以维持体液的正常 pH。非挥发性酸和碱性物质主要通过肾脏排出体外。

1. 泌 H^+ 保钠，H^+-Na^+ 交换，排酸保碱 全部肾小管上皮细胞都有分泌 H^+ 的功能。肾小管上皮细胞内含有碳酸酐酶（CA），能催化 H_2O 和 CO_2 结合生成 H_2CO_3，后者解离成 H^+ 和 HCO_3^-，H^+ 被肾小管上皮细胞主动分泌入小管液，与 Na^+ 进行交换，Na^+ 进入肾小管上皮细胞与 HCO_3^- 结合生成 $NaHCO_3$ 回到血浆。$80\% \sim 85\%$ $NaHCO_3$ 在近曲小管被重吸收，其余部分在远曲小管和集合管被重吸收，尿中几乎无 $NaHCO_3$，肾小管上皮细胞每分泌一个 H^+，可重吸收一个 Na^+ 和一个 HCO_3^-。当体液 pH 降低时，碳酸酐酶的活性增高，肾小管上皮细胞分泌 H^+ 增加，重吸收 HCO_3^- 作用增强；反之，当 pH 升高时，肾小管上皮细胞分泌 H^+ 减少，重吸收 HCO_3^- 的作用减弱（图 9-1）。

肾的氢钠
交换（动画）

2. NH_4^+ 排出，排氨保钠 尿中的 NH_3 大部分由谷氨酰胺酶水解谷氨酰胺产生，少部分 NH_3 通过氨基酸脱氨基作用产生。NH_3 不带电荷，脂溶性，容易通过细胞膜而进入肾小管液，与肾小管上皮细胞分泌的 H^+ 结合生成 NH_4^+。NH_4^+ 带正电荷，水溶性，不容易通过细胞膜返回细胞内，NH_4^+ 与小管液中的强酸盐负离子（大部分是 Cl^-）结合，生成 NH_4Cl 随尿排出，强酸盐的正离子 Na^+ 又与 H^+ 交换进入细胞内，与细胞内的 HCO_3^- 结合形成 $NaHCO_3$ 返回血浆，从而达到排氨保钠，排酸保碱，维持血浆酸碱度的目的（图 9-2）。

肾泌氨
（动画）

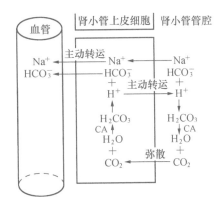

图 9-1 H^+ 分泌和 HCO_3^- 重吸收过程

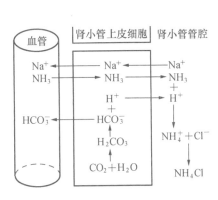

图 9-2 远曲小管和集合管中氨分泌过程

小管液中 Cl^- 不但与 NH_4^+ 结合，还可以和分泌的 H^+ 结合，生成 HCl，使小管液 pH 下降，当 pH 下降到 4.5 时，肾小管就停止分泌 H^+，HCl 和 NH_3 生成 NH_4Cl，有助于肾小管上皮细胞进一步分泌 H^+，使 $H^+ - Na^+$ 交换不断地进行下去，从而维持体内酸碱平衡。

3. 碱多排碱 体内碱性物质过多时，血浆 pH 上升，导致肾小管上皮细胞内碳酸酐酶的活性降低，H_2CO_3 生成和 H^+ 分泌均减少，$NaHCO_3$、Na_2HPO_4 等碱性物质重吸收入血浆也相应减少，随尿液大量排出，血浆 pH 得以降低。

（四）组织细胞的调节

组织细胞的调节作用主要是通过细胞内外离子交换进行的。红细胞、肌细胞都能参与这一过程。当细胞间液 H^+ 升高时，H^+ 弥散进入细胞内，而细胞内等量的 K^+ 移至细胞外，以维持细胞内外电荷平衡。当细胞间液 H^+ 浓度降低时，则上述过程相反。细胞内外离子交换及细胞内的缓冲作用需 2～4 h 完成。此外，持久的代谢性酸中毒时，骨盐中的 $Ca_3(PO_4)_2$ 溶解度增加，并进入血浆，参与对 H^+ 的缓冲过程：

$$Ca_3(PO_4)_2 + 4H^+ \longrightarrow 3Ca^{2+} + 2H_2PO_4^{-1}$$

二、代谢性酸中毒

由于代谢障碍引起体内固定酸生成过多或碱性物质（HCO_3^-）大量丧失，导致酸碱平衡紊乱的现象，称代谢性酸中毒。其特点为血浆 pH 降低，血浆中 HCO_3^- 浓度原发性减少。

（一）发生的原因

1. 体内固定酸增多 主要见于体内酸性物质生成、摄入过多和酸性物质排出障碍等。比如由于发热、缺氧、血液循环障碍或饥饿引起物质代谢紊乱，导致糖、蛋白质、脂肪分解代谢加强，氧化不全产物如乳酸、丙酮酸、酮体、氨基酸等酸性物质生成增多；临床治疗中给予大量的氯化铵、稀盐酸、水杨酸等酸性药物；当肾小管上皮细胞内碳酸酐酶活性降低时，CO_2 和 H_2O 不能生成 H_2CO_3 而导致分泌 H^+ 障碍，或因肾小管上皮细胞产 NH_3，排 NH_4^+ 受限，均能导致酸性物质不能及时排出而在体内蓄积。

2. 碱性物质丧失过多 常见于剧烈腹泻、肠梗阻时，大量碱性物质被排出体外或蓄积在肠腔，血浆内碱性物质丧失过多，酸性物质相对增加。大面积烧伤时，血浆中的 HCO_3^- 由创面大量丢失。

（二）病理生理反应和对机体的影响

1. 血液缓冲系统的调节 体内酸性物质过多时，血浆中 H^+ 浓度升高，可迅速被血浆缓冲系统中的 HCO_3^- 所中和，将某些酸性较强的酸转变为弱酸（H_2CO_3），弱酸分解后很快排出体外，以维持体液 pH 的稳定。

2. 呼吸系统的调节 经血液缓冲系统中和的弱酸（H_2CO_3）可解离为 H_2O 和

CO_2，H^+浓度升高和 CO_2 分压上升，均可刺激主动脉弓和颈动脉体的外周化学感受器，引起呼吸中枢兴奋，使呼吸加深加快，CO_2 排出增多，从而维持血浆中 $NaHCO_3/H_2CO_3$ 的正常值。呼吸系统的代偿非常迅速，它可以在十几分钟内呈现出明显的作用，因此，呼吸加强是急性代谢性酸中毒的重要标志之一。

3. 肾脏系统的调节 当血浆 pH 下降时，肾脏排酸保碱功能增强，表现为肾小管上皮细胞内碳酸酐酶和谷氨酰胺酶的活性增强，使肾小管上皮细胞分泌 H^+ 和 NH_3 增多，导致 $NaHCO_3$ 重吸收增多，以此来补充碱储。但是，因肾脏机能障碍而导致的代谢性酸中毒不适用该种方法代偿。肾脏的代偿作用较慢，一般要 $3 \sim 5$ d 才能达到高峰。

4. 组织细胞的调节 代谢性酸中毒时，有 $50\% \sim 60\%$ 的 H^+ 通过离子交换进入细胞内，被细胞内的缓冲系统缓冲。在 H^+ 进入细胞的同时，K^+ 被移出细胞外，引起血浆钾离子浓度升高。

经过上述代偿调节，可使血浆 H_2CO_3 含量有所下降或 $NaHCO_3$ 含量有所上升，使 $NaHCO_3/H_2CO_3$ 值恢复至 20:1，血浆 pH 将逐步恢复正常。如果体内固定酸不断增加，碱储被不断消耗，经代偿后仍不能恢复体液 pH，则会产生严重后果。

5. 中枢神经系统功能障碍 代谢性酸中毒时，脑细胞内参与生物氧化的酶类受到抑制，使氧化磷酸化发生障碍，ATP 生成减少，神经细胞供能不足；H^+ 浓度升高，可使组织谷氨酸脱羧酶活性增强，抑制性神经介质 γ-氨基丁酸生成增多，故患畜表现为精神沉郁、感觉迟钝，甚至昏迷。

6. 心血管系统功能障碍 血浆中增多的 H^+ 对循环系统影响最大。酸中毒时，H^+ 可与 Ca^{2+} 竞争结合肌钙蛋白，影响心肌兴奋-收缩耦联过程，导致心肌收缩力降低，心输出量减少；酸中毒可伴发高钾血症，引起心律失常，心肌传导性、自律性、收缩性下降，严重时可导致心脏传导阻滞和心肌兴奋性消失；另外，血液中 H^+ 浓度升高，可使心肌和外周血管对儿茶酚胺的反应性降低，大量毛细血管网开放，使血管容量不断扩大，回心血量减少，血压下降，可引起低血压，甚至休克死亡。

(三) 治疗

积极治疗原发病，如制止腹泻、消除高热、缺氧等，同时还应补充碱性药物。最常用 $NaHCO_3$，也可使用乳酸钠。在补充碱性药物时，量宜小不宜大，且不能使 pH 过快地恢复正常。因酸中毒时，脑脊液 pH 亦降低，H^+ 能刺激呼吸中枢，使呼吸加深加快，若很快使血液酸碱度恢复，由于 HCO_3^- 通过血脑屏障较慢，脑脊液 pH 恢复较慢，呼吸仍很快，则会因呼吸过度引起呼吸性碱中毒。在防治代谢性酸中毒时，还应注意纠正水和电解质紊乱，应及时补充体液，恢复有效循环血量，改善组织血液灌流。

三、呼吸性酸中毒

由于肺泡通气功能不足，使体内生成的 CO_2 排出受阻，或由于 CO_2 吸入过多，

引起血液 CO_2 分压升高的病理过程，称为呼吸性酸中毒。此型酸中毒的特点为体内 CO_2 潴留，血浆 H_2CO_3 含量原发性升高。

（一）发生的原因

1. CO_2 排出障碍

（1）呼吸中枢抑制。脑损伤、脑炎、脑血管意外、呼吸中枢抑制剂（如吗啡、巴比妥类药物）、麻醉剂过量、酒精中毒等均可抑制呼吸中枢而导致肺通气不足或呼吸停止，CO_2 在体内潴留。

（2）呼吸肌麻痹。急性脊髓灰质炎、有机磷中毒、进行性肌萎缩时，呼吸肌随意运动减弱或丧失，造成 CO_2 排出障碍。

（3）呼吸道阻塞。喉头痉挛、溺水、异物阻塞气管、哮喘、慢性支气管炎、肿瘤压迫时，引起通气障碍，CO_2 排出受阻。

（4）胸廓病变。胸部创伤、严重气胸、胸水、胸膜炎时，影响肺的扩张，使肺部换气减少。

（5）肺部疾患。较广泛的肺组织病变，如肺气肿、肺水肿、肺萎陷或肺炎等疾病时，因通气障碍或肺泡通气与血流比例失调而引起呼吸性酸中毒。

2. CO_2 吸入过多　厩舍狭小、空气不流通或饲养密度过大时，因吸入的空气中 CO_2 含量增多，导致机体血浆 H_2CO_3 浓度升高。

3. 血液循环障碍　心功能不全导致全身淤血时，CO_2 运输和排出受阻，使血液中 H_2CO_3 含量增多。

（二）病理生理反应和对机体的影响

1. 血液缓冲系统的调节　呼吸性酸中毒时，血浆中 H_2CO_3 浓度升高，血液 $NaHCO_3/H_2CO_3$ 缓冲对的缓冲作用大大降低，主要依靠血浆蛋白和磷酸盐缓冲系统来调节：

$$H^+ + NaPr \longrightarrow HPr + Na^+$$
$$H^+ + Na_2HPO_4 \longrightarrow NaH_2PO_4 + Na^+$$

反应生成的 Na^+ 可与血浆中的 HCO_3^- 结合生成 $NaHCO_3$，补充碱储，有助于 $NaHCO_3/H_2CO_3$ 值维持在正常范围内。但因血浆中 $NaPr$ 和 Na_2HPO_4 含量较低，其对 H_2CO_3 的缓冲能力也较低。

另外，当 CO_2 排出受阻时，血液 CO_2 分压升高，可借助分压差弥散入红细胞内，在红细胞碳酸酐酶的作用下与 H_2O 结合生成 H_2CO_3。H_2CO_3 解离后产生 H^+ 和 HCO_3^-，H^+ 可被红细胞内缓冲物质所中和，当红细胞内 HCO_3^- 的浓度超过其血浆浓度时，HCO_3^- 可由细胞内向血浆中转移，血浆内等量 Cl^- 进入红细胞，以替补红细胞内所丧失的 HCO_3^-，结果使血浆 Cl^- 浓度降低，HCO_3^- 浓度增高，$NaHCO_3/H_2CO_3$ 值得到维持。

2. 肾脏系统的调节　肾脏对呼吸性酸中毒可进行有效的调节，其调节方式同代谢性酸中毒。但应注意，肾脏的代偿调节是一个缓慢的过程，常需 $3 \sim 5\ d$ 才能充分发挥作用，故急性呼吸性酸中毒时往往来不及代偿，而在慢性呼吸性酸中毒时，可发挥强大的排酸保碱作用。

3. 组织细胞的调节 呼吸性酸中毒时，血浆中 H_2CO_3 浓度升高，H_2CO_3 解离后产生 H^+ 和 HCO_3^-，H^+ 与细胞内 K^+ 进行交换，K^+ 移出细胞外，H^+ 与 KPr、K_2HPO_4 发生缓冲，HCO_3^- 则留在细胞外，维持 $NaHCO_3/H_2CO_3$ 值。

机体经过上述代偿调节，可使血浆 H_2CO_3 含量有所下降或 $NaHCO_3$ 含量有所上升，使 $NaHCO_3/H_2CO_3$ 值恢复至 20：1，血浆 pH 将逐步恢复正常。如果机体呼吸机能仍不健全，CO_2 在体内大量滞留，超过了机体的代偿能力，pH 低于正常，则会产生严重的后果。

呼吸性酸中毒对机体的影响除和代谢性酸中毒相似之外，还可引起中枢神经系统功能障碍和心血管系统障碍。

4. 中枢神经系统障碍 呼吸性酸中毒时伴有高碳酸血症，高浓度的 CO_2 有直接扩张血管作用，可使脑血管扩张，颅内压升高，发生脑充血、水肿，患畜表现为精神沉郁、疲乏无力，甚至昏迷。

5. 心血管系统障碍 呼吸性酸中毒时，由于大量的 K^+ 移向细胞外和 H^+ 进行交换，可使血 K^+ 浓度急剧升高，引起心肌收缩力减弱，末梢血管扩张，血压下降，严重者可导致心室震颤，患病动物快速死亡。

（三）治疗

积极治疗原发病，改善通气和换气功能，控制感染，解除支气管平滑肌痉挛，使蓄积于血液中的 CO_2 尽快排出。待通气功能改善后，可适当应用碱性药物（5% $NaHCO_3$）。还可选用呼吸兴奋剂和强心剂，以维护中枢神经系统和心血管系统的功能。

技能训练

一、酸碱平衡失调

【目的要求】 掌握代谢性酸中毒时动物的异常表现及血液各指标的变化；掌握代谢性中毒的治疗方法。

【实训材料】 家兔（1.5～2.0 kg），12%磷酸二氢钠，5% $NaHCO_3$、0.1%肾上腺素，20%乌拉坦溶液，生理盐水，0.2%肝素生理盐水，电子天平，血气分析仪，手术器械，气管插管，连有三通的动脉插管、静脉插管各一个，输液架，输液装置一套，注射器等。

【方法步骤】

1. 动物称重、麻醉和固定 家兔称重后，用 20%乌拉坦溶液（5 mL/kg）从耳缘静脉或腹腔缓慢注入至动物完全麻醉，将兔固定于手术台上。

2. 气管插管与血管分离 将颈部及一侧腹股沟剪毛，颈前部手术，钝性分离出气管，在环状软骨下 0.5～1 cm 处作倒 T 形切口，插入气管插管并固定。同时分离一侧颈总动脉和另一侧颈外静脉并各穿 2 根线备用。首先结扎左颈总动脉的远心端，再用血管夹夹着其近心端，靠近远心端结扎线处，用眼科剪呈 45°角向心方向剪开血管（长度为颈总动脉直径的 1/2～1/3），插入充满肝素的动脉导管，结扎固定导管，连接压力换能器测定动脉压。再用血管夹夹着颈外静脉的近心端，充盈后结扎其远心端，剪开静脉插入静脉插管并连接输液装置，缓慢滴入 0.9％的生理盐水以保持管道通畅。腹股沟部位分离出一侧股动脉，以同样的方式插入动脉导管，以供采血用。

3. 抽取血液 用肝素湿润过的注射器从股动脉取 0.5～1 mL 血液（勿进入气泡），立即插入小软木塞以隔绝空气。用手搓动，使肝素与血液充分混合，以供实验前进行各项指标的测定。

4. 代谢性酸中毒的复制

（1）从颈外静脉缓慢注入 12％的磷酸二氢钠溶液，剂量为每千克体重 5 mL，观察兔的呼吸、血压变化，注射后 5 min 内，按步骤 3 从股动脉采血，并测定血气指标变化。

（2）代谢性酸中毒的矫正。根据注入酸后测得的 BE 值（剩余碱）来计算矫正所需的碱量，所需 5％ NaHCO₃ 的量（mL）＝BE 绝对值×体重（kg）×0.3/0.6。将所需量的碱注入后 5 min，取血测定。

5. 呼吸性酸中毒的复制

（1）经颈外静脉注入 0.1％肾上腺素每千克体重 1 mL，造成急性肺水肿。观察兔的状况，待其出现呼吸困难，躁动不安，发绀，气管插管内有白色或粉红色泡沫溢出时，取血测定血气和酸碱指标。

（2）待兔死亡后，打开胸腔（若未死亡，可静脉内注入空气致死），结扎气管，取出两肺，观察肺脏大体改变，并切开肺脏，观察切面的改变，注意有无泡沫液体流出。

【实训报告】

（1）将实验前后所测的各项指标进行比较分析。

（2）理解代谢性酸中毒的发生机理及治疗原则。

（3）了解肺水肿发生的机理及病理变化。

二、鸡红细胞脱水和水肿实验

鸡红细胞脱水和水肿实验

实 践 应 用

1. 简述脱水的类型和特征。

2. pH 正常是否说明没有酸碱平衡障碍？为什么？

3. 某门诊收治一只 3 月龄博美病犬，犬主人介绍，自昨日开始该犬精神萎靡，食欲废绝，水样腹泻。检查，体温 39.8 ℃，被毛凌乱，眼结膜潮红，眼眶凹陷。

请分析该病犬发生的病变并提出处理原则。

4. 某奶牛场一新生犊牛自出生第 2 天起开始出现高热，不吮乳，精神高度沉郁，眼闭似昏睡，眼睑肿胀，眼球下陷，结膜发绀，被毛蓬乱无光泽，皮肤弹性降低，不愿行走，喜卧地，不时磨牙，口腔黏膜潮红，呼吸急促，伸头直颈，心跳加快，体温 41 ℃左右，尿短赤。当地兽医给予青霉素、链霉素、先锋霉素等治疗 2 d 不见好转，病情益重。试分析其发生机理、病因，该如何治疗。

5. 夏天，某奶牛场一奶牛体温升高至 41.5 ℃，呼吸急促，口中流涎，精神沉郁，脉搏加快，心率达 100 次/min，全身出汗，喜饮水；病牛呼吸困难，鼻翼翕动，张口喘气，眼窝凹陷，病牛卧地不起，四肢划动，口吐白沫，濒临死亡。请分析该牛可能的病变及原因，并提出治疗方案。

历年执业兽医师考试真题

(2009) 59. 动物某些原发性疾病导致体内 $NaHCO_3$ 含量降低，主要引起（　　）。　　**答案：C**
    A. 代谢性碱中毒　　　　　　　　B. 呼吸性碱中毒
    C. 代谢性酸中毒　　　　　　　　D. 呼吸性酸中毒
    E. 呼吸性酸中毒合并代谢性碱中毒

(2010) 62. 左心功能不全常引起（　　）。　　**答案：B**
    A. 肾水肿　　　　　　　　　　　B. 肺水肿
    C. 脑水肿　　　　　　　　　　　D. 肝水肿
    E. 脾水肿

(2013) 74. 动物严重大面积烧伤时可引起（　　）。　　**答案：C**
    A. 高渗性脱水　　　　　　　　　B. 低渗性脱水
    C. 等渗性脱水　　　　　　　　　D. 混合性脱水
    E. 以上都是

(2015) 60. 高渗性脱水的特点是（　　）。　　**答案：C**
    A. 细胞外液容量减少，渗透压降低　B. 细胞外液容量增加，渗透压降低
    C. 细胞外液容量减少，渗透压增高　D. 细胞外液容量增加，渗透压升高
    E. 细胞外液容量减少，细胞内溶液量增加

(2017) 56. 呼吸性酸中毒的主要特点是血浆（　　）。　　**答案：C**
    A. HCO_3^- 浓度原发性升高　　　　B. HCO_3^- 浓度原发性降低
    C. H_2CO_3 浓度原发性升高　　　　D. H_2CO_3 浓度原发性降低
    E. H_2CO_3 与 HCO_3^- 浓度均降低

(2019) 57. 失水多于失钠可引起（　　）。　　**答案：C**
    A. 等渗性脱水　　　　　　　　　B. 低渗性脱水
    C. 高渗性脱水　　　　　　　　　D. 水中毒
    E. 水肿

项目十

缺 氧

学习目标

能说出缺氧的概念；能根据血氧指标和黏膜的变化综合判断缺氧的类型；临床中能对缺氧动物进行病因分析和处理。

任务一 常用血氧指标

氧是维持动物生命的必需物质，机体的大部分细胞都通过有氧代谢来获取能量，因此必须不停地从大气中摄取氧，并排出代谢产物（CO_2），才能维持生命。机体对氧的摄取和利用过程复杂，分为外呼吸（外界氧被吸入肺泡，弥散入血液）、氧的运输和内呼吸（组织细胞摄取利用）三个步骤，其中任何环节出现障碍都会引起缺氧。因组织供氧不足或用氧障碍，而导致代谢、功能和形态结构发生异常变化的病理过程称为缺氧。

氧是靠血液进行运输的，血液中含氧情况，常用以下几个指标来描述。

1. 血氧分压 是指以物理状态溶解在血浆内的氧分子所产生的张力。动脉血氧分压取决于吸入气体的氧分压和肺的呼吸功能，而静脉血氧分压反映内呼吸状况。正常时动脉血氧分压为 12.93 kPa，静脉血氧分压为 5.33 kPa。

2. 血氧容量 是指在体外 100 mL 血液中血红蛋白（Hb）充分结合氧和溶解于血浆中氧的总量，它取决于血液中血红蛋白的数量及质量（结合氧的能力）。正常动物的血氧容量为 20 mL%。

3. 血氧含量 是指机体内 100 mL 血液的实际带氧量，包括血红蛋白结合氧和血浆中物理溶解氧。氧含量取决于氧分压和血氧容量。动脉血氧含量为 19 mL%，静脉血氧含量为 14 mL%。

4. 氧饱和度 是指血氧含量与血氧容量的百分比，它反映了血红蛋白结合的氧量。正常时动脉血氧饱和度为 95%，静脉血氧饱和度为 70%。

5. 动-静脉氧差（A－V） 指动脉血氧含量减去静脉血氧含量的差值，它反映组织对氧的消耗量。动-静脉氧差主要取决于血红蛋白的数量、血红蛋白与氧结合能力及组织氧化代谢情况。

6. 氧合血红蛋白解离曲线（ODC） 指血氧分压与血氧饱和度关系的曲线，简

微课：血氧
指标

144

称氧离曲线。由于血红蛋白结合氧的生理特点，氧离曲线呈S形（图10-1）。红细胞内2,3-二磷酸甘油酸（2,3-DPG）增多、血液二氧化碳分压升高、酸中毒、血液温度上升，均可使血红蛋白与氧的结合力下降，导致在相同动脉血氧分压下血氧饱和度降低，即氧离曲线右移。反之，称为氧离曲线左移。

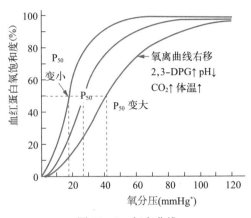

图 10-1　氧离曲线

P₅₀是指氧饱和度为50%时的氧分压

任务二　缺氧的类型

（一）呼吸性缺氧（低张性低氧血症）

由于外界血氧分压低或呼吸系统通气、换气机能障碍等，引起组织供氧不足，又称外呼吸性缺氧、低氧血症，表现为动脉血氧分压和血氧含量均降低。

1. 原因　大气中氧分压过低，如平原宠物初入高原、高空或拥挤通风不良的场所，饲养密度过大，畜禽舍内粪便堆积，有害气体含量高；外呼吸功能障碍，如各种原因引起呼吸道狭窄或阻塞，胸腔、肺脏疾病，呼吸中枢抑制或麻痹性疾病。

2. 病理变化　由于肺通气、换气功能障碍及呼吸膜面积缩小，动脉血氧分压、血氧含量和血氧饱和度均降低，氧的弥散速度下降，供给细胞的氧减少，而组织利用氧的功能正常，氧容量正常，因此动静脉氧差（A-V血氧含量差）降低或变化不明显。由于动脉与静脉血的氧合血红蛋白（HbO_2）浓度均降低，还原血红蛋白（HHb）浓度则增加，如达到或超过50 g/L时，患畜皮肤、黏膜可出现不同程度青紫色（发绀）。

（二）血液性缺氧（等张性低氧血症）

由于血红蛋白数量减少或性质改变，血液携氧能力降低，使动脉血氧含量（CaO_2）降低或氧合血红蛋白释放氧不足，导致供氧障碍性组织缺氧。此时动脉血氧分压和血氧饱和度正常，故又称等张性低氧血症。

一氧化碳中毒的机理（动画）

＊　mmHg为非法定计量单位，1 mmHg≈133.3 Pa。

1. 原因

（1）各型贫血。如营养不良、大失血、溶血和再生障碍性疾病等，血液中血红蛋白和红细胞数量减少，导致携带氧的能力降低。

（2）高铁血红蛋白症。亚硝酸盐、硝基苯化合物、过氧酸盐氧化剂、磺胺类药物等化学物质中毒时，血红蛋白（Hb）中的二价铁（Fe^{2+}）在氧化剂作用下氧化成三价铁（Fe^{3+}）形成高铁血红蛋白（MHb，又称变性血红蛋白或羟化血红蛋白）症。MHb 丧失携带氧的能力，造成缺氧。

（3）一氧化碳中毒。一氧化碳与血红蛋白亲和力比 O_2 大 210 倍，当吸入气中含有 0.1% 的 CO 时，血液中的血红蛋白可能有 50% 为碳氧血红蛋白（HbCO）。而 HbCO 解离速度却是 HbO_2 的 1/2 100。Hb 与 CO 结合失去携氧能力，属竞争性抑制，还抑制细胞内氧化酶的活性，减少氧的释放，从而造成组织严重缺氧。

2. 病理变化　贫血性缺氧时血氧饱和度正常，而动脉血氧含量和血氧容量均降低，氧向组织弥散速度减慢，导致动静脉血氧含量差减小。血红蛋白变性所引起缺氧时，动脉血氧容量和血氧饱和度均降低。血液性缺氧时，不出现发绀现象。CO 中毒时，皮肤、黏膜呈樱桃红色，严重中毒时，因毛细血管收缩，可视黏膜呈苍白色；MHb 中毒时，由于 MHb 呈咖啡色或青石板色，故皮肤、黏膜可呈咖啡色或青紫颜色。猪对亚硝酸盐最敏感，其次是牛、绵羊、马。猪的亚硝酸盐致死量为每千克体重 88 mg。硝酸盐中毒的主要表现为流涎，腹痛，腹泻，呕吐，呼吸困难，肌肉震颤，步态摇晃，阵挛性痉厥，黏膜苍白而后发绀。

（三）循环性缺氧（低血流性缺氧）

由于组织器官血液量减少或流速减慢而引起的细胞供氧不足，又称为低血流性缺氧。包括缺血性缺氧（动脉血流入组织不足）和淤血性缺氧（静脉血回流受阻）。

1. 原因　见于心力衰竭、休克等引起的全身性血液循环障碍或栓塞、痉挛、炎症等造成的局部血液循环障碍。

2. 病理变化　血氧饱和度、血氧容量、动脉血氧分压和动脉血氧含量均为正常，由于血流速度缓慢，氧被细胞利用增多，使得静脉血氧分压和血氧含量降低，导致动静脉血氧含量差增大。

全身性血液循环障碍时，心脏输出血量减少，导致全身性缺氧，严重时心、脑、肾等重要器官组织缺氧、功能衰竭，导致肺水肿、休克等严重病变，可导致动物死亡。局部性血液循环障碍时，单位时间内从毛细血管流过的血量减少或变慢，弥散到组织细胞内的氧减少，导致毛细血管中 HHb 浓度增加，易出现皮肤、黏膜发绀。若为缺血性缺氧时，则组织器官苍白。

（四）组织性缺氧（组织中毒性缺氧）

组织性缺氧是指组织细胞生物氧化过程障碍导致利用氧能力降低引起的缺氧，又称为组织中毒性缺氧。此时外呼吸、血红蛋白与氧结合、血液携氧过程正常，但细胞不能利用氧。

1. 原因　见于组织中毒、细胞损伤、维生素缺乏等。

（1）组织中毒。如氰化物中毒时，氰基（CN^-）可迅速与线粒体中氧化型细胞

色素氧化酶上的 Fe^{3+} 结合，形成氰化高铁细胞色素氧化酶，失去接受并传递电子给氧原子以形成水的能力，呼吸链中断，细胞利用氧障碍。硫化氢、砷化物等中毒也同样能导致机体缺氧。

（2）细胞损伤。当大量放射线辐射或细菌毒素作用时，线粒体损伤，细胞利用氧障碍。

（3）维生素缺乏。如缺乏硫胺素（维生素 B_1）、尼克酰胺（维生素 B_5）和核黄素（维生素 B_2）等维生素时，线粒体功能障碍，呼吸酶合成减少，导致细胞利用氧障碍。

2. 病理变化　组织性缺氧时，血氧饱和度、血氧容量、动脉血氧分压和动脉血氧含量正常，但细胞不能利用氧，导致动静脉血氧含量差减小，因为静脉、毛细血管中氧合血红蛋白（HbO_2）浓度增加，所以血液鲜红色，有时也可因呼吸抑制而呈暗红色。

另外，当组织代谢增强时也会引起组织需氧量过多的相对缺氧，如剧烈运动、过度劳役、发热等。在临床上，缺氧也常表现为混合型。例如老龄犬心机能不全并发肺淤血和水肿时，混合出现循环性缺氧和呼吸性缺氧；因外伤导致感染性休克时主要是循环性缺氧，但微生物所产生的内毒素还可引起组织中毒而发生组织性缺氧。各种类型缺氧时的血氧变化情况见表 10 - 1。

表 10 - 1　各种类型缺氧的血氧变化情况

缺氧类型	动脉血氧分压	氧饱和度	血氧容量	血氧含量	动-静脉氧差
低张性缺氧	↓	↓	—	↓	↓或—
等张性缺氧	—	—	↓	↓	↓
循环性缺氧	—	—	—	—	↑
组织性缺氧	—	—	—	—	↓

注：—表示正常，↓表示降低，↑表示升高。

任务三　缺氧对机体的影响

缺氧不是一种单独的疾病，而是许多疾病的共同病理现象。缺氧对机体的影响，取决于缺氧发生的程度、速度、持续时间和机体的功能代谢状态。有些变化对生命活动起到有利的代偿作用，如血液循环的改变、呼吸加强和红细胞生成加速等；有些变化直接导致组织坏死或动物死亡，特别是脑、心脏等重要生命器官缺氧是导致动物死亡的最直接原因之一。

微课：小鼠
缺氧表现

（一）功能变化

1. 呼吸系统的变化　低张性缺氧时，动脉血氧分压下降，引起呼吸系统的代偿性反应，呼吸加深加快，肺通气量加大，胸廓呼吸运动的增强使胸内负压增大，促进静脉回流，以增加血液运送氧和组织利用氧的功能。但过度通气使二氧化碳分压降低，可导致呼吸性碱中毒，抑制呼吸运动。严重缺氧时抑制呼吸中枢活动，出现周期性呼吸甚至呼吸停止。因贫血、失血等引起的缺氧时，由于血氧分压正常，呼吸变化不明显。急性低张性缺氧可引起急性高原肺水肿，导致中枢性呼吸衰竭而死亡。因此，呼吸系统的变化因缺氧的类型和程度而异。

2. 循环系统的变化 缺氧早期，循环系统出现代偿性反应，可引起心输出量增加、血流分布改变、肺血管收缩与毛细血管增生。由于动脉血氧分压降低，反射性引起交感神经兴奋，使肾上腺素分泌增加，心肌兴奋性增高，心率加快和心收缩力增强，静脉回流量增加和心输出量增加可提高全身组织的供氧量。缺氧时，一方面交感神经兴奋引起血管收缩；另一方面局部组织因缺氧产生的乳酸、腺苷等代谢产物则使血管扩张，皮肤和肝、脾血管收缩，释放储血，循环血量增加；而心、脑血管扩张，血流增加，血液重新分配，这对生命重要器官有保护作用。肺血管对缺氧的反应与体血管相反，肺小动脉收缩，缺氧的肺泡血流量减少，有利于维持肺泡通气以及氧利用。缺氧时毛细血管显著增生（脑、心脏和骨骼肌处明显），缩短血氧弥散距离，增加供氧量。

慢性缺氧时，由于心脏长期负荷过重，可引起心力衰竭、心肌炎。严重而持续的脑缺氧导致呼吸中枢抑制而死亡。

3. 血液系统的变化 缺氧可使骨髓造血增强及氧合血红蛋白解离曲线右移，从而增加氧的运输和释放。

（1）红细胞和血容量的变化。急性缺氧时，因血液浓缩和肝、脾收缩，使储血进入体循环，增加血中红细胞数，血容量减少；当慢性缺氧的低氧血流经肾脏近球小体时，能刺激近球细胞，生成并释放促红细胞生成素，骨髓造血增强，红细胞生成增多，血容量增加。但红细胞过多增加了血液黏滞性，以致血流减慢，心脏负担加重。长期严重缺氧会抑制骨髓造血功能，红细胞反而会减少。

（2）氧合血红蛋白解离曲线右移。由于血红蛋白结合氧的生理特点，氧离解曲线呈S形。缺氧时，红细胞内糖酵解过程的中间产物2,3-二磷酸甘油酸数量增加，导致血红蛋白与氧的亲和力降低，易于将结合的氧释出供组织利用，氧解离曲线右移。

（3）皮肤和可视黏膜发绀。但贫血或组织中毒性缺氧时，不出现发绀。当血管收缩，局部HHb并没有增加时，虽有严重缺氧，发绀也不明显。

4. 神经系统的变化 中枢神经系统对缺氧最敏感，其次为心肌细胞、肝细胞和肾小管上皮细胞。缺氧早期，出现脑血管扩张，血流量增多等代偿活动，使大脑皮层兴奋。若缺氧加重或急性缺氧，脑组织神经细胞变性、坏死、脑水肿，中枢神经系统出现功能紊乱。临床上表现为兴奋不安、运动失调、抽搐，甚至昏迷死亡。慢性缺氧时动物精神沉郁、反应迟钝、四肢无力。

5. 组织细胞的变化 在供氧不足的情况下，组织细胞通过增强利用氧的能力和增强无氧酵解过程以获取维持生命活动所必需的能量。慢性缺氧时，细胞内线粒体数目、膜的表面积、呼吸链中的酶增加，使细胞的内呼吸功能增强。控制糖酵解过程最主要的限速酶是磷酸果糖激酶，缺氧时其活性增强，促使糖酵解过程加强以补偿能量不足。慢性缺氧可使肌肉中肌红蛋白（Mb）含量增多，可能具有储存氧的作用。严重缺氧时，组织细胞可发生严重的损伤，主要为细胞膜损伤、线粒体肿胀、脊崩解、溶酶体肿胀并破裂、外膜破裂和基质外溢等病变，器官可发生功能障碍甚至功能衰竭。

（二）代谢变化

慢性缺氧时，细胞内线粒体数目和膜的表面积均增加，呼吸链中的酶如琥珀酸脱氢酶、细胞色素氧化酶可增加，使细胞的内呼吸功能增强，有利于氧的利用。严重时，组织内酶被抑制，各种分解不全产物蓄积，细胞可发生变性、坏死。

1. 糖无氧酵解增强　缺氧初期，在神经体液调节下，糖分解加强，耗氧量增多。严重缺氧时，ATP 生成减少，ATP/ADP 值下降，以致磷酸果糖激酶活性增强。该酶是控制糖酵解过程中最主要的限速酶，其活性增强可促使糖酵解过程增强，在一定程度上可补偿能量的不足。但酵解作用增强，乳酸生成增多，可引起代谢性酸中毒。

2. 脂肪氧化障碍　缺氧过程中，可出现脂肪分解加强，但氧化过程发生障碍。脂肪分解不全，血中游离脂肪酸、酮体增多，大量酮体经尿液排出，引起酮尿症。

3. 蛋白质代谢障碍　缺氧可使氨基酸合成蛋白质的过程发生障碍，氨基酸在体内蓄积，非蛋白氮（NH_3）含量增加。氨基酸脱羧酶活性增强，形成的胺等有毒物质在体内蓄积，在肝解毒机能降低时，可引起自体中毒。

技 能 训 练

家兔实验性亚硝酸盐中毒及解救

【目的要求】 通过实训掌握动物亚硝酸盐中毒的机理、临床表现及解救方法。

【实训材料】 家兔、2％亚硝酸钠注射液、0.1％美蓝注射液、酒精棉球、注射器、温度计、听诊器等。

【方法步骤】

（1）实验前观察家兔可视黏膜颜色，测定正常体温、呼吸和心跳。正常家兔可视黏膜为粉红色，可用左手固定头部，右手食指、拇指拨开眼睑即可观察。用温度计直肠检查家兔的体温。观察家兔鼻翼翕动情况测定家兔的呼吸数，用听诊器测定家兔的心跳情况。

（2）家兔称重，每只兔按每千克体重 3.5 mL 耳缘静脉注射 2％亚硝酸钠。

（3）密切观察家兔的临床表现，并用上述相同方法观察家兔可视黏膜颜色，测定家兔的体温、呼吸和心跳。

（4）待中毒明显时，每只兔按每千克体重 1 mL 耳缘静脉注射 0.1％美蓝进行解救，观察中毒症状是否解除。

【实训报告】

（1）记录实验过程中所观察到的家兔的临床表现，并分析其发生的机理。

（2）记录实验前后家兔的呼吸、心跳和体温变化情况，并分析其原因。

实 践 应 用

1. 缺氧时机体有哪些反应？

2. 动物因大量出血而休克，试分析此时可能存在哪些缺氧类型。

3. 哪些情况下，缺氧动物的呼吸、心跳加快？哪些情况下缺氧没有发绀现象？

4. 临床上如何检查、判断动物是否缺氧？

5. 检查某缺氧病畜，发现动脉血氧分压、动脉血氧含量、动脉血氧饱和度均降低，动脉血氧容量不变，试分析可能是哪种类型的缺氧。

历年执业兽医师考试真题

答案：E　　(2010) 63. 动物一氧化碳中毒时，血液呈（　　）。

   A. 黑色   B. 咖啡色

   C. 紫红色   D. 暗红色

   E. 樱桃红色

答案：B　　(2015, 2021) 61. 上呼吸道狭窄可引起（　　）。

    A. 血液性缺氧   B. 低张性缺氧

    C. 缺血性缺氧   D. 瘀血性缺氧

    E. 组织性缺氧

答案：E　　(2016) 57. 下列引起血液性缺氧的病因是（　　）。

   A. 呼吸道狭窄   B. 心力衰竭

   C. 氰化物中毒   D. 脉动脉栓塞

   E. 亚硝酸盐中毒

答案：C　　(2017) 57. CO中毒性缺氧时动物的黏膜呈现（　　）。

   A. 苍白色   B. 暗红色

   C. 樱桃红色   D. 咖啡色

   E. 青紫色

答案：E　　(2018) 55. 对缺氧反应最敏感的器官是（　　）。

   A. 心脏   B. 肝脏

   C. 脾脏   D. 肾脏

   E. 大脑

答案：D　　(2019) 58. 可引起组织性缺氧的原因是（　　）。

   A. 呼吸机能不全   B. 贫血

   C. 一氧化碳中毒   D. 氰化物中毒

   E. 缺血

项目十一
发　热

学习目标

能说出发热的概念和生物学意义；能够分析发热的原因；能根据发热时病畜临诊表现特点判断发热的不同阶段；能在实践中正确处理发热性疾病。

任务一　发热的概念及正常体温调节

（一）发热的概念

发热是指恒温动物在致热原作用下，使体温调节中枢的调定点上移而引起的调节性体温升高（超过正常值0.5℃），并伴有全身性反应的病理过程。

发热不是一种独立的疾病，而是许多疾病，如感染、炎症等疾病过程中经常出现的一个基本病理过程和常见的临床症状。不同疾病引起的发热变化常常各有其特点，因此临床上通过体温检查，不但可把发热看做是某种显见的或潜在疾病的信号，而且通过观察体温曲线变动及特点分析，还可将发热作为判断病情、评价疗效和估计预后的重要根据之一。

有时动物的体温升高属于非调节性的，是一种被动的体温升高。也就是说，此时机体体温调节中枢不能将体温控制在与调定点相应的水平，其原因一方面是由于体温调节中枢受损，另一方面是散热或产热功能异常所致。无论哪一方面，其本质都明显不同于发热，这种现象常称为过热。由此可见，发热是机体对致热原作用所产生的一个主动过程；而过热是因体温调节中枢功能障碍而发生的被动性反应。

此外，在临床上还可见到在某些生理情况下出现的体温升高，如剧烈运动、妊娠期母畜、应激等，由于它们属于生理反应，因此，又称生理性体温升高或非病理性发热。

（二）正常体温调节

体温调节是动物在长期进化过程中获得的较高级的调节功能。其特点是产热过程和散热过程处于相对平衡状态。如产热量过多时，则散热增加；反之，则降低。体温调节由温度感受器、体温调节中枢、效应器共同完成。通常健康动物的体温都能维持在一个正常范围内，当机体内外环境发生变化时，通过反馈途径协调产热和

微课：发热

散热过程，从而建立相应的体热平衡，使体温保持稳定。

1. 温度感受器 皮肤、某些黏膜内存在有专门感受温度变化的温度感受器，按其功能分为热觉感受器和冷觉感受器，腹腔内脏也有温度感受装置。它们能够把内外环境温度的变化转换为神经冲动向中枢发放。近年来发现中枢神经系统内存在有对温度变化非常敏感的神经元，称为中枢温度感受器，而把上述皮肤、内脏等处的温度感受装置称为外周温度感受器。

中枢温度感受器分布于下丘脑、脑干网状结构和脊髓等处，它们感受深部血液温度的变化。其中一部分在局部组织温度上升时冲动发放频率增大，称为热敏神经元。另一部分在局部组织温度下降时冲动发放频率增大，称为冷敏神经元。实验证明，热敏神经元主要存在于下丘脑前部和视前区（称为视前区-下丘脑前部），冷敏神经元主要存在于脑干网状结构中，在视前区-下丘脑前部也有少量冷敏神经元。温度敏感神经元与体温调节中枢之间有着密切的神经联系。

2. 体温调节中枢 通过恒温动物实验证明，在下丘脑上部切除脑，动物体温仍能保持基本稳定；如在下丘脑下部切断脑干，动物体温将随环境温度而波动。因此，体温调节的基本中枢位于下丘脑。而视前区-下丘脑前部是体温调节中枢的关键部位，近来实验研究发现，产热中枢与散热中枢都受视前区-下丘脑前部温度敏感神经元的控制。当热敏神经元兴奋时，可使散热中枢活动增强，产热中枢活动减弱；当冷敏神经元兴奋时，可使产热中枢活动增强，散热中枢活动减弱。因此，视前区-下丘脑前部对体温调节有着重要作用。

3. 调定点学说 体温调节中枢通过对产热和散热有关的各种生理过程的调节，使体温维持稳定。调定点学说认为，下丘脑体温调节中枢内有与恒温调节器功能相类似的调定点，调定点的高低决定着体温的水平。当体温处于这一温度阈值时，热敏神经元和冷敏神经元的活动处于平衡状态，致使机体的产热和散热也处于动态平衡状态，体温就维持在调定点设定的温度阈值水平。这个阈值就是体温稳定的调定点。当体内热量过多，体温超过调定点时，热敏神经元发放的冲动增多，导致散热中枢兴奋，产热中枢抑制，使体温不致升高；当体温降到调定点以下时，则出现相反的效应，使体温不致降低。

根据调定点学说，发热是由于致热原使热敏神经元阈值升高，也就是使体温调定点上移所致。因此，动物机体在发热早期，先出现恶寒战栗等产热反应，直到体温升高到新的调定点水平以上时才出现散热反应。如调定点由 37 ℃ 上移到 38 ℃，则体温超过 37 ℃ 仍会出现产热活动增强与散热活动减弱，直到体温升高到 38 ℃ 以上时才会出现相反的变化，从而使体温维持 38 ℃ 左右的水平。

4. 行为性体温调节 在下丘脑体温调节中枢控制下，通过改变产热和散热器官的活动，使体温维持在正常水平，是体温调节的基础，通常称为生理性体温调节。另外，机体在不同温度环境中还能采取不同的姿势与行为以利于正常体温的维持，这也属于体温调节概念的范畴，称为行为性体温调节。行为性体温调节也是通过对产热和散热的影响而发挥作用的。因此，它与生理性体温调节不可截然分开，后者是前者的基础。

体温调节的意义在于调节机体的产热和散热活动，使两者保持平衡，达到体温正常和相对稳定。动物机体的产热活动与散热活动均涉及机体的许多生理过程。这些生理过程在体温调节中之所以能协同作用，是靠神经系统的调节来实现的。分布在体表及深部的温度感受器将内外环境温度变化的信息传送到体温调节中枢，经体温调节中枢反射性地引起与产热和散热有关的各种生理过程的变化，使动物机体的产热和散热维持平衡。

知识链接

各种动物的正常体温

种　类	体温范围	种　类	体温范围
猪	38.0～39.5 ℃	马	37.5～38.5 ℃
骡	38.0～39.0 ℃	水牛	36.5～38.5 ℃
黄牛、乳牛	37.5～39.5 ℃	山羊	38.0～40.0 ℃
骆驼	36.0～38.5 ℃	鹿	38.0～39.0 ℃
兔	38.0～39.5 ℃	犬	37.5～39.0 ℃
猫	38.5～39.5 ℃	禽类	40.0～42 ℃

任务二　发热原因和机制

一、发热的原因

凡能引起机体发热的物质称为热原刺激物，或称为致热原（EP）。根据致热原的来源不同，可将其分为外源性致热原和内生性致热原。

（一）外源性致热原

来自体外能致热的物质称为外源性致热原。根据其性质又可分为传染性致热原和非传染性致热原。

1. 传染性致热原　引起机体发热的物质以病原微生物及其毒素为主。

（1）细菌及毒素。包括革兰氏阴性细菌与内毒素、革兰氏阳性细菌与外毒素和分枝杆菌等。

① 革兰氏阴性细菌与内毒素。典型菌群有大肠杆菌、沙门菌等。这类细菌除了菌体和胞壁中所含的肽聚糖与致热性有关外，其细胞壁中所含的脂多糖（即内毒素）也有明显的致热性，临床上输液或输血过程中所产生的发热反应，多数是由于污染内毒素所致。因其耐热性很高，需160 ℃干热2 h才能灭活，一般灭菌方法不能清除。

② 革兰氏阳性细菌与外毒素。主要有葡萄球菌、溶血性链球菌、肺炎球菌等。其致热性除与全菌体有关外，还与其分泌的外毒素有关，如葡萄球菌的肠毒素、溶血性链球菌的红疹毒素等。

③ 分枝杆菌。其全菌体及细胞壁中所含的肽聚糖、多糖和蛋白质都具有致热作用。

（2）病毒。如流感病毒、猪瘟病毒等可激活产致热原细胞，使其产生、释放内生性致热原，引起发热。

（3）其他微生物。由真菌引起的发热在临床上也常见，如白色念珠菌感染所致的肺炎、鹅口疮等，其致热性与菌体及菌体内所含的荚膜多糖和蛋白质有关。钩端螺旋体含有溶血素和细胞毒因子以及内毒素样物质，故感染后也常常出现发热现象。此外，立克次体、衣原体等许多病原微生物感染也有发热现象，但致热物质尚不清楚。

2. 体内产物　某些体内产物以诱导产生内生性致热原的方式引起发热，亦称为非传染性致热原。

（1）无菌性炎症。大面积烧伤、创伤、手术、体内组织的梗死和出血等都可引起炎症反应，并伴有发热。

（2）变态反应。如某些药物、血清病引起的变态反应，由于抗原抗体复合物的形成和致敏淋巴细胞释放淋巴因子引起发热。

（3）肿瘤性发热。是由于瘤组织释放坏死产物造成的无菌性炎症所致。此外，瘤细胞本身或某些蛋白质成分也可直接或间接地导致内生性致热原的产生和释放，引起发热。

（4）化学药物性发热。某些化学药物如咖啡因、烟碱、2,4 -二硝基酚等都能引起动物发热。但各种化学药物引起发热的机理不同，如咖啡因是通过兴奋体温调节中枢和减少散热，引起发热；而 α -二硝基酚是通过增强细胞氧化过程，使产热增加而导致发热的。

（5）激素。甲状腺机能亢进、体内某些类固醇产物（如睾丸酮的中间代谢产物本胆烷醇酮）等也可引起发热。

（二）内生性致热原

产内生性致热原细胞（能够产生和释放内生性致热原的细胞）在发热激活物的作用下，所产生并释放的能引起体温升高的产物，统称为内生性致热原。主要有白细胞介素-1、白细胞介素-6、肿瘤坏死因子、干扰素等。

1. 白细胞介素-1（IL-1）　主要由单核细胞、巨噬细胞、内皮细胞、星状细胞、肿瘤细胞产生。不耐热，70 ℃ 30 min 即可灭活。白细胞介素-1的受体，主要分布于脑内，最大密度区域位于接近体温调节中枢的下丘脑外面。

2. 肿瘤坏死因子（TNF）　是一类具有多种生物活性的多肽生长因子。多种外生性致热原如葡萄球菌、链球菌等都能诱导巨噬细胞、淋巴细胞产生、释放 TNF。

3. 干扰素（IFN）　是一类具有广泛生物活性的蛋白因子，主要由白细胞产生。不耐热，60 ℃ 40 min 即可灭活。

4. 白细胞介素-6（IL-6）　是一种主要由单核细胞、巨噬细胞和成纤维细胞产生的蛋白因子。内毒素、病毒、白细胞介素-1、肿瘤坏死因子等都能诱导其合成和释放。

二、发热的机制

发热机制较复杂，目前认为发热有三个基本环节：①在发热激活物作用下，内生性致热原的产生和释放；②体温调节中枢的体温调定点上移；③调温效应器的作用，产热增加，散热减少。即一方面通过运动神经引起骨骼肌的紧张度增高或寒战使产热增多，另一方面交感神经系统引起皮肤血管收缩，使散热减少，由于产热大于散热，体温乃相应上升，直至与新的调定点相适应（图11-1）。

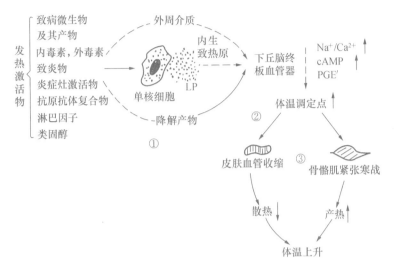

图11-1　发热发病学基本环节（未包括新发现的EP）

cAMP为环腺苷磷酸，PGE为前列腺素，LP为白细胞致热原

发热的机理（动画）

1. 内生性致热原的产生和释放　这是一个涉及产致热原细胞的信息传递和基因表达的调控过程。包括信息传递、产内生性致热原细胞的激活、内生性致热原的产生和释放，最后经过血流到达下丘脑的体温调节中枢。

2. 体温调节中枢调定点的上移　目前认为，恒温动物体温调节的高级中枢位于视前区下丘脑的前部，在该区域内含有对温度敏感的神经元，这些神经元对来自外周的温度信息具有整合作用。内生性致热原从外周产生后，经过血液循环到达颅内，但它并不是引起调定点上移的最终物质，期间还有某些介质参与。体温中枢调节介质有正调介质和负调介质。引起体温调定点上移的介质为正调介质，主要有三种，即前列腺素 E(PGE)、Na^+/Ca^{2+} 值、环腺苷磷酸（cAMP）；负调节介质是限制体温过高的物质，主要有精氨酸加压素、黑素细胞刺激素和其他一些发现于尿液的物质。内生性致热原作用于血脑屏障外的巨噬细胞，使其释放中枢介质，后者作用于视前区前下丘脑或终板血管器靠近视前区前下丘脑等部位的神经原，体温调节中枢以某种方式改变下丘脑温度神经元的化学环境，使体温调定点上移。于是，正常血液温度则变为冷刺激并发出冲动，引起调温效应器反应，从而引起体温调定点的改变。

3. 效应器的改变　体温调节中枢的调定点上移后，体温调节中枢发出冲动，对产热和散热过程进行调整。一方面通过交感神经系统引起皮肤血管收缩，减少散热；另一方面通过运动神经引起骨骼肌紧张度增高或寒战，肌肉的分解代谢加强，增加产热，结果使产热大于散热，从而使体温升到与调定点相应的水平。

任务三　发热经过与热型

（一）发热的经过

发热的经过与体温中枢调定点变化密切相关（图11-2）。临床经过大致可分三个阶段，即体温上升期、高热持续期和体温下降期，每个时期均有各自的临床症状和热代谢特点。

1. 体温上升期 这是发热的早期，其特点是产热量大于散热量。这是由于体温调节中枢的体温调定点上移，血液温度低于调定点的温热感受阈值，从而使寒战中枢兴奋，肌肉收缩加强，肌糖原分解加强，导致产热增多。同时，通过交感神经发出散热减少的信号，使

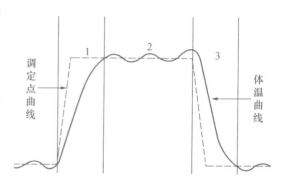

图 11-2　发热与体温调节关系曲线
1. 体温上升期　2. 高热持续期　3. 退热期

皮肤血管收缩，汗腺分泌减少，导致皮肤的散热减少，进而使体温从正常逐渐上升到新的调定点水平为止。

此时患病动物临床表现为精神沉郁，食欲减退或废绝，呼吸和心跳加快，皮肤因血流量减少呈苍白色，皮肤干燥，皮温不整，被毛蓬乱，寒战、尿少等症状，反复寒战超过 1 d 可能是菌血症，在传染病诊断上有参考意义。

2. 高热持续期 又称热稽留期，此期的代谢特点是产热量接近散热量。体温达到新的调定点水平后，体温在较高水平上维持平衡。血温升高，同时又使皮肤温度升高，皮肤血管继而扩张，散热增加。在不同的疾病中，该期持续时间的长短也有不同，例如牛传染性胸膜肺炎的高热期 2～3 周之久，慢性猪瘟的高热期可维持 1 周以上；而牛流行性感冒的高热期仅为数小时或几天。

此时患病动物临床表现为皮温增高、眼结膜充血潮红、呼吸和心跳加快、胃肠蠕动减弱、粪便干燥、尿量减少、口干舌燥等症状。

3. 体温下降期 这是发热的后期，又称退热期。此期的代谢特点是产热量小于散热量。由于病因被消除，血液中的致热原减少或消失，使体温中枢上升的调定点又恢复到正常水平，因此，体温也逐渐调整到正常范围。此时患病动物临床表现为体表血管继续扩张，大量排汗，尿量增加。

热的消退可快可慢，往往因病情不同而异，通常有两种形式。如果体温缓慢下降至正常水平，称为渐退；如体温迅速下降至正常，称为骤退。在兽医临床上，对体质衰弱的病畜要谨防体温骤退，引起急性循环衰竭而造成严重后果。

（二）热型

在许多疾病过程中，发热过程持续时间与体温升高水平是不完全相同的。临床上常常按一定的时间间隔对动物进行体温检测，并将记录下来的体温绘制成曲线图，这种体温变化曲线称为热型。常见的热型有下列几种。

1. 稽留热 体温升高到一定程度后，高热持续数天不退，且昼夜温差变动不超过 1℃。常见于大叶性肺炎、猪瘟、猪丹毒、流感、猪急性痢疾等急性发热性传染病。

2. 弛张热 体温升高后，昼夜温差超过 1℃以上，但最低点不会降至常温。常见于小叶性肺炎、胸膜炎、局灶性化脓性疾病、败血症、严重肺结核。

3. 间歇热 发热期与无热期有规律地交替出现，间歇时间较短而且重复出现。

常见于血孢子虫病、锥虫病、局灶性化脓性感染等。

4. 回归热 发热期与无热期有规律地交替出现，二者持续时间大致相等，且间歇时间长。常见于亚急性和慢性马传染性贫血。

5. 不定型热 发热持续时间不定，体温变动无规律，体温曲线呈不规则变化。常见于慢性猪瘟、慢性副伤寒、慢性猪肺疫、流感、支气管肺炎、渗出性胸膜炎、肺结核等许多非典型经过的疾病。

6. 暂时热 发热持续时间很短暂。见于轻度消化不良、分娩后、结核菌素和鼻疽菌素反应。

7. 消耗热 体温波动范围比弛张热显著，昼夜温差在 3～5 ℃。常见于败血症、重症活动性肺结核病等。

8. 波状热 体温在数天内逐渐上升至高峰，然后又逐渐下降至微热或常温，不久再发，体温曲线呈波浪式起伏，称为波状热。常见于布鲁菌病、恶性淋巴瘤、胸膜炎等。

9. 双峰热 高热体温曲线在 24 h 内有两次小波动，形成双峰，称为双峰热。常见于黑热病、大肠杆菌败血症、铜绿假单胞菌败血症等。

10. 双相热 即第一次热程持续数天，然后经一至数天的解热期，又突然发生第二次热程，称为双相热。常见于某些病毒性疾病，如犬瘟热。

思政园地

回归热和间歇热的热型常见于人的某些疟疾，而说到疟疾，就必须提到一个人，她就是"青蒿素之母"、诺贝尔获奖得者——屠呦呦。屠呦呦获得青蒿素的过程并非一帆风顺。

1967年，我国政府旨在帮助越南解决抗药性疟疾流行问题的"523项目"启动，集中全国医药力量研制新型抗疟疾药。1969年1月，"523项目"领导小组提出中药配合该项目的要求，中医研究院当即组织力量成立项目组，任命中药研究所的研究实习员屠呦呦为组长。

屠呦呦和同事前期筛选了几种药材，其中常山效果不错，但是副作用很大。后又关注胡椒，发现其对鼠疟疾的抑制率达80%以上。1969年的疟疾流行季节，屠呦呦与两位同事带上胡椒亲赴海南进行临床实验，结果却令人失望，病人服用后只是症状有所改善，并未得到根治。

常山因副作用不得不放弃，胡椒到了临床也失败了。可这并未阻止屠呦呦进行持续的发掘。她又将注意力投放在包括青蒿在内的其他中药上。可是，结果出来，青蒿的抑制率才60%多。

但是，屠呦呦坚信中草药里会有抗疟"真金"，于是再次重读医学古籍。当她读到东晋葛洪的《肘后备急方治寒热诸疟方》时，其中高度凝练的记载有如一束强光刺破了重重迷雾。"青蒿一握，以水升渍，绞取汁，尽服之"，她一边读着一边思索着，一个大大的问号打在脑海中：为什么是渍后绞取汁而不是常规的水煎呢？屠呦呦意识到，很有可能是水煎的高温破坏了青蒿中的活性成分，古人才聪明地采用"绞取汁"。于是，她重新设计了实验，将用沸点较高的乙醇提取改为用沸点较低的乙醚提取。

而这正是青蒿对疟原虫的抑制率从低于60%达到100%的关键一步！但这一步，也不是像我们所想象的那么容易。1971年10月4日，屠呦呦和她的小组得到了青蒿乙醚粗提物，样品标为"191号"，因为此前已经有过190个样品了，这也就意味着已经失败过190次了。

学习和探索的道路上总是布满荆棘，失败和成功总是呈螺旋式上升，只有秉持着顽强的信念和执着的精神，才能获得成功。

任务四 发热时机能和代谢变化

（一）机能变化

1. 中枢神经系统功能改变 发热时中枢神经系统出现不同程度的功能障碍。一般在发热初期，中枢神经系统的兴奋性升高，病畜表现兴奋不安、惊厥等。但也有的动物表现精神沉郁、反应迟钝等兴奋性下降的症状。高热持续期，中枢神经系统常常是抑制占优势，出现嗜睡，甚至昏迷等症状。而在体温下降期，副交感神经兴奋性相对较高。

2. 循环系统功能改变 发热时常引起心率加快。一般体温每上升1℃，心跳每分钟平均增加10~15次。在体温上升期和高热持续期，由于心率加快，心肌收缩力增强，血压会有所升高。但长期发热时，由于氧化不全产物和毒素对心脏作用，容易引起心肌变性，严重时导致心力衰竭。此外，体温骤退，可因大汗而致虚脱、休克甚至循环衰竭。

3. 呼吸系统功能改变 发热时血温升高和酸性代谢产物对呼吸中枢的刺激作用，以及呼吸中枢对二氧化碳的敏感性增强，促使呼吸加深加快，这有利于气体交换和散热。但持续高热时，反而会引起呼吸中枢的兴奋性降低，出现呼吸变慢、变浅、精神沉郁等症状。

4. 消化系统功能改变 发热时交感神经兴奋，水分蒸发过多，导致消化液减少，各种消化酶活性降低，出现食欲减退、胃肠道蠕动减弱、口干腹胀、便秘等现象。有时可因肠内容物发酵、腐败而引起自体中毒。

5. 泌尿系统的变化 在体温上升期和持续高热期，因血液的重新分布，使肾小球血流量减少，尿量也随之减少。严重的发热或持续过久的发热，肾组织可发生轻度变性，以及水和钠盐的潴留。酸性代谢产物增多等因素，一方面使尿液减少，尿相对密度增加，另一方面尿中常出现含氮产物。到退热期，由于肾脏血液循环改善，大量盐类又从肾脏排出，因此又表现为尿量增加。

6. 防御功能改变 发热时，机体内单核巨噬细胞系统的功能活动增强。表现在抗感染能力增强、抗体形成增多、补体活性增高、肝脏解毒功能增强，对肿瘤细胞的影响和急性期反应加强。

（二）代谢变化

发热机体的代谢改变包含两个方面：一方面是致热原作用于体温调节中枢，引起组织器官代谢加强；另一方面是体温升高本身的作用，一般认为，体温升高1℃，基础代谢率提高13％。因此持久发热使物质消耗明显增多。如果营养物质摄入不足，就会消耗自身物质，呈现物质代谢的改变。

1. 糖代谢变化　发热时糖分解代谢加强，血糖增多，葡萄糖的无氧酵解加强，组织内乳酸含量增加。

2. 脂肪代谢变化　发热时脂肪分解也明显加强，由于糖代谢加强使糖原储备不足，摄入相对减少，乃至大量消耗储备脂肪而致动物消瘦。脂肪分解加强和氧化不全，则出现酮血症和酮尿。

3. 蛋白质代谢变化　高热时蛋白质分解加强，尿氮比正常增加2～3倍，可出现负氮平衡，即摄入不能补足消耗。长期和反复发热的病畜，由于蛋白质严重消耗，还会引起肌肉和实质器官的萎缩。

4. 水、电解质代谢的变化　发热时出汗、排尿增多及机体内代谢的加强，使水、电解质大量消耗。高热可引起脱水，脱水又可加重发热，因此必须补足水分，尤其是高热期、退热期。此外，由于氧化不全的酸性中间产物（乳酸、酮体）在体内增多，故易导致代谢性酸中毒。

5. 维生素代谢的变化　发热时，维生素C和B族维生素显著消耗，同时由于病畜食欲减退，常会导致维生素缺乏症。

任务五　发热的意义和处理原则

（一）发热的生物学意义

发热是机体在长期进化过程中所获得的一种以抗损伤为主的防御适应反应，对机体有利也有弊。一般来说，短时间的中度发热对机体是有益的，因为它有利于机体抵抗感染，抑制致病因素对机体的损伤，而且还能增强单核巨噬细胞系统，提高机体对致热原的清除能力。此外，还能使肝脏氧化过程加速，提高其解毒能力。从生物进化角度看，发热对机体的生存和种族延续具有重要的保护意义。

但长期持续的高热，对机体则是有害的。因为它不仅会导致机体过度的消耗，加重器官的负荷，而且还能诱发相关脏器的功能不全，引起物质代谢障碍、各器官系统功能发生紊乱和实质细胞的变性坏死，甚至危及生命。

（二）发热的处理原则

影响发热的主要因素是中枢神经的功能状态、内分泌系统的功能状态、营养状况、疾病状态、发热激活物的性质。除了病因学治疗外，针对发热的治疗应尽可能谨慎地权衡利弊。

1. 发热的一般处理　非高热者一般不宜盲目退热，可利用其热型帮助诊断疾病。对长期不明原因的发热，应做详细检查，注意寻找体内隐蔽的炎症灶，及早治疗原发病。

2. 下列情况应及时解热　对持续高热（如40℃以上）、患心脏病（发热加重心肌负荷）、有严重肺脏或心血管疾病、妊娠期的动物，在治疗原发病的同时采取退热措施，但高热不可骤退。

3. 解热的具体措施

（1）药物解热和物理降温。

（2）补充营养物质，防止酸中毒。

（3）补充水分，防止虚脱，保护心脏机能。

（4）及早治疗原发病。

（5）加强护理，防止并发症。

（6）高热惊厥者也可酌情应用镇静剂（如安定）。

 **知识拓展**

日射病与热射病

日射病与热射病又称中暑，是夏季动物在外界光/热作用下或机体散热不良时引起的机体急性体温过高的疾病，可发生于各种家畜。

1. **原因及机理**　日射病是由于太阳辐射或强烈的热辐射线直接作用于头部，引起脑及脑膜充血，甚至颅内压升高，出现中枢神经系统调节功能严重障碍，进而引发呼吸浅表，心力衰竭，意识障碍，严重者昏迷。可见于役畜炎夏户外长时间活动、长途运输等过程中。

热射病是环境温度过高或潮湿闷热，加之圈舍狭小、通风不良、饲养密度过大等，动物产热多、散热少，体内积热而引起体温升高。为了散热，动物加快呼吸、大出汗，常引起脱水，水盐代谢紊乱；由于发热，代谢加快，氧化不全的代谢产物蓄积，又会引起酸中毒，最终因全身衰竭而死亡。

2. **临床症状及病理变化**　患病动物常表现为突然发病，精神极度沉郁，站立不稳，四肢乏力，行走时体躯摇摆呈醉酒样，有时兴奋不安。猪往往呕吐，牛则出现瘤胃臌气。眼结膜充血，黏膜赤紫，心悸亢进，后期脉细弱，甚至不感于手。呼吸促迫，听诊肺区常见湿性啰音。体温升高，全身大汗，排尿减少或尿闭。严重时体温升高到 42 ℃以上，最后倒地昏迷，瞳孔散大，反射消失，如不及时抢救，往往因心肺功能衰竭而迅速死亡。

剖检病变：脑及脑膜充血、水肿、广泛性出血，脑组织水肿。血液浓稠呈黑红色，肺充血、水肿，胸膜、心包膜以及肠系膜都有淤血斑和浆液性炎症。日射病时可见到紫外线所致的组织蛋白变性、皮肤新生上皮的分解。

实 践 应 用

1. 现有一病猪持续高热 40 ℃，而且出现呼吸急促、嗜睡等现象，为了尽快缓解这一现象，应该采取何种措施？并简述呼吸急促及嗜睡现象产生的原因。

2. 发热时，动物常表现为食欲降低。人们常以病畜食欲恢复的情况，作为对于发热性疾病治疗效果的判断，试分析其道理。

3. 在炎热的夏季，一梅花鹿因长途运输，而又无任何防暑措施时，导致其体

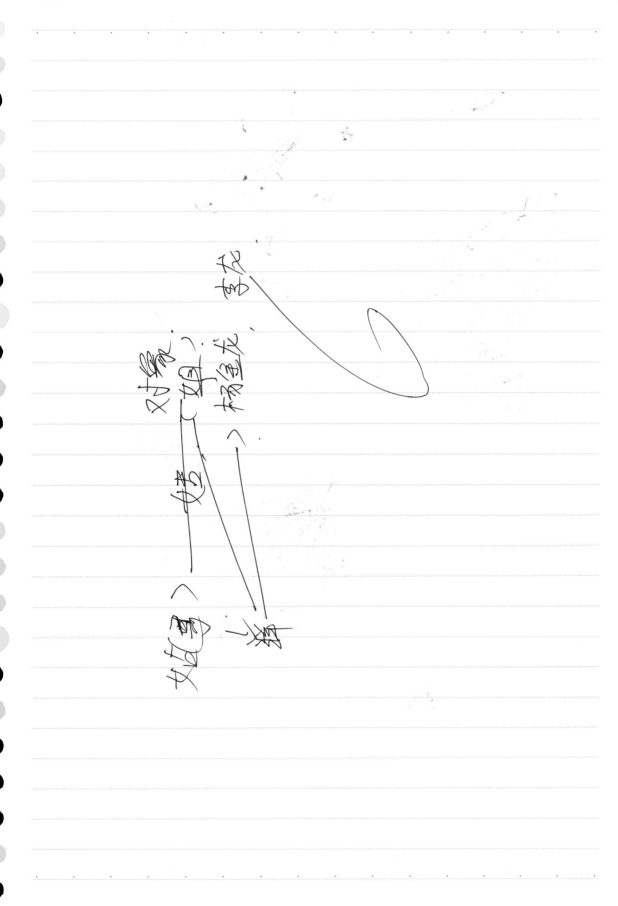

温高达 41℃，并出现昏迷状态，此时是否可以认为该动物发热，为什么？

4. 试分析发热、脱水、酸中毒三者之间的关系。

5. 某猪场一周来部分猪咳嗽气急，发热，流鼻涕，食欲减退，粪便干燥或便秘。试从病理角度分析发生的病变过程，以及应采取什么处理原则。

历年执业兽医师考试真题

(2009) 60. 能引起恒温动物体温升高的物质是（　　）。　　**答案：B**

    A. 钙离子　　　　　　　　B. 白细胞介素

    C. 精氨酸加压素　　　　　D. 脂皮质蛋白

    E. α-黑素细胞刺激素

(2013) 75. 动物体温升高后其昼夜温差变动在1℃以内，这种热型称为（　　）。　　**答案：A**

    A. 稽留热　　　　　　　　B. 弛张热

    C. 间歇热　　　　　　　　D. 回归热

    E. 波状热

(2016，2021) 牛结核病引起的发热类型是（　　）。　　**答案：D**

    A. 稽留热　　　　　　　　B. 弛张热

    C. 回归热　　　　　　　　D. 不规则热

    E. 波状热

(2019) 59. 发热期与无热期间隙时间较长，而且发热和无热期的出现时间大致相等，此热型为（　　）。　　**答案：A**

    A. 回归热　　　　　　　　B. 间歇热

    C. 弛张热　　　　　　　　D. 稽留热

    E. 双向热

项目十二

黄　疸

微课：各种
动物胆汁的
颜色

学习目标

能说出黄疸的概念；能对具体病例进行黄疸类型的判断和病因分析。

由于胆色素代谢障碍，血浆胆红素浓度增高，使动物皮肤、黏膜、巩膜等组织黄染的病理现象称为黄疸，又称高胆红素血症。黄疸可见于多种疾病，是动物临床上常见的病理现象，尤其在肝胆疾病和溶血性疾病中最多见。因巩膜富含与胆红素亲和力高的弹性蛋白，往往是临床上首先出现黄疸的部位。

任务一　正常胆红素代谢

胆色素是血红素一系列代谢产物的总称，包括胆绿素、胆红素、胆素原和胆素。其中，除胆素原族化合物无色外，其余均有一定颜色，故统称胆色素。胆红素是胆汁中的主要色素，其中胆绿素是胆红素的前体，而胆素原和胆素是胆红素的产物。通常认为胆红素具有毒性，可引起大脑不可逆的损害。但近年来人们发现胆红素具有抗氧化作用，可抑制亚油酸和磷脂的氧化，其作用甚至优于维生素 E。不同动物血清总胆红素含量不同（表 12-1）。

表 12-1　几种主要家畜血清总胆红素含量

动物种属	血清总胆红素含量（mmol/L）
马	7.1~34.2
母牛	0.17~8.55
绵羊	1.71~8.55
山羊	0~1.71
猪	0~17.1
犬	1.71~8.55

1. 胆红素的来源　体内 80% 以上的胆红素来自于衰老的红细胞裂解而释放出的血红蛋白，15% 左右来源于骨髓中尚未成熟的红细胞、网状细胞在进入血液前被破

坏，以及细胞色素、过氧化物酶、肌红蛋白等含有血红素的色素蛋白被破坏而产生的胆红素。有人把不是由衰老红细胞分解而产生的胆红素称为旁路性胆红素。

2. 非酯型胆红素的形成　正常情况下，动物循环血中每天大约有 1‰ 的红细胞会衰老和更新。肝脏、脾脏、骨髓等单核巨噬细胞系统将衰老的和异常的红细胞吞噬，破坏，释放出血红蛋白。血红蛋白进一步分解，脱去铁及蛋白质（被机体再利用），形成胆绿素。胆绿素经还原酶（胆绿素还原酶大量存在于哺乳动物的组织中，但在鸡组织中的活性很低，所以鸡胆汁中含有较高比例的胆绿素）作用生成胆红素。这种胆红素进入血液与血浆中的白蛋白（少量与 α -球蛋白）结合形成复合体，称非酯型胆红素或血胆红素。它不能通过半透膜，故不能通过肾小球滤出，难溶于水，但能溶于酒精。临床上做血胆红素定性试验（范登白反应）时，不能和偶氮试剂直接作用，必须加入酒精处理后，才能起紫红色阳性反应（间接反应阳性），故又称间接胆红素。

3. 酯型胆红素的形成　非酯型胆红素随血液进入肝脏，脱去白蛋白进入肝细胞内，经酶的催化，除少量与活性硫酸根和甘氨酸结合外，大部分在葡萄糖醛酸基转移酶和尿嘧啶核苷二磷酸葡萄糖醛酸酶的作用下，与葡萄糖醛酸结合，形成胆红素葡萄糖醛酸酯，即水溶性的能经肾脏滤过的胆红素，这种酯化的胆红素称酯型胆红素，呈水溶性，毒性作用小，且与白蛋白的亲和力较小，易解离。与偶氮试剂直接反应呈紫红色阳性反应，故又称直接胆红素。

4. 胆红素在肠内的转化和肝肠循环　酯型胆红素排入胆囊，与胆汁酸、胆酸盐等共同构成胆汁，经胆管系统排入十二指肠，经细菌等还原作用，转化为无色胆素原。胆素原的大部分氧化为黄褐色粪胆素原，随粪便排出，因而粪便有一定色泽。小部分再吸收入血，经门静脉进入肝脏，这部分胆素原又有两个去向，其中一部分重新转化为直接胆红素，再随胆汁排入肠管，这种过程称为胆红素的肝肠循环；另一部分进入血液至肾脏，成为尿胆素原，氧化后形成尿胆素，随尿排出（图 12 - 1）。

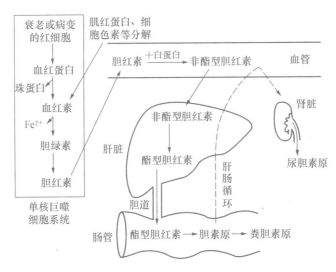

正常胆红素
代谢（动画）

图 12 - 1　胆红素正常代谢

从以上胆红素的代谢过程看，胆红素的代谢与红细胞的破坏、肝脏对胆红素的转化及排泄密切关联。如果上述过程中的任何一个环节发生障碍，则必然引起胆红素代谢失调，产生高胆红素血症，出现黄疸。

引起黄疸发生的原因很多。根据发生高胆红素血症的环节来分析，可归纳为胆红素生成过多、胆红素转化和处理障碍及胆红素排泄障碍三大类，即溶血性黄疸、实质性黄疸和阻塞性黄疸。

任务二 黄疸的类型

（一）溶血性黄疸

溶血性黄疸
（动画）

由于红细胞破坏过多，使血清中的非酯型胆红素增多而引起的黄疸称为溶血性黄疸，也称为肝前性黄疸。

1. 原因及机理 各种引起大量溶血的原因都可造成溶血性黄疸。如免疫性因素（异型输血、溶血病、自身免疫性溶血、药物致敏）、生物性因素（细菌、病毒、血液寄生原虫、毒蛇咬伤）、物理性因素（烧伤）和化学性因素（中毒性疾病）等造成的红细胞破坏。此外，偶尔也可因未成熟的红细胞、肌红蛋白等大量破坏，进入血液，引起旁路性胆红素增多，导致黄疸。

不同病因导致红细胞溶解的机理不完全一样。如马传染性贫血、猪附红细胞体病，因红细胞膜抗原发生改变，或在疾病中变形而被破坏清除；新生骡驹溶血病，是由于母马妊娠后期胎盘损伤使胎儿红细胞漏出，母马可产生抗胎儿红细胞的抗体并存在于初乳中，幼驹吮吸这种初乳而发生溶血；蛇毒中毒时，因蛇毒中含磷脂酶可降解红细胞膜；苯或苯胺中毒过程中，常因珠蛋白变性，使循环血液中红细胞容易破碎。由于大量红细胞被破坏形成非酯型胆红素，超过肝脏的处理能力而大量出现于血液中，引起黄疸。

2. 病理变化特点 血清中非酯型胆红素增多，胆红素定性试验呈间接反应阳性。此时肝脏对胆红素的摄取、运载、酯化和排泄能力相应发生代偿性加强，随胆汁排入肠内的酯型胆红素也相应增多，粪（尿）胆素原增多，使粪便和尿液的颜色加深。但血中非酯型胆红素不能经肾小球滤出，所以一般情况尿中胆红素测定为阴性，只有非常严重时可轻度增多。

3. 对机体影响 对幼畜影响较大，幼畜因白蛋白不足及血脑屏障发育尚不完善，非酯型胆红素容易通过血脑屏障而进入脑内，使大脑基底核发生黄染、变性、坏死，引起核黄疸（也称为胆红素脑病）。某些药物，如阿司匹林、磺胺、水杨酸等，能从白蛋白中置换出胆红素，可增加非酯型胆红素进入脑组织的危险性，故新生畜忌用这类药。另外，严重溶血可导致贫血、血液性缺氧、血红蛋白尿等全身性反应。

（二）实质性黄疸

实质性黄疸
（动画）

实质性黄疸也称为肝性黄疸，是由于肝功能障碍，其摄取、转化和排泄胆红素的能力降低所致的黄疸。

1. 原因及机理 多见于肝中毒（磷、汞）或肝炎等传染病，或某些败血症和维生素 E 缺乏等引起肝细胞损坏。由于肝脏损伤，肝细胞对胆红素的摄取、酯化和排泄均受到影响。此时机体即使胆红素生成量正常，但因肝细胞的处理能力下降，不能把非酯型胆红素全部转化为酯型胆红素，造成血中非酯型胆红素的潴留。同时已经被酯化的胆红素，从损坏的毛细胆管又渗漏到血窦，血中酯型胆红素也增多，导致黄疸。

2. 病理变化特点　血清中非酯型和酯型胆红素均增多，胆红素定性试验呈双向反应阳性。由于肝脏排泄障碍，进入肠内的胆红素减少，粪胆素原减少，因此粪色变淡。但是血中酯型胆红素透过肾小球毛细血管从尿排出，尿胆素原增多，尿色加深。

3. 对机体影响　实质性黄疸时，由于肝细胞变性、坏死及毛细胆管破损，常有部分胆汁流入血液，病畜常表现轻度兴奋，血压稍有下降，消化不良。有时可因肝脏解毒功能下降而导致自体中毒。

（三）阻塞性黄疸

阻塞性黄疸
（动画）

各种原因造成胆管狭窄或阻塞，使胆小管和毛细胆管内压力增大而破裂，使酯型胆红素排出障碍而逆流入血引起的黄疸称为阻塞性黄疸，也称肝后性黄疸。

1. 原因及机理　常见于十二指肠炎、胆管炎、胆管结石、胆道寄生虫或肿块压迫胆管。由于肝外胆管梗阻，胆汁排泄通道不畅，肠肝循环障碍，胀满的胆汁逆流入肝，吸收入血，导致血液中酯型胆红素异常增多，从而出现黄疸。

2. 病理变化特点　随阻塞时间长短不同，其病变有所差异，初期病变一般不明显。严重时，血清中酯型胆红素显著增多，胆红素定性试验呈直接反应阳性。由于胆汁未进入肠内，粪胆素原减少，粪色变淡（完全阻塞时，粪便呈白陶土色），尿中胆素原及胆素减少或消失，尿酯型胆红素阳性，尿色加深。由于胆汁成分全部进入血液循环，因此黄疸症状特别明显。

3. 对机体影响　大量酯型胆红素和胆酸盐经肾随尿排出时，可引起肾小管上皮细胞发生变性、坏死。血液中胆酸盐在皮肤中沉积，刺激皮肤的感觉神经末梢，引起痒感。胆酸盐可通过兴奋迷走神经或直接作用于心脏，引起心跳变慢，血管紧张度下降，血压降低。胆酸盐对脑神经细胞有抑制作用，病畜可出现疲倦、精神不振。胆汁分泌障碍，引起某些消化酶原激活受阻（如胰脂肪酶原），造成消化不良，尤其脂溶性维生素不能吸收，产生维生素缺乏症。由于维生素 K 吸收障碍，肝脏不能合成凝血酶原，血液凝固性下降，易出血。

三种类型黄疸主要特点见表 12-2。

表 12-2　三种类型黄疸主要特点

区别项目	黄 疸 类 型		
	溶血性黄疸	阻塞性黄疸	实质性黄疸
胆红素代谢情况	红细胞大量破坏，胆红素生成过多	胆管阻塞，胆红素排泄障碍	肝细胞受损，胆红素处理障碍
血清中未结合胆红素	增多	无变化或增多	增多
血清中结合胆红素	无变化	增多明显	增多
胆红素定性试验	间接反应阳性	直接反应阳性	双相反应阳性
尿胆素原含量	增加	无	增加
粪胆素原含量	增加	减少或无	减少

猪 黄 脂 病

猪黄脂病是猪体脂肪组织呈现黄色为特征的一种色素沉积性疾病，俗称"猪黄膘"。通常宰前很难发现，多在宰后才能检出。由感染、中毒及实质器官疾病引起的称"黄疸肉"，在本项目中已做介绍。此处主要讨论饲料因素形成的"黄膘肉"。

（一）病因

1. 维生素E缺乏　除饲料中维生素E添加不足外，日粮中鱼粉、蚕蛹粕、亚麻饼、蝇饲料等高脂肪、易酸败饲料超过日粮的20%时，会使体内维生素E的消耗量大增，以及饲料中高铜可使油脂氧化酸败加快，加大了维生素E需要量等，均可引起维生素E相对缺乏。加上其他抗氧化剂不足的共同作用，导致抗酸色素在脂肪组织中沉积，使脂肪组织形成一种棕色或黄色无定性的非饱和叠合物小体，促使黄膘产生。

2. 饲料色素沉积　有些饲料（如紫云英、芜菁、南瓜、黄玉米、胡萝卜等）中天然色素含量较高，在体内代谢不全可引起黄脂；饲喂某些染色掺假饲料（如假棉粕、柠檬酸渣等），染料会沉积到脂肪上，变成黄脂。

3. 药物作用　如磺胺类和某些有色中草药，在使用时间较长或没有经过足够长的休药期便屠宰，会造成猪胴体局部或全身脂肪发黄。

4. 饲料变质　饲料加工或保管不善，饲料中不饱和脂肪酸过氧化，酸败的脂肪可以形成黄脂，变质的淀粉可导致胆汁外泄，形成黄脂。霉变（如感染黄曲霉）饲料除使油脂氧化外，还能引起中毒和实质器官损伤，产生黄疸。

（二）发病机理

抗氧化剂维生素E能阻止或延缓不饱和脂肪酸的自身氧化作用，促使脂肪细胞把不饱和脂肪酸转变为贮存脂肪。当喂饲过量的不饱和脂肪酸和维生素E缺乏同时存在时，脂肪组织中的不饱和脂肪酸氧化增强，生成"蜡样质"，沉积在脂肪细胞中，使脂肪组织发生炎症反应导致脂肪变黄，形成黄脂肉。有报道称，蜡样质为 $2\sim40\,\mu m$ 的棕色或黄色小滴或无定形小体，不溶于脂肪溶剂，在抗酸性染色中呈很深的复红色，这种抗酸色素是使脂肪组织变黄的根本原因。这与因胆红素代谢障碍使全身组织黄染的"黄疸"是完全不同的。

（三）临床症状和病理变化

该病的临床症状不够明显，大多数病猪食欲不振，精神倦怠，衰弱，被毛粗糙，增重缓慢，结膜色淡，有时发生跛行，眼有分泌物，黄脂病严重的猪血红蛋白水平降低，有低色素性贫血的倾向，个别病猪突然死亡。剖检可见体脂呈柠檬黄色，骨骼肌和心肌呈灰白（与白肌病相似），变脆。肝脏呈黄褐色，脂肪变性明显。肾脏呈灰红色，横断面可见髓质呈浅绿色。淋巴结水肿，有出血点。胃肠黏膜充血。

（四）检疫判定

1. **宰前检疫**　一般只能发现黄脂和黄疸的共同特征，主要检疫可视黏膜、口腔黏膜和舌苔，一般有黄染现象。但只能怀疑该猪可能是黄膘猪，需将其确定为宰后黄膘肉的重点检疫对象。

2. **宰后检疫**　黄脂肉主要由饲料或脂肪代谢障碍引起，仅见皮下脂肪、肾脏周围脂肪组织呈深黄色，肌间脂肪着色程度较浅，其他组织、脏器无异常、无异味，将胴体悬挂 24 h 后黄色变浅或消失。黄脂肉气味正常，煮沸时肉汤半透明，并散发出肉香味。黄疸肉是由疾病引起胆汁代谢障碍而造成的，除全身脂肪组织发黄外，全身皮肤、黏膜、结膜、关节囊液、肌腱、实质器官均呈不同程度的黄色，放置越久颜色越黄；常有异常腥味或臭味，尤其煮沸后异味和臭味更浓。

3. **实验室鉴别**

（1）硫酸法。取 10 g 脂肪置于 50％ 酒精中浸抽，并不停摇晃 10 min，然后过滤，取 8 mL 滤液置于试管中，加入 10～20 滴浓硫酸。当存在胆红素时，滤液呈现绿色，继续加入硫酸经适当加热，滤液则变为淡蓝色，出现这些现象时就能确定为黄疸肉。

（2）苛性钠法。称取 2 g 脂肪，剪碎置入试管中，加入 5％NaOH 溶液 5 mL，在酒精灯火焰上煮沸约 1 min，振荡试管，使其全部溶解后在流水下降温冷却到 40～50 ℃（手摸有温热感），然后向试管中加入 1～3 mL 乙醚或汽油轻轻混匀，再微微加热后加塞静置，待溶液分层后观察。若上层乙醚呈无色，下层液体呈黄绿色，表明检样中有胆红素存在，即检样为黄疸肉；若上层乙醚呈黄色，下层液体无色，表明检样中含有天然色素而无胆红素，即检样为黄脂肉；若试管上下层均为黄色，则表明检样中 2 种色素均存在，说明既有黄疸又有黄膘。

（五）处理

因饲喂玉米、南瓜、胡萝卜等含有天然色素的饲料形成的黄脂肉，其他黏膜组织不发黄，无其他疫病且肉质良好，观察 1～2 h，黄色有消退现象的加盖印章准予出场鲜销。如伴有不良气味，宜工业利用。黄疸肉不能食用，若系传染性疾病引起，应结合具体疾病进行相应处理。

（六）预防

合理调整日粮，富含不饱和脂肪酸甘油酯的饲料应除去或限制在 10％ 之内，并至少在宰前 1 个月停喂。日粮中添加维生素 E，每头每日 500～750 mg 或加上 6％ 的干燥小麦芽，30％ 米糠也有预防效果。限量饲喂蚕蛹、鱼下脚料等，一般每头每天不得超过 100～250 g，并在宰前 2 个月停喂。

实践应用

1. 简述各种黄疸的临床症状特点。

2. 宠物门诊收治了一条成年病犬，检查时发现眼结膜黄染，你认为应考虑哪些原因？还应做哪些检查？

3. 某动物屠宰厂在进行宰后检验时，发现其肉尸有黄染现象，试分析是黄疸肉还是黄脂肉，可从哪些方面进行鉴别？

历年执业兽医师考试真题

答案：C （2018）52. 黄疸时，造成皮肤和黏膜黄染的色素是（　　）。

　　A. 含铁血黄素　　　　　　　　　　B. 黑色素

　　C. 胆红素　　　　　　　　　　　　D. 血红蛋白

　　E. 脂褐素

答案：A （2019）51. 黄疸是由于血液含有过多的（　　）。

　　A. 胆红素　　　　　　　　　　　　B. 胆绿素

　　C. 血红蛋白　　　　　　　　　　　D. 胆色素

　　E. 胆固醇

项目十三
器 官 病 理

项目十三
彩图

学习目标

能识别皮肤、淋巴结、心脏、肺脏、肝脏、脾脏、肾脏等器官的眼观和镜检病理变化；在兽医临床上，能通过病理变化分析病变产生的可能原因和机理。

任务一 皮肤病理

一、皮肤肿胀

器官病理
病变观察
（彩图）

皮肤或皮下组织出现局部或弥漫性增大称为皮肤肿胀，皮肤肿胀既是皮肤本身疾病的反映，又是许多内脏疾病的外在表现，是临床诊断的重要依据。

（一）皮肤水肿

1. 病因和机理 局部炎性渗出、血管受压或阻塞、过敏反应等多引起局部皮下水肿，心、肝、肾等内脏疾患以及长期营养不良多引起全身性水肿。心源性水肿，见于心脏衰弱引起的大循环静脉淤血，四肢、阴囊等易受重力影响的部位先出现水肿；肾源性水肿，见于肾病综合征、急性肾小球肾炎等，眼睑、面部等疏松组织先出现水肿，以后波及全身；肝源性水肿，见于严重肝脏疾病，如肝硬变、四肢水肿明显并伴有全身轻度水肿和腹水；营养不良性水肿，常见于慢性消耗性疾病和长期营养不良，四肢凹陷部位先出现水肿并伴有贫血、消瘦、被毛粗乱等症状。

引起皮肤水肿的常见疾病有恶性水肿、炭疽、牛出血性败血症、猪水肿病、马传染性贫血、锥虫病、马媾疫、肝片吸虫病、血孢子虫病、出血性紫癜、荨麻疹，此外还有充血性心力衰竭、创伤性心包炎、蛇咬伤、鸡肿头综合征等。

2. 病理变化 皮肤水肿又称浮肿，多见于动物的颜面部、前胸、下腹和四肢。水肿皮肤肿胀明显，皮肤紧张而有亮泽，缺乏色素部位颜色苍白，皮肤弹性降低，指压留痕，触之有凉感，呈面团样。切面可见皮肤增厚，皮下疏松结缔组织呈黄色胶冻状，并流出多量黄色透明液体。炎性水肿还伴有发热、疼痛。

（二）皮下气肿

1. 病因和机理 见于皮肤外伤、肋骨骨折或穿透性损伤、创伤性网胃炎时刺破肺脏等原因，使空气移行入皮下；也见于气肿疽、恶性水肿病、间质性肺气肿、黑斑病甘薯中毒等疾病过程。

2. 病理变化 局部触感柔软，稍有弹性，并有气体向邻近组织窜逸感，按压有捻发音，局部无红、肿、热、痛等反应。

（三）血肿、脓肿及淋巴外渗

1. 病因和机理 血肿是由于皮下软组织非开放性损伤后，流出的血液将周围组织分离开，形成充满血液的腔洞。血肿大多出现于挫伤之后，并迅速增大，但缺乏炎性反应。淋巴外渗是钝性外力作用使皮下或肌肉的淋巴管发生断裂，淋巴液在组织局部积聚而形成皮下肿胀，常发生于胸前、膝前、腹胁部、颈基部、肩胛或臀部皮下等具有丰富淋巴管网的组织。脓肿是通过外伤感染或经血流和淋巴流转移所形成的局部组织化脓性炎症，局部组织坏死液化后形成充满脓汁的囊腔，外有结缔组织包膜。

2. 病理变化 血肿受到感染时具有波动性，伴有热、痛，若穿刺液中有血液并混有脓汁，体温升高，称为血脓肿。

脓肿初期呈急性炎症，伴有明显的热、肿、痛反应，触诊硬实，边界不清。以后脓肿逐渐局限化，与正常组织界限清楚，触压有液体波动感，穿刺检查可抽出脓液。

淋巴外渗性肿胀形成缓慢，初期肿胀不明显而波动明显，与周围组织界限分明，无热、痛和炎症反应。随着淋巴液不断渗出，肿胀逐渐增大，形成囊状隆起，但皮肤不紧张，用手推压可感知淋巴液的流动，并听到振水音。穿刺液为橙黄色稍透明的液体，弱碱性。局部温度正常，机能障碍和全身反应不明显。

（四）疝

1. 病因和机理 疝是内脏器官（多为肠管）经先天或后天形成的孔道或薄弱区向体表凸出的外科病，以猪、马、牛等多见。

2. 病理变化 局部肿胀柔软，触诊有波动感，听诊有肠蠕动音，位置多局限于脐、阴囊及腹壁。如为可变形疝，当动物变换体位或压迫患处时肿胀即可消失；如为嵌闭性疝，局部高度紧张，有疼痛感及压迫感。因肠腔闭塞或通畅不良引起肠管臌气和排粪困难，伴有拒食、体温升高和腹痛。

（五）炎性肿胀

1. 病因和机理 可见于皮肤创伤感染、各种理化因素引起的皮肤炎症等。

2. 病理变化 创伤感染时，局部伴有不同程度的红肿热痛或炎症的全身反应。皮炎的眼观病变因病程、病因不同，有红斑、水肿、水（脓）疱、糜烂或溃疡等。

（六）皮肤肥厚

1. 病因和机理 各种慢性刺激、营养代谢障碍、内分泌紊乱、慢性皮肤病等均可引起皮肤增厚。常见的皮肤肥厚有黑色棘皮病、硬皮病、胼胝、疤痕瘤和皮肤角化过度症等。

2. 病理变化　皮肤各层尤其是表皮增厚，有时也累及皮下组织。常伴有皮肤粗糙、颜色变深、皮纹加深、皲裂、干燥或湿润、脱屑或脱毛等病变。皮肤肥厚并变硬称硬皮病或苔藓样化。

二、皮肤损害

许多疾患常可在疾病的早期出现皮损，一般都具有特殊的规律性，对疾病的早期诊断有一定意义。皮损表现复杂多样，同一疾病可见不同的皮损，同一皮损又可见于不同的疾病，有时多种损害并存。

（一）斑疹

1. 病因和机理　创伤、温热、紫外线或 X 射线照射、化学药品刺激、循环障碍和某些传染病等，均可导致皮肤形成充血、出血性斑块。皮肤色素沉着形成色素斑，色素脱失则形成白斑。

2. 病理变化　皮肤颜色变化是斑疹明显的表现，常见有红斑、紫癜、色素斑等。

充血性红斑：局部红肿，温度增高，多呈鲜红色，指压褪色。出现面积较大者称为红斑，较小者称为蔷薇疹。

淤血性红斑：多呈蓝紫色，指压褪色。常见于猪丹毒、感光过敏、饲料疹等。

出血性红斑：呈点状、斑块状出血灶，色泽鲜红、暗红或褐红，指压不褪色。常见于蓝耳病、猪瘟等。

色素斑：常呈黑褐色，指压不褪色。

（二）丘疹和结节

1. 病因和机理　常见于细菌、病毒、寄生虫等引起的各种皮炎、毛囊炎及变态反应性疾病。根据原因及机理可将丘疹分为炎性和非炎性两类。炎性丘疹病变主要在真皮，多发生血管扩张、充血和炎性细胞浸润；非炎性丘疹的病变在表皮，因各种刺激引起表皮过度增殖，表皮粗糙不平而形成结节状。

2. 病理变化　通常直径小于 1 cm 的局限性隆起称为丘疹，由小米粒到豌豆大不等，形状有圆形、椭圆形和多角形。在丘疹的顶端含有浆液的称为浆液性丘疹，不含浆液的称为实性丘疹，多个小丘疹的融合称苔藓。丘疹可由斑疹演变而来，丘疹也可演变成水疱。

比丘疹大、位置深的皮肤损害称为结节，呈半球状隆起，直径在 1 cm 以上，质地较硬，触诊时才被发现。丘疹和结节可被完全吸收，不留痕迹，但也可发展成为水疱而感染化脓，形成溃疡和瘢痕。炎性丘疹为红色，有痛及痒感，非炎性丘疹则不发红、无痛感。

（三）疱疹

1. 病因和机理　水疱是由于炎症引起浆液渗出侵入表皮，在细胞间和细胞内形成过度水肿时，表皮内形成水疱，可见于口蹄疫、猪水疱病、痘病等。脓疱大多由于化脓性细菌如金黄色葡萄球菌、表皮葡萄球菌、链球菌、棒状杆菌和某些病毒感染所引起。

2. 病理变化　疱疹是内含液体的小突起，液体为浆液者称水疱，为脓液者称脓疱。脓疱可由水疱感染引起，也可由化脓菌感染直接引起；由于内容物的性状不同，可呈白、黄、黄绿或黄红色，周围常有红晕。水疱可融合成片，破裂后露出暗红色的糜烂面，以后形成溃疡或愈合。深部脓疱愈合后留有瘢痕。

心包炎病变
观察（动画）

（四）荨麻疹

1. 病因和机理　常因昆虫叮咬、有毒植物和霉菌刺激、药物过敏等引起。气候突变、摩擦、搔抓、机体植物神经紊乱也可为诱发病因。也可继发于某些传染病、寄生虫病。

荨麻疹属于速发型过敏反应性疾病，引起过敏反应的抗体主要是 IgE。IgE 皮肤储存最多，故最易引起过敏反应。当致敏原进入机体，诱发 IgE 抗体产生后，如再次接触该致敏原，致敏原与 IgE 特异性结合，激活所在细胞内一系列酶的反应，释放一系列炎症介质，引起平滑肌收缩，毛细血管扩张及通透性增加，腺体分泌功能亢进等，在皮肤上发生的效应就表现为荨麻疹。

2. 病理变化　荨麻疹俗称"风团"，是皮肤浅层（真皮）出现的界限明显的水肿性隆起，其特点是发生突然、此起彼伏、迅速消退（半小时至数小时内自行消退，一般不留痕迹）。呈圆形、椭圆形或不规则形，豆大或胡桃大隆起，顶部扁平，质地柔软，可迅速增大并融合。荨麻疹伴有剧痒。因摩擦、啃咬，体表局部脱毛和擦伤，有时引起继发感染。

（五）皮肤坏死和坏疽

1. 病因和机理　物理性损伤（冻伤、烧伤、烫伤及机械性损伤）、化学性损伤（酸、碱、石炭酸、甲醛、升汞、某些农药和化肥、慢性麦角中毒等）、细菌感染（如坏死杆菌、猪丹毒杆菌、葡萄球菌感染）等均可引起皮肤坏死。皮肤坏疽是坏死后继发腐败菌感染所引起的变化。

2. 病理变化　皮肤浅层坏死，僵硬干燥，呈厚块状脱落，露出的浅表湿润面称为糜烂，后被新生的表皮覆盖，愈后不留瘢痕。深层坏死时，整层皮肤为黑色、干燥、牛皮纸状，周围有炎性反应带，坏死的皮肤组织脱落，形成溃疡，表面结痂。

任务二　淋巴结病理

一、急性淋巴结炎

（一）浆液性淋巴结炎

1. 病因和机理　多发生于急性传染病的初期，或邻近组织的急性炎症过程。

2. 病理变化　眼观：淋巴结肿大，被膜紧张，质地柔软，呈潮红或紫红色；

切面隆突，颜色暗红，湿润多汁。镜检：淋巴结中的毛细血管扩张、充血，淋巴窦明显扩张，内含浆液。窦壁细胞肿大、增生，有许多脱落后成为巨噬细胞（此变化称为窦性卡他）。扩张的淋巴窦内，常有不同数量的中性粒细胞、淋巴细胞和浆细胞，而巨噬细胞内常有吞噬的致病菌、红细胞、白细胞。淋巴小结生发中心扩张，并有细胞分裂象，淋巴小结周围、副皮质区和髓索处有淋巴细胞增生等。

（二）出血性淋巴结炎

1. 病因和机理　通常由浆液性淋巴结炎发展而来，常见于猪瘟、猪丹毒、猪巴氏杆菌病等。

2. 病理变化　眼观：淋巴结肿大，暗红或黑红色，被膜紧张，质地稍实；切面湿润，稍隆突并含多量血液，呈弥漫性暗红色或呈大理石样花纹（彩图29）。镜检：除一般急性炎症的变化外，淋巴组织中可见充血和散在的红细胞或出血灶，淋巴窦内及淋巴组织周围有大量红细胞。

二、慢性淋巴结炎

1. 病因和机理　多由急性淋巴结炎转变而来，也可由致病因素持续作用引起。常见于某些慢性疾病，如结核、布鲁菌病、猪支原体肺炎等。

2. 病理变化　眼观：淋巴结肿大，质地变硬，切面隆突，呈灰白色，常因淋巴小结增生而呈颗粒状。后期淋巴结缩小，质硬，切面可见增生的结缔组织不规则交错，淋巴结固有结构消失。镜检：淋巴细胞、网状细胞显著增生，淋巴小结肿大，生发中心明显。淋巴小结、髓索淋巴窦之间界限消失，淋巴细胞弥漫性分布在整个淋巴结内。网状细胞肿大、变圆，散在于淋巴细胞间。后期结缔组织显著增生，网状纤维增粗转变为胶原纤维，血管壁硬化。严重时，整个淋巴结可变为纤维结缔组织小体。

任务三　心脏病理

一、心 包 炎

1. 病因和机理

（1）感染。病原微生物经血液或由相邻器官（心肌和胸膜）进入心包引起。如巴氏杆菌、链球菌、大肠杆菌、分枝杆菌、支原体等。

（2）创伤。牛、羊采食时，未经充分咀嚼，误将铁钉、铁丝咽入，经网胃刺穿胃壁、膈肌膜并刺入心包或心脏，从而引起创伤性心包炎。

2. 病理变化

（1）传染性心包炎。心包表面血管充血扩张，或有出血斑点，心包膜因炎性水肿而增厚。心包腔蓄积大量淡黄色浆液性渗出液，若混有脱落的间皮细胞和白细胞则较混浊。如渗出物为纤维素，则凝结为黄白色絮状或薄膜状物，分布于心包内膜和心外膜表面或悬浮于心包液中，因心脏搏动而形成绒毛状外观，称为绒毛心（彩

牛心包炎
形成（动画）

图 30)。慢性经过时，心包壁层和脏层上的纤维素往往发生机化而粘连。如结核性心包炎时，心外膜被覆的干酪样坏死物可达数厘米厚，有"盔甲心"之称。

镜检：初期心外膜充血、水肿并有白细胞浸润，间皮细胞肿胀、变性，浆膜表面有少量浆液-纤维素性渗出物，随后间皮细胞坏死、脱落，浆膜层和浆膜下组织水肿、充血及白细胞浸润，或有出血。在组织间隙内有大量丝网状纤维素，心外膜相邻接的心肌纤维呈颗粒变性和脂肪变性，心肌纤维间充血、水肿及白细胞浸润。病程较久者，则有肉芽组织增生。

（2）创伤性心包炎。心包膜显著增厚，失去原有光泽。心包腔内积聚污秽的脓性或纤维素性渗出物。心外膜粗糙肥厚，心壁及心包上可见刺入的异物（彩图 31）。

镜检：炎性渗出物由纤维素、中性粒细胞、巨噬细胞、红细胞与脱落的间皮细胞等组成。慢性经过时，渗出物往往浓缩而变为干酪样并可发生机化，造成心包粘连。心肌受损时，则呈化脓性心肌炎的变化。

二、心 肌 炎

1. 病因和机理 某些细菌、病毒、毒物等通过血源途径侵害心肌，或由心内膜炎、心外膜炎蔓延侵害心肌，导致心肌纤维变性、坏死或损伤血管引起血液循环障碍而发生心肌炎。也可因病原体致敏机体，形成针对心肌的抗体或致敏淋巴细胞，也可能造成心肌的免疫损伤，引起心肌炎。

2. 病理变化 根据心肌炎发生的部位和性质，可分为三种基本类型。

（1）实质性心肌炎。心肌呈灰白色煮肉状，质地松脆，特别是右心室扩张。炎症多为局灶性，心脏横切面有围绕心腔的灰黄或灰白色斑条状纹，外观似虎皮花纹，故称虎斑心。镜检：心肌纤维颗粒变性、脂肪变性。严重时呈水泡变性或蜡样坏死，甚至崩解。间质有不同程度的浆液渗出和中性粒细胞、淋巴细胞、组织细胞及浆细胞浸润，见于恶性口蹄疫。

（2）间质性心肌炎。眼观：病变与实质性心肌炎相似。镜检：心肌纤维表现为不同程度的变性和坏死，间质中组织细胞、淋巴细胞、浆细胞浸润及成纤维细胞明显增生。

（3）化脓性心肌炎。心肌有大小不一的脓肿，慢性时，化脓灶外面有包囊形成。脓汁的颜色可因化脓菌种类不同而异。组织学检查：初期血管栓塞部呈出血性浸润，继而发展为纤维素性化脓性渗出，其周围出现充血、出血和中性粒细胞组成的炎性反应带。化脓灶内及其周围的心肌纤维变性。慢性时，化脓灶四周有纤维结缔组织增生。

三、心 内 膜 炎

1. 病因和机理 常常伴发于慢性猪丹毒及链球菌、葡萄球菌、化脓棒状杆菌等化脓性细菌的感染过程中。可因细菌直接引起结缔组织胶原纤维变性，形成自身抗原，或菌体蛋白与瓣膜成分结合形成自身抗原，从而引发自身免疫反应，使瓣膜遭受损伤，在此基础上形成血栓。

2. 病理变化

（1）疣状心内膜炎。以心瓣膜形成疣状血栓为特征，常发生于二尖瓣心房面和主动脉瓣心室面的游离缘。早期炎症局部增厚而失去光泽，继而游离缘可见黄白色小结节，以后逐渐增大形成大小不等的疣状物，表面粗糙，质脆易碎。后期疣状物可发生机化，形成花椰菜样不易剥离的赘生物（彩图 32）。镜检：初期疣状物为白色血栓（以血小板、纤维蛋白为主），有时可见蓝色细菌团块，后期结缔组织增生和炎性细胞浸润明显。

（2）溃疡性心内膜炎。亦称败血性心内膜炎，以瓣膜局灶性坏死为特征。初期瓣膜上有大小不等的淡黄色坏死斑点，以后逐渐融合，并发生脓性溶解，形成溃疡；疣状血栓发生脓性分解后，也可形成溃疡。溃疡表面覆有灰黄色凝固物，周围常有出血及炎性反应，并有结缔组织增生，使边缘稍隆起。严重时可继发瓣膜穿孔。镜检：瓣膜深层组织坏死，局部有明显的炎性渗出，中性粒细胞浸润及肉芽组织增生，表面附着由大量纤维素、崩解的细胞与细菌团块组成的血栓凝块。

任务四　肺脏病理

一、上呼吸道炎症

1. 病因和机理　多数由病原微生物引起，如支气管败血波氏杆菌、传染性喉气管炎病毒、恶性卡他热病毒等。少数由物理性因素、化学性因素和寄生虫（如绵羊鼻蝇蛆）等引起。

2. 病理变化　上呼吸道黏膜潮红、肿胀、糜烂。渗出物初为稀薄、透明的浆液，随病程发展转变为灰白色的黏稠液体。继续发展出现黄白色、黏稠、混浊的脓性液体。镜检：黏膜上皮细胞变性、坏死、脱落，黏膜表面覆有浆液或黏液，其中混有脱落上皮、白细胞和少量红细胞，黏膜下充血、水肿和白细胞渗出。

二、肺　　炎

（一）支气管肺炎

支气管肺炎是以支气管为中心的单个或一群肺小叶的炎症，其炎性渗出物以浆液为主，也称为卡他性肺炎、小叶性肺炎。

1. 病因和机理　主要是病原体（巴氏杆菌、支原体、霉菌等）感染，当机体在各种有害因子（寒冷、感冒、过劳、长途运输等）影响下，抵抗力降低，进入呼吸道的病原菌可大量繁殖，引起支气管炎，炎症沿支气管蔓延，引起支气管周围的肺泡发炎。另外，病原菌也可经血流运行至肺脏，引起间质发炎，继而波及支气管和肺泡，引起支气管肺炎。

2. 病理变化　病变常见于肺脏的尖叶、心叶和膈叶，局部呈不规则实变（坚实并能沉于水），实变区呈红暗色至淡灰红到灰色不等。病变多呈镶嵌状，中心部灰白至黄色、周围为红色的实变区以及充血和萎陷，外围为正常乃至气肿的苍白区。

镜检：早期细支气管和相连的肺泡内充满中性粒细胞，混有数量不等的细胞碎屑、黏液、纤维素。细支气管上皮变性、坏死和脱落（彩图33）。细支气管壁及周围结缔组织充血、水肿、白细胞浸润。如病程延长，则间质出现结缔组织增生（图13-1）。

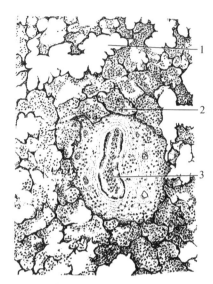

图 13-1　小叶性肺炎

1. 代偿性肺气肿　2. 细支气管周围肺泡内充满炎性细胞和纤维素渗出物　3. 细支气管腔内有炎性渗出，管壁充血、水肿及中性粒细胞浸润

（二）纤维素性肺炎

纤维素性肺炎是以细支气管和肺泡内充满大量纤维素性渗出物为特征的急性炎症，又称为大叶性肺炎。

1. 病因和机理　常见于巴氏杆菌病、牛传染性胸膜肺炎、猪传染性胸膜肺炎等，其病原体通过气源、血源、淋巴源等不同途径侵入肺脏，通过支气管树枝状扩散，引起支气管、肺泡等肺实质的炎症，并迅速扩展至整个肺叶和胸膜。肺组织内毛细血管严重受损，通透性增强，红细胞、血浆纤维蛋白大量渗出，支气管、肺泡内出现大量的纤维素和出血。

2. 病理变化　按病变发展过程可分为四个不同时期。

（1）充血水肿期。以肺泡壁毛细血管充血与浆液性水肿为特征，肺脏体积稍肿大，质量增加，质地稍实（水中半沉半浮），色泽暗红，切面平滑，按压时流出大量泡沫样红色液体。镜下见病变区毛细血管扩张充血，细支气管和肺泡腔内含有大量红染的浆液，少量红细胞、中性粒细胞和巨噬细胞（图13-2）。

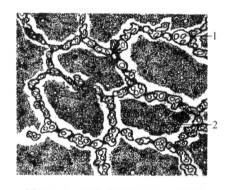

图 13-2　纤维素性肺炎充血水肿期

1. 毛细血管扩张充血　2. 肺泡腔内充满渗出液

（2）红色肝变期。由充血水肿期发展而来。眼观：肺脏体积肿大，暗红色，质地坚实如肝，切面干燥呈细颗粒状。肺间质增宽（有半透明胶样液体蓄积）呈灰白色条纹。镜检：肺泡壁毛细血管极度扩张充血，支气管和肺泡腔内充满交织成网的纤维素，网眼内有多量红细胞、少量的白细胞和脱落上皮细胞。间质炎性水肿，淋巴管扩张（图13-3）。

（3）灰色肝变期。眼观：呈灰红或灰白色，质硬如肝，切面干燥，呈细颗粒状。镜检：肺泡壁毛细血管充血消退，白细胞、纤维蛋白增多，红细胞溶解消失。

（4）消散期。肺脏体积较前变小，色带暗红或正常，质地柔软，切面湿润。镜检：肺泡壁毛细血管重新扩张，肺泡腔中的中性粒细胞坏死、崩解，纤维素被溶解，成为微细颗粒。巨噬细胞增多，吞噬坏死细胞及崩解产物（图13-4）。

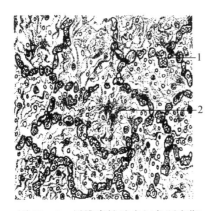

图 13 - 3　纤维素性肺炎红色肝变期　　　图 13 - 4　纤维素性肺炎消散期
1. 肺泡壁血管高度充血　2. 肺泡内充满　　1. 肺泡内含巨噬细胞、坏死的中性粒
红细胞和纤维蛋白及少量中性粒细胞　　　细胞及纤维素碎片　2. 肺泡壁血管充血

（三）间质性肺炎

发生于肺脏间质，以间质炎性细胞浸润和结缔组织增生为特征。

1. 病因和机理　常见于流感病毒、犬瘟热病毒、支原体、弓形虫、猪后圆线虫（肺丝虫）等病原体感染，过敏反应、某些化学性因素也可引起。致病因素直接或间接损伤肺泡壁毛细血管，并引起肺泡上皮、间质结缔组织增生和单核细胞、淋巴细胞等浸润。

2. 病理变化　病变部肺组织灰白或灰红色，质地稍硬，切面平整，病变大小不一，可为小叶性、融合性或大叶性，病灶周围常有肺气肿。病程较久时，则可纤维化而变硬。镜检：局部支气管和血管周围、肺小叶间隔和肺泡壁及肺胸膜均有不同程度水肿和淋巴细胞、单核细胞浸润，结缔组织轻度增生，间质增宽，肺泡腔闭塞，有时渗出的血浆成分在肺泡内形成透明膜（彩图 21）。

三、肺 气 肿

肺组织含气量异常增多、肺体积过度膨大称肺气肿。因肺泡内空气增多称肺泡性肺气肿；空气进入肺间质并使其膨胀，称间质性肺气肿。

1. 病因和机理　过度使役、剧烈咳嗽，引起吸气量剧增，肺内压升高，肺泡扩张，可导致急性肺泡性肺气肿。慢性支气管炎，支气管管腔狭窄或不全阻塞，气体不能呼出，或肺泡表面张力降低，回缩力下降，可引起慢性肺泡性肺气肿。肺泡或细支气管破裂，气体进入间质，则引起间质性肺气肿，常见于牛甘薯黑斑病中毒。

2. 病理变化

（1）急性肺泡性肺气肿。肺脏体积明显增大，常充满胸腔，色泽苍白，质地松软，按压有捻发音，且凹陷复平缓慢，切面干燥。镜检：肺泡极度扩张，间隔变薄，毛细血管闭塞，肺泡隔常发生破裂，融合成大的囊腔（图 13 - 5）。

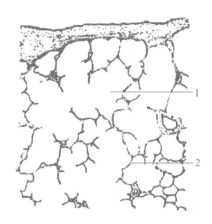

图 13-5 肺泡性肺气肿

1.肺泡极度扩张，且互相融合　2.肺泡壁变薄，其中毛细血管闭塞

（2）慢性肺泡性肺气肿。肺脏膨大，表面有肋骨压痕。肺切面有气囊泡，切开时有爆破音。镜检：病变与急性肺泡性肺气肿相同，但肺泡弹性纤维减少，间质结缔组织增多。

（3）间质性肺气肿。病变区肺小叶间质增宽，内有成串的大气泡，许多单个气泡形成条索状，使肺呈网状。牛、猪因其肺间质丰富而疏松，故间质性气肿非常明显。镜检：肺间质增宽形成较大气囊，其周围肺组织发生压迫性萎缩，肺泡壁毛细血管腔狭窄贫血。

任务五　肝脏病理

一、肝　　炎

（一）传染性肝炎

1. 病毒性肝炎

（1）病因和机理。病原为嗜肝性病毒，如雏鸭肝炎病毒、鸡包含体肝炎病毒、犬传染性肝炎病毒等；其他如牛恶性卡他热病毒、鸭瘟病毒、马传染性贫血病毒等，也可引起肝炎。

（2）病理变化。肝脏不同程度肿大，呈暗红色或红黄相间的斑驳色彩，其间往往有灰白或灰黄色形状不一的坏死灶。胆囊胀大、胆汁蓄积、黏膜发炎。镜检：肝小叶中央静脉扩张，小叶内有出血和坏死病灶。肝细胞广泛水泡变性，淋巴细胞浸润，肝窦充血。小叶间组织、汇管区内小胆管和卵圆形细胞增殖。部分病毒所致肝炎还可于肝细胞的细胞核或细胞质内发现特异性包含体。若转为慢性，肝内出现以结缔组织增生为主的修复性反应，最终导致肝硬化。

2. 细菌性肝炎

（1）病因和机理。常见致病菌有巴氏杆菌、沙门氏菌、坏死杆菌、钩端螺旋体和各种化脓性细菌等。细菌感染后，引起组织变质、坏死，形成脓肿或肉芽肿。

（2）病理变化。

① 坏死性肝炎。肝脏肿大，呈暗红、土黄色或橙黄色。肝被膜下见斑点状出血及灰白色或灰黄色坏死病灶。禽类的许多细菌性肝炎，还见肝被膜上有呈条索样或膜样的纤维素性渗出物（纤维素性肝周炎）。镜检：肝小叶中央静脉扩张，肝窦充血。肝细胞广泛变性和局灶性坏死，中性粒细胞浸润。

② 化脓性肝炎。又称肝脓肿。肝脏体积肿大，脓肿为单发或多发，有包膜，脓腔内充满黏稠的黄绿色脓液。

③ 肉芽肿性肝炎。多因某些慢性传染病的病原体如分枝杆菌、鼻疽杆菌、放线菌等感染。肝内有大小不等的结节，结节中心为黄白色干酪样坏死物，如有钙化时质地比较硬固，刀切时有沙沙声。镜检：结节中心为均质无结构坏死灶，周围有多量上皮样细胞浸润区，混有数量不多而胞体很大的多核巨细胞，其胞核位于细胞质的一侧边缘，呈马蹄状排列；在外围有多量淋巴细胞浸润带，最外层由数量不等的结缔组织包裹。

3. 霉菌性肝炎

（1）病因和机理。常见有烟曲霉菌、黄曲霉菌、灰绿曲霉菌和构巢曲霉菌等致病性真菌。

（2）病理变化。肝脏肿大，边缘钝圆，呈土黄色，质脆易碎。镜检：肝细胞脂肪变性、坏死，肝组织出血和淋巴细胞增生，间质小胆管增生。慢性病例则形成肉芽肿结节，其组织结构与其他特异性肉芽肿相似，但可发现大量菌丝。

4. 寄生虫性肝炎

（1）病因和机理。某些寄生虫在肝实质中或肝内胆管寄生繁殖，或寄生虫的幼虫移行于肝脏时造成肝脏损害。

（2）病理变化。鸡盲肠肝炎（黑头病）时，肝脏肿大，表面形成圆形或不规则形的、稍凹陷的溃疡病灶，溃疡呈淡黄色或淡绿色，边缘稍隆起（彩图34）。

兔球虫病时，肝脏肿大，表面有米粒至豌豆大的黄白色结节，增生和扩大的胆管呈弯曲的灰白色条索状物。镜检：胆管黏膜上皮脱落或增生，在增生的上皮层内可以看到球虫卵囊、裂殖体。

由某些寄生虫（蛔虫和肾虫）的幼虫移行损伤肝脏时，肝脏表面有大量形态不一的白斑散布，白斑质地致密和硬固，有时高出被膜位置，俗称乳斑肝。镜检：多个肝小叶有局灶性坏死，其周围有大量嗜酸性粒细胞浸润，小叶间和汇管区结缔组织增生。局部形成有上皮样细胞围绕和炎性细胞浸润以及结缔组织增生的肉芽肿。

（二）中毒性肝炎

1. 病因和机理 农药、消毒剂、某些药物、添加剂使用不当，或毒性代谢产物在体内蓄积过多等因素，对肝脏均能产生毒害作用而引发中毒性肝炎。

2. 病理变化 肝脏肿大、潮红，或可见出血斑点。水肿明显时肝湿润和质量增加，切面多汁。重度时肝细胞脂肪变性，外观呈黄褐色，有时呈类似于槟榔切面的斑纹。肝表面和切面常见灰白色坏死灶。镜检：肝小叶中央静脉扩大，肝窦淤血和出血，肝细胞重度脂肪变性和颗粒变性，小叶周边、中央静脉周围或散在的肝细胞坏死。严重病例坏死灶遍及整个小叶；肝细胞核固缩或碎裂。肝小叶内或间质中有少量炎性细胞渗出，有时仅见少许淋巴细胞。

二、肝硬化

1. 病因和机理　细菌、病毒、寄生虫感染，各种内外源性毒物中毒或慢性淤血、胆汁淤滞、胆管阻塞等，导致肝细胞严重变性和坏死后，出现肝细胞结节状再生和间质结缔组织广泛增生，使肝小叶正常结构受到严重破坏，肝脏变形、变硬。

2. 病理变化　病因不同，其形态结构变化有一定差异，但基本变化是一致的。

眼观：肝脏缩小，边缘锐薄，质地坚硬，表面凹凸不平或呈颗粒状、结节状隆起，色彩斑驳，常染有胆汁，肝被膜变厚。切面见明显的淡灰色结缔组织条索围绕着淡黄色圆形的肝实质。肝内胆管明显，管壁增厚。

镜检：①结缔组织广泛增生，小叶内及间质中结缔组织增生，炎性细胞以淋巴细胞浸润为主；②假性肝小叶形成，增生的结缔组织将肝小叶包围或分割，形成大小不等的圆形小岛，称假性肝小叶，假小叶没有中央静脉或中央静脉偏位，肝细胞大小不一，排列紊乱（彩图35）；③假胆管形成，在增生的结缔组织中形成两条立方形细胞构成的条索，但无腔，故称假胆管，此外，还有新生毛细血管；④形成肝细胞结节，病程较长时，残存肝细胞再生，由于没有网状纤维作支架，故再生肝细胞排列紊乱，聚集成团，且无中央静脉，形成结节再生的肝细胞体积较大，细胞核可能有两个或两个以上，细胞质着染良好。

任务六　脾脏病理

一、急性炎性脾肿

1. 病因和机理　急性炎性脾肿又称败血脾，是伴有脾脏明显肿大的急性炎症，多见于炭疽、弓形虫病、急性猪丹毒、猪急性副伤寒、猪急性链球菌病等所致败血症过程中。也可见于牛的泰勒虫病、马梨形虫病等急性经过的血液原虫病。

2. 病理变化　眼观：脾脏体积增大，一般比正常大2～3倍，切开时流出血样液体，切面隆起且富有血液，明显肿大时犹如血肿，呈暗红色或黑红色，白髓和脾小梁纹理不清，脾髓质软，用刀轻刮切面，可刮下大量富含血液而软化的脾髓。

镜检：脾髓内充盈大量血液，脾实质细胞（淋巴细胞、网状细胞）弥漫性坏死、崩解而明显减少；白髓体积缩小，几乎完全消失，仅在中央动脉周围残留少量淋巴细胞；红髓中固有的细胞成分也大为减少，有时在小梁或被膜附近可见一些被血液排挤的淋巴组织。

脾脏含血量增多是急性炎性脾肿最突出的病变，是脾炎性充血和出血的结果。在充血的脾髓中还可见病原菌和散在的炎性坏死灶，后者由渗出的浆液、中性粒细胞和坏死崩解的脾实质细胞混杂在一起，其大小不一，形状不规则。此外，被膜和小梁中的平滑肌、胶原纤维和弹性纤维肿胀、溶解、排列疏松。

二、坏死性脾炎

1. 病因和机理　是指脾脏实质坏死明显而体积不肿大的急性脾炎，多见于出血性败血症。如鸡新城疫、禽霍乱、巴氏杆菌病、猪瘟、结核病、弓形虫病及牛坏死杆菌病等。

2. 病理变化　脾脏体积不肿大，其外形、色彩、质度与正常脾脏无明显的差别，透过被膜可见分布不均的灰白色坏死小点。镜检：脾脏实质细胞坏死特别明显，在白髓和红髓均可见散在的坏死灶，其中多数淋巴细胞和网状细胞已坏死，其细胞核溶解或破碎，细胞质肿胀、崩解（彩图 36）。坏死灶内同时见浆液渗出和中性粒细胞浸润，有些粒细胞也发生核破碎。脾脏含血量不见增多，故脾脏的体积无明显肿大。被膜和小梁均见变质性变化。

三、慢性脾炎

1. 病因和机理　多见于慢性传染病和寄生虫病，如结核、布鲁氏菌病、副伤寒、亚急性或慢性马传染性贫血、牛传染性胸膜肺炎、锥虫病、梨形虫病等。

2. 病理变化　眼观：脾脏轻度肿大或比正常大 1～2 倍，被膜增厚，边缘稍显钝圆，质地硬实，切面平整或稍隆突，在暗红色红髓的背景上可见灰白色增大的淋巴小结呈颗粒状向外突出；但有时这种现象不明显，只见整个脾脏切面色彩变淡，呈灰红色。

镜检：增生过程明显，淋巴细胞和巨噬细胞呈现分裂增殖，但不同的传染病过程表现不一致，如亚急性马传染性贫血引起的慢性脾炎是以淋巴细胞增生为主；而鸡结核性脾炎时，以巨噬细胞增生明显；布鲁菌病所致慢性脾炎时，淋巴细胞和巨噬细胞都明显增生。

随着慢性传染病过程的结束，脾脏中增生的淋巴细胞逐渐减少，局部网状纤维胶原化，上皮样细胞转变为成纤维细胞，脾脏内结缔组织成分增多，发生纤维化，被膜、小梁也因结缔组织增生而增厚、变粗。

任务七　胃肠病理

一、胃　炎

（一）急性胃炎

1. 急性卡他性胃炎　以胃黏膜表面被覆多量黏液和脱落上皮为特征。

（1）病因和机理。细菌、病毒、寄生虫感染，粗硬饲料、尖锐异物机械损伤，冷、热刺激，酸、碱物质，霉败饲料、某些化学药物，以及剧烈的应激因素等均可引起急性卡他性胃炎。其中以生物性因素最为常见，损害最严重。

（2）病理变化。局部胃黏膜特别是胃底腺部黏膜弥漫性充血、潮红、肿胀，黏膜面被覆多量浆液性、浆液-黏性、脓性甚至血性分泌物，并常散发斑点状出血和糜烂。镜检：胃黏膜上皮细胞变性、坏死、脱落；固有层、黏膜下层毛细血管扩张、充血、出血；有时可见生发中心扩大或有新生淋巴小结；组织间隙有大量浆液渗出及炎性细胞浸润，杯状细胞增多并脱落。

2. 出血性胃炎 以胃黏膜弥漫性或斑块状、点状出血为特征。

（1）病因和机理。各种原因造成的剧烈呕吐、强烈的机械性刺激、毒物中毒及某些传染病、寄生虫病等，均可引起胃黏膜出血。

（2）病理变化。胃黏膜深红色，有弥漫性、斑块状或点状出血，黏膜表面或胃内容物内含有游离的血液。时间稍久，血液渐呈棕黑色，与黏液混在一起成为一种淡棕色的黏稠物，附着在胃黏膜表面。镜检：黏膜固有层、黏膜下层毛细血管扩张、充血，红细胞局灶性或弥漫分布于整个黏膜内。

3. 纤维素性-坏死性胃炎 以胃黏膜糜烂、溃疡，黏膜表面覆盖大量纤维素性渗出物为特征。

（1）病因和机理。由较强烈的致病刺激物、应激、病原微生物和寄生虫感染等引起，如猪应激性溃疡、猪瘟、鸡新城疫、沙门菌病、坏死杆菌病及化脓菌感染等。

（2）病理变化。胃黏膜表面被覆一层灰白或灰黄色纤维素性薄膜。浮膜性炎时，伪膜易剥离，剥离后，黏膜表面充血、肿胀、出血；固膜性炎时，纤维素膜与组织结合牢固，不易剥离，强行剥离则见糜烂和溃疡。镜检：黏膜表面、黏膜固有层甚至黏膜下层有大量纤维素渗出，黏膜上皮坏死、脱落，黏膜固有层和黏膜下层充血、出血，有大量多形核中性粒细胞等浸润。若继发感染化脓菌，则转为化脓性胃炎，黏膜表面覆盖物为脓性分泌物。

（二）慢性胃炎

1. 病因和机理 多由急性胃炎发展转变而来，少数由寄生虫（猪蛔虫，马胃蝇的幼虫，牛、羊真胃捻转血矛线虫）寄生所致。

2. 病理变化 胃黏膜表面被覆大量灰白色、灰黄色黏稠的液体，皱褶显著增厚。由于增生性变化，使全胃或幽门部黏膜肥厚，称肥厚性胃炎。初期黏膜固有层腺体与黏膜下层的结缔组织呈不均匀增生，使黏膜表面呈高低不平的颗粒状，称颗粒性胃炎，多发于胃底腺部。后期随着病变的发展，增生的结缔组织发生疤痕性收缩，腺体、肌层、胃黏膜萎缩变薄，胃壁由厚变薄，皱襞减少，称萎缩性胃炎。

镜检：黏膜固有层、黏膜下层腺体、结缔组织增生，并有多量炎性细胞浸润。部分固有层的部分腺体受增生的结缔组织压迫而萎缩，部分存活的腺体则呈代偿性增生。腺体的排泄管也因受增生的结缔组织压迫而变得狭长或形成闭塞的小囊泡。后期胃黏膜萎缩，肌层也发生萎缩。

二、肠　　炎

（一）急性肠炎

1. 急性卡他性肠炎 以肠黏膜充血和大量浆液、黏液渗出为特征。

（1）病因和机理。饲料粗糙、霉败、搭配不合理，饮水过冷、不洁，误食有毒植物，滥用抗生素导致肠道正常菌群失调，病毒、细菌、寄生虫感染等，均可引发本病。

（2）病理变化。肠黏膜表面有大量半透明无色浆液或灰白色、灰黄色黏液，肠黏膜潮红、肿胀，伴有斑点状出血，肠壁孤立淋巴滤泡和淋巴集结肿胀，形成灰白色结节，呈半球状突起。镜检：黏膜上皮变性、脱落，黏液分泌增多，杯状细胞显著增多。黏膜固有层毛细血管扩张、充血和浆液渗出，伴有大量中性粒细胞及数量不等的组织细胞、淋巴细胞浸润，有时可见出血性变化。

2. 出血性肠炎　以肠黏膜明显出血为特征。

（1）病因和机理。化学毒物（如牛、羊误食夹竹桃叶子）引起的中毒，微生物感染（炭疽、犬细小病毒性肠炎、仔猪红痢、羊肠毒血症）或寄生虫侵袭（鸡、兔球虫病）。

（2）病理变化。肠内容物混有血液，呈淡红色或暗红色，肠黏膜肿胀，有点状、斑块状或弥漫性出血，黏膜表面覆盖多量红褐色黏液，有时有暗红色凝血块。镜检：黏膜上皮和腺上皮变性、坏死和脱落，黏膜固有层和黏膜下层血管明显扩张、充血、出血和炎性渗出。

3. 化脓性肠炎　以中性粒细胞渗出和肠壁组织脓性溶解为特征。

（1）病因和机理。由各种化脓菌经肠黏膜损伤部或溃疡面侵入引起。

（2）病理变化。肠黏膜表面被覆多量脓性渗出物，有时形成大片糜烂和溃疡。镜检：肠黏膜固有层和肠腔内有大量中性粒细胞，毛细血管充血、水肿，黏膜上皮细胞变性、坏死和大量脱落。

4. 纤维素性肠炎　以肠黏膜表面被覆纤维素性伪膜为特征。

（1）病因和机理。多与病原微生物感染有关，如猪瘟、仔猪副伤寒、鸡沙门菌病、猪坏死性肠炎、鸡新城疫、小鹅瘟等。

（2）病理变化。初期肠黏膜充血、出血和水肿，表面有多量灰白色、灰黄色絮状、片状、糠麸样纤维素性渗出物，形成伪膜被覆于黏膜表面。有的伪膜易于剥离，剥离后黏膜充血、水肿，表面光滑。肠黏膜表面仅有浅层坏死，称为浮膜性肠炎；如果肠黏膜发生深层坏死，渗出的纤维性伪膜与黏膜深部组织牢固结合，不易剥离，强行剥离后，可见黏膜出血和溃疡，称固膜性肠炎，也称为纤维素性坏死性肠炎，以亚急性、慢性猪瘟在大肠黏膜表面形成的"扣状肿"最为典型。

镜检：病变部位肠黏膜上皮脱落，渗出物的黏液中混有大量纤维素和中性粒细胞，黏膜层、黏膜下层小血管充血、水肿和炎性细胞浸润。固膜性肠炎时大量渗出的纤维蛋白和坏死组织融合在一起，黏膜及黏膜下层因凝固性坏死而失去固有结构，坏死组织周围有明显充血、出血和炎性细胞（中性粒细胞、浆细胞、淋巴细胞等）浸润。

（二）慢性肠炎

1. 病因和机理　多由急性肠炎转化而来，也可由长期饲养管理不当，肠内大量寄生虫寄生或其他致病因子所引起。

2. 病理变化　肠腔臌气（肠管蠕动减弱、排气不畅），肠黏膜增厚，被覆多量黏液。有时因结缔组织增生不均而使黏膜表面呈现高低不平的颗粒状或形成皱褶。

如果病程较长，黏膜萎缩，增生的结缔组织收缩，肠壁变薄。镜检：黏膜上皮细胞变性、坏死、脱落，肠腺萎缩或完全消失，肠腺之间结缔组织增生，有时侵及肌层及浆膜层，伴有淋巴细胞、浆细胞、组织细胞浸润，有时有嗜酸性粒细胞浸润。

任务八　肾脏病理

一、肾小球肾炎

1. 病因和机理　多发于某些传染病过程中，如猪瘟、猪丹毒、马传染性贫血等均可伴发肾小球肾炎，可分为两种类型。

（1）免疫复合物性肾小球肾炎。外源性抗原（如细菌、真菌、血吸虫、原虫、异种血清、磺胺类药物等）或内源性抗原（如自身组织破坏而产生的变性物质等）刺激机体产生相应的抗体，形成抗原-抗体复合物，随血液循环沉积在肾小球滤过膜的一定部位。大分子的抗原-抗体复合物被巨噬细胞吞噬而清除；小分子、可溶性的抗原-抗体复合物能通过肾小球滤过膜随尿排出体外；只有中等大小的可溶性抗原-抗体复合物能在血液循环中保持较长时间，随血液流入肾脏，沉积在肾小球毛细血管壁的基底膜上，引起炎症反应。

（2）抗肾小球基底膜抗体型肾小球肾炎。在感染或其他因素作用下，肾小球基底膜形成抗原（自身抗原），刺激机体产生抗自身基底膜的抗体，损害肾小球。

2. 病理变化

（1）急性肾小球肾炎。肾肿大、充血，包膜紧张易剥离，表面光滑，呈棕红色，故称"大红肾"。若肾小球毛细血管出血，肾脏表面及切面可见散在的小出血点（彩图 37）。肾皮质增厚，纹理模糊，与髓质分界清楚。

镜检：肾小球内皮细胞、系膜细胞、壁层上皮细胞肿胀增生，中性粒细胞、巨噬细胞及淋巴细胞浸润。增生的细胞压迫毛细血管，使肾小球呈缺血状。严重者，毛细血管腔内有血栓形成，毛细血管纤维素样坏死，毛细血管破裂出血，大量红细胞进入肾球囊腔。肾小管上皮颗粒变性、玻璃样变性或脂肪变性，从肾小球滤过的蛋白质、红细胞、白细胞和脱落的上皮细胞在肾小管内凝集成各种管型。肾间质内有不同程度的充血、水肿及少量淋巴细胞和中性粒细胞浸润。

（2）亚急性肾小球肾炎。多由急性肾小球肾炎转化而来，眼观：肾脏体积增大，被膜紧张，质度柔软，颜色苍白或淡黄色，俗称"大白肾"。切面隆起，皮质增宽，苍白色、混浊，与颜色正常的髓质分界明显。

镜检：突出的病变为大部分肾球囊上皮细胞增生，在肾球囊内毛细血管丛周围形成"新月体"（彩图 38）。早期"新月体"主要由细胞构成，称为"细胞性新月体"。然后上皮细胞之间逐渐出现新生的纤维细胞，纤维组织逐渐增多形成"纤维-细胞性新月体"。最后"新月体"内的上皮细胞和渗出物完全由纤维组织替代，形成"纤维性新月体"。"新月体"形成会压迫毛细血管丛，影响血浆从肾小球滤过，最后毛细血管丛萎缩、纤维化，整个肾小球呈纤维化玻璃样变。肾小管上皮细胞广泛颗粒变性，由于蛋白质的吸收形成细胞内玻璃样变。病变肾单位所属肾小管上皮细胞萎缩甚至消失。间质水肿，炎性细胞浸润，后期发生纤维化（图 13-6）。

（3）慢性肾小球肾炎。肾脏体积缩小，质地变硬，表面高低不平，呈弥漫性细颗粒状，颜色苍白，故称颗粒性固缩肾或皱缩肾。肾包膜与皮质粘连，切面见皮质变薄，纹理模糊不清，皮质与髓质分界不明显（彩图 39）。

镜检：大量的肾小球被增生的结缔组织所取代而发生纤维化，进而发生玻璃样变，所属的肾小管也萎缩消失，纤维化。间质纤维组织明显增生，并有大量淋巴细胞和浆细胞浸润（彩图 40）。

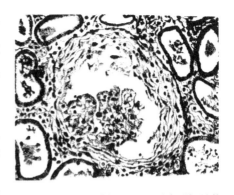

图 13 - 6　肾小球囊上皮增生形成"新月状"

二、肾　病

因各种内、外源性毒物随血液流入肾脏，直接损害肾小管上皮细胞，使肾小管上皮细胞变性、坏死的一种病变。

1. 坏死性肾病（急性肾病）　多见于急性传染病和中毒病。眼观两侧肾脏肿大，质地柔软，颜色苍白。切面稍隆起，皮质部略有增宽，呈苍白色，髓质淤血，暗红色。镜检：肾小管上皮细胞变性、坏死、脱落，管腔内出现颗粒管型和透明管型。动物因肾小管上皮细胞变性、坏死引发肾功能衰竭而死亡。

2. 淀粉样肾病（慢性肾病）　多见于一些慢性消耗性疾病。眼观：肾脏肿大，质地坚硬，色泽灰白，切面呈灰黄色半透明的蜡样或油脂状。镜检：肾小球毛细血管、入球动脉、小叶间动脉及肾小管的基底膜上有大量淀粉样物质沉着。病变区肾小管上皮细胞变性和坏死。病程稍长，可见间质结缔组织广泛增生。

任务九　骨、关节、肌肉病理

一、骨和关节病理

（一）佝偻病和骨软症

1. 病因和机理　母乳或饲料中钙、磷含量不足或比例不当，维生素 D 缺乏或吸收障碍，光照不足或肝、肾功能障碍影响维生素 D 及其衍生物的转化生成。

2. 病理变化　早期病变不明显，后期长骨的骨端、肋胸关节肿大。严重时四肢骨因负重而弯曲，产生弓腿；肋骨和肋软骨交界处呈结节状隆起，形成串珠状的"佝偻珠"（彩图 41）；脊柱弯曲，胸骨变形；牙齿排列紊乱、磨损程度不均匀；有时骨外膜形成骨赘，或骨髓腔变小。

镜检：病变局部有数量较多的、肥大的骨骺软骨细胞堆积，使软骨带加宽，软骨细胞突呈岛屿状或舌状向骨干侧生长，使骨骺线变宽且不齐。其他部位的骨内膜和骨外膜也有大量未钙化的骨样组织，软骨细胞增多。在骨软症时，因已形成的骨组织脱钙，而形成大小不等、形态各异的陷窝，使骨组织失去正常的结构。

（二）关节炎

1. 病因和机理 多因关节创伤、感染引起，也可由相邻部位（骨髓、皮肤、肌肉）的炎症蔓延而发病。风湿性关节炎是一种变态反应性疾病，类风湿性关节炎则是一种慢性、全身性、自身免疫性疾病。

2. 病理变化 急性关节炎时关节肿胀，关节腔内聚有浆液性、纤维素性或化脓性渗出物，滑膜充血、增厚。若关节囊内充满的是稀薄、无色或淡黄色的浆液称浆液性关节炎（彩图 42）；充满的是黄白色纤维蛋白称纤维素性关节炎；充满的是脓性液体称化脓性关节炎。慢性关节炎时关节明显粗大，关节及周围结缔组织呈慢性纤维性增生甚至发生骨化，两骨端被新生骨化组织完全愈着。

二、肌肉病理

（一）白肌病

1. 病因和机理 饲料中长期缺乏硒和或维生素 E。

2. 病理变化 病变见于负重较大的肌肉和持续活动的肌肉。眼观：骨骼肌肌间结缔组织水肿，肌肉肿胀、色变淡，单个肌组织或整个肌群出现黄白色条纹状的坏死病变。心肌呈黄白色斑块状或弥漫状，心肌柔软，有时有斑点或条纹状出血。机化后，心壁变薄。镜检：肌纤维肿胀、变性，横纹消失，甚至断裂成长短不一的节片；肌间水肿。后期肌纤维消失，肌纤维蜡样坏死区有巨噬细胞、淋巴细胞及浆细胞浸润，并有较多成纤维细胞增生。

（二）猪应激性肌病

1. 病因和机理 肉猪宰前受到各种刺激（如捆绑、运输、电刺激等），而发生应激反应。

2. 病理变化 猪肉色泽苍白、质地松软和肉汁渗出，称 PSE 猪肉（Pale soft Exuodative Meat），俗称"白肌肉"，镜检可见肌纤维变性、横纹不清，肌纤维间水肿，但不见炎性细胞浸润。猪腿肌坏死（LMN）的肌肉呈粉红或苍白色，水肿、出血，质地变硬，镜检变化是肌纤维肿胀变圆，出现"粗大纤维"，肌纤维肌浆溶解，巨噬细胞吞噬肌浆。肌纤维间有炎性细胞浸润，坏死肌纤维可发生钙化或再生，可见肌芽和结缔组织。

（三）寄生虫性肌炎

1. 肉孢子虫病 由肌肉内寄生不同种类的肉孢子虫引起，能在肌肉中检查到肉孢子虫虫体即米氏囊。

2. 旋毛虫肌炎 旋毛虫的幼虫（肌旋毛虫）寄生于动物肌肉组织中引起的肌炎，呈小结节状。

3. 囊虫（囊尾蚴）病 猪囊尾蚴寄生于骨骼肌和其他部位肌组织引起。肉眼可见石榴米样的小泡状囊尾蚴寄生于感染肌肉中。牛囊尾蚴见于牛科动物，眼观所见和猪囊尾蚴相似。

任务十　生殖器官病理

一、卵巢病变

（一）卵巢炎

1. 急性卵巢炎　继发于产后输卵管炎或由腹膜炎波及而来。眼观卵巢肿大、柔软，并有炎性渗出物，有时覆盖大量纤维素或散在出血斑点。化脓性炎症时，可见卵巢表面和实质内有小脓肿。

2. 慢性卵巢炎　多继发于急性卵巢炎，也有一开始即呈慢性经过。卵巢实质变性，淋巴细胞和浆细胞浸润，结缔组织增生，卵巢白膜增厚，体积缩小，质地变硬，称卵巢硬化。

（二）卵巢囊肿

1. 卵泡囊肿　成熟的卵泡没有破裂而形成的囊肿。呈单发或多发，发生于一侧或两侧卵巢，囊肿大小不等，从核桃大到拳头大。囊肿壁薄而致密，内含透明液体，其中含有少量白蛋白。镜检：囊肿内一般不见卵细胞，囊肿膜萎缩，囊肿内壁为扁平细胞，有时囊壁细胞完全消失。

2. 黄体囊肿　是由黄体的中心部呈囊泡状扩张所形成的囊肿，多为单侧发生。因颗粒层黄体色素细胞内含有黄色素，故囊肿呈黄色。囊肿有核桃大至拳头大，囊内容物为透明液体，常伴发出血。

二、子宫内膜炎

1. 病因和机理　动物分娩或产后感染，或全身性感染或局部炎症经血行感染。也可因冲洗子宫时药物刺激或机械损伤所致。

2. 病理变化

（1）急性卡他性子宫内膜炎。子宫腔内积有混浊、黏稠、灰白或褐红色的渗出物，子宫内膜呈弥漫性或局灶性潮红肿胀，有散在的出血点或出血斑。有时黏膜表面覆盖纤维素性伪膜。镜检：子宫内膜血管扩张充血，有时可见散在性出血和血栓形成。内膜表层的子宫腺腺管水肿，腺管内及周围有中性粒细胞、巨噬细胞和淋巴细胞浸润。内膜上皮细胞（包括浅层子宫腺上皮）变性、坏死和脱落。严重时，内膜组织坏死，并混有纤维素和红细胞，子宫肌层甚至浆膜层也有炎性细胞浸润和水肿，肌纤维变性或坏死。

（2）慢性非化脓性子宫内膜炎。初期呈轻微的急性卡他性子宫内膜炎变化，继之淋巴细胞、浆细胞浸润，并有成纤维细胞增生，内膜增厚，肥厚部分呈息肉状隆起称慢性息肉性子宫内膜炎。内膜上出现大小不等的囊肿，呈半球状隆起，内含白色混浊液体，称为慢性囊肿性子宫内膜炎。黏液腺及增生的结缔组织萎缩，黏膜变薄，称为萎缩性子宫内膜炎。

（3）慢性化脓性子宫内膜炎。由化脓性细菌感染而引起。子宫扩张，腔内蓄积大量脓液，触之有波动感。脓液可呈黄色、绿色或红褐色，脓液稀薄或混浊浓稠、有时呈干酪样。子宫内膜多覆盖坏死组织碎屑，刮落后可见糜烂或溃疡灶。镜检：子宫内膜坏死脱落，有大量炎性细胞（中性粒细胞、淋巴细胞和浆细胞）浸润，随后浸润的细胞与内膜组织共同发生脓性溶解和坏死脱落，在坏死组织中可检出感染菌。

三、乳 腺 炎

（一）急性弥漫性乳腺炎

1. 病因和机理 病原体为葡萄球菌、大肠杆菌或链球菌、葡萄球菌、大肠杆菌的混合感染。

2. 病理变化 浆液性乳腺炎，切面湿润有光泽，乳腺小叶呈灰黄色，小叶间质及皮下结缔组织炎性水肿和血管扩张充血。卡他性乳腺炎，切面湿润，乳腺小叶肿大呈淡黄色颗粒状，按压时，自切口流出混浊脓样渗出物。出血性乳腺炎，切面平坦，呈暗红色或黑红色，自切口流出淡红色或血样稀薄液体，常混有絮状血凝块，输乳管和乳池黏膜常见出血点。纤维素性乳腺炎，切面干燥，质硬，呈白色或灰黄色。化脓性乳腺炎，乳池和输乳管内有灰白色脓液，黏膜糜烂或溃疡。

镜检：浆液性乳腺炎，可见腺泡腔内有均质带有空泡（脂肪滴）的渗出物，其中混有少数脱落上皮和中性粒细胞，腺泡上皮细胞颗粒变性、脂肪变性和脱落，小叶间及腺泡间有明显的炎性水肿、血管充血和中性粒细胞浸润。卡他性乳腺炎，腺泡腔及导管内有多量脱落上皮细胞和白细胞浸润（中性粒细胞、单核细胞、淋巴细胞），间质水肿并有细胞浸润。出血性乳腺炎，腺泡腔及导管内蓄积红细胞，上皮细胞变性和脱落，间质内亦有红细胞，血管充血，有时可见血栓形成。纤维素性乳腺炎，腺泡腔内有网状纤维素，同时上皮细胞变性脱落，少量的中性粒细胞和单核细胞浸润。化脓性炎，腺泡及导管系统的上皮细胞显著坏死脱落，并形成组织缺损，管腔内的渗出物中有大量坏死崩解组织、中性粒细胞和脓球，间质内亦有大量中性粒细胞浸润。

（二）慢性弥漫性乳腺炎

1. 病因和机理 常见于牛，多由无乳链球菌和乳腺炎链球菌引起。

2. 病理变化 初期乳叶肿大、硬实，乳池和输乳管黏膜充血，呈颗粒状，管腔内充满黄褐色或黄绿色脓样液体，常混有血液，或为带乳块的浆液性分泌物，乳腺小叶灰黄色或灰红色，肿大并凸出于切面，按压时流出混浊的脓样液体。后期则转变为增生性炎症，表现为间质结缔组织显著增生，病变部乳腺显著缩小硬化。

镜检：初期在腺泡、输乳管和乳池的渗出物中检出脂肪溶解后的空泡，混有脱落上皮和中性粒细胞。间质水肿及中性粒细胞和单核细胞浸润，以后以淋巴细胞、浆细胞为主，并有成纤维细胞增生。输乳管及乳池黏膜因炎性细胞浸润及上皮细胞增生而肥厚，并形成皱襞或疣状突起。最后，增生的结缔组织纤维化和收缩，输乳管和乳池被牵引而显著扩张，上皮萎缩或化生为鳞状上皮。

四、睾 丸 炎

1. 急性睾丸炎 因外伤或血源性感染引起，或由尿道经输精管感染发病。病原菌有化脓菌、坏死杆菌、布鲁菌、马流产菌等。

眼观：睾丸红肿，被膜紧张变硬，切面湿润多汁、实质隆突，炎症波及被膜，可引起睾丸鞘膜炎，有时见有大小不等的凝固性坏死灶或化脓灶。镜检：细精管内及间质有炎性细胞（中性粒细胞、淋巴细胞及浆细胞等）浸润，血管充血和炎性水肿，并见组织坏死。

2. 慢性睾丸炎 多由急性炎症转化而来，以局灶性或弥漫性肉芽组织增生为特征。睾丸体积不变或缩小，质硬，表面粗糙，被膜增厚，切面干燥，常有钙盐沉着。伴有鞘膜炎时，因机化使鞘膜脏层和壁层粘连。

此外，结核分枝杆菌、布鲁菌、鼻疽杆菌等特定病原菌还可引起特异性睾丸炎，病原多源于血源散播，病程多取慢性经过。

任务十一　脑、脊髓病理

一、脑　　炎

1. 化脓性脑炎 引起化脓性脑炎的病原体主要是细菌，如葡萄球菌、链球菌、棒状杆菌、巴氏杆菌、李氏杆菌、大肠杆菌等，多为血源性和组织源性感染。

化脓性脑炎在脑组织中形成微细脓肿到眼观可见的脓肿，单发或多发，但很少出现大范围的化脓性浸润。脓肿壁呈絮状的软化组织，浸润有大量中性粒细胞。毛细血管周围可由中性粒细胞形成袖套。陈旧的脓肿灶周围由神经胶质细胞及结缔组织增生形成包囊。

2. 非化脓性脑炎

（1）病毒性脑炎。病变主要在脑脊髓实质，脑脊髓膜变化轻微。多见于乙型脑炎、狂犬病、伪狂犬病、猪瘟、犬瘟热、鸡新城疫、禽脑脊髓炎等。

眼观：软脑膜充血水肿，脑回变短、变宽，脑沟变浅，切面充血、水肿，严重者可见点状出血及粟粒至米粒大小的软化灶，软化灶可以散在或聚集成群。镜检：脑血管扩张充血，血管内皮细胞肿胀，血管周围有浆液渗出，间隙增宽，由淋巴细胞、单核细胞等构成袖套。神经细胞变性、坏死，数量减少，神经胶质细胞呈弥漫性或局灶性增生。由于病原的不同，还有某些特异病变，如狂犬病的脑神经细胞细胞质内可见包含体。

（2）嗜酸性粒细胞性脑炎。多发于鸡、猪，主要由于摄入含盐过多的饲料引起。

眼观：软脑膜充血，脑回变平，脑实质有小出血点，其他病变不明显。镜检：大脑软脑膜充血、水肿，有时出血。脑膜及灰质内血管周围有嗜酸性粒细胞构成的血管套，多者达十几层。脑实质毛细血管内常形成微血栓。大脑灰质的另一变化是发生急性层状或假层状坏死与液化，发生在灰质的中层。有时第三、四、六层还可见散在的微细海绵状空腔化区。

二、脑 软 化

脑软化是指脑组织坏死后分解液化的过程。引起脑软化的病因很多，如细菌、病毒等病原微生物感染、维生素缺乏、缺氧等。由于病因不同，脑软化形成的部位、大小及数量具有某些特异性。

1. 雏鸡脑软化 又称疯狂病，由维生素 E 缺乏引起。该病通常发生于 15～30 日龄，特征为病鸡运动失调，头后仰或向下收缩，运动吃力，共济失调，鸡腿快速地收缩与松弛，最终因完全衰竭而死亡。未见腿和翅的完全麻痹。

眼观：小脑软而肿胀，脑膜水肿，表面有微细出血点，脑回被挤平。病灶小时，肉眼不能分辨。脑软化症状出现 1～2 d 后，坏死区即出现绿黄色不透明外观。纹状体坏死组织常显苍白、肿胀和湿润，早期就与正常组织分界明显。镜检：脑膜、小脑、大脑血管充血，并发展为水肿。因毛细血管内微血栓形成而引起坏死。神经细胞变性，尤以浦金野细胞和大运动核里的神经元病变最明显，细胞皱缩并深染，核呈典型的三角形，周边染色质溶解。

2. 牛海绵状脑病 又称疯牛病，是由朊病毒引起的一种具有传染性的人兽共患病。

病理变化主要在中枢神经系统。眼观病变不明显。镜检见脑干灰质两侧对称性变性。在脑干的某些神经核的神经元和神经纤维网中散在分布有中等大小呈卵圆形或圆形的空泡，其边缘整齐，很少形成不规则的孔隙。脑干的迷走神经背核、三叉神经束核、孤束核、前庭核、红核网状结构等神经细胞核周围和轴突内含有一个或多个大空泡，有时明显扩大致使胞体呈气球样，使局部呈海绵状结构。延髓、中脑的中央灰质部，下丘脑的室旁核区以及丘脑的中隔区是空泡变性最严重的部位，而小脑、海马、大脑皮层和基底神经节通常很少形成空泡。在神经细胞内可见类脂质-脂褐素颗粒沉积。此外，神经元变性及丧失使神经元数目减少，还有神经胶质增生、胶质细胞肥大等变化。

实 践 应 用

1. 简述皮肤炎症、丘疹、疱疹的病理变化特征并列举其常见疾病。
2. 描述急性浆液性、出血性淋巴结炎的病理变化特征并列举其常见疾病。
3. 试述心包炎、心肌炎、心内膜炎的常见原因、类型和病理特征。
4. 上呼吸道炎症多见于哪些传染病？
5. 描述支气管肺炎的病理变化特征，说明其常发原因。
6. 描述纤维素性肺炎的不同阶段病理变化特征，其结局和对机体影响如何？
7. 急性炎性脾肿的病理变化特征是什么？常见于哪些传染病？
8. 肝炎的原因和病理变化特征是什么？
9. 试述胃炎、肠炎的类型及其病理变化特征，列举其常见疾病。
10. 试述肾炎的类型及其常见的疾病。

11. 描述卵巢炎、子宫内膜炎和乳腺炎的病理变化特征。

12. 试述白肌病的病理变化特征。

历年执业兽医师考试真题

(2009) 66. 肝硬化的后期组织学病变特点是（　　）。　　　　**答案：D**

A. 肝水肿　　　　　　　　　　B. 肝窦扩张、淤血

C. 肝细胞大量坏死

D. 假小叶生成和纤维化

E. 胆管上皮呈乳头状增生

(2009) 67. 发生急性猪丹毒时，脾脏的病变是（　　）。　　　**答案：A**

A. 急性脾炎　　　　　　　　　B. 慢性脾炎

C. 化脓性脾炎　　　　　　　　D. 坏死性脾炎

E. 出血性梗死

(2010) 69. 支气管肺炎的始发病灶位于（　　）。　　　　　**答案：D**

A. 肺大叶　　　　　　　　　　B. 肺泡壁

C. 肺小叶间质　　　　　　　　D. 肺支气管周围

E. 细支气管或肺小叶

(2013) 79. 大叶性肺炎的病变本质是（　　）。　　　　　　**答案：B**

A. 浆液性炎　　　　　　　　　B. 纤维素性炎

C. 化脓性炎　　　　　　　　　D. 出血性炎

E. 增生性炎

(2013) 80. 发生急性猪瘟时，脾脏的病变特征是（　　）。　　**答案：D**

A. 急性脾炎　　　　　　　　　B. 慢性脾炎

C. 化脓性脾炎　　　　　　　　D. 坏死性脾炎

E. 出血性梗死

(2016) 53. 在下列疾病中，鸡痛风常见于（　　）。　　　　　**答案：A**

A. 鸡肾型传染性支气管炎　　　B. 鸡新城疫

C. 鸡流感　　　　　　　　　　D. 雏鸡脑软化

E. 鸡传染性脑脊髓

(2019) 64. 维生素E或硒缺乏可引起鸡小脑发生（　　）。　　**答案：C**

A. 非化脓性脑炎　　　　　　　B. 化脓性脑炎

C. 脑软化　　　　　　　　　　D. 脑脊髓炎

E. 脑膜脑炎

(2020) 76. 一病犬，临床检测肝功能指标升高，尸体剖检见肝表面散有灰白色　　**答案：A**
小斑点；镜检可见肝实质中散在大小不一的坏死灶，汇管区有大量淋巴
细胞浸润，该犬的肝脏病变为（　　）。

A. 变质性肝炎　　　　　　　　B. 化脓性肝炎

C. 寄生虫性肝炎　　　　　　　D. 出血性肝炎

E. 中毒性肝炎

答案：E　　（2021）65. 原发性肾小球肾炎的发病机制是（　　）。

　　A. 内源性毒物质损伤　　　　B. 外源性毒物质损伤

　　C. 应激反应　　　　　　　　D. 缺血损伤

　　E. 变态反应

项目十四
临床病理

学习目标

能识别临床上各种营养与代谢病、中毒性疾病、细菌性传染病、病毒性传染病、寄生虫病的病理变化；能分析上述几种疾病的发生原因和机理。

任务一 营养与代谢病病理

一、维生素 A 缺乏症

1. 原因及发病机理 动物体内的维生素 A 来源于一切绿色植物和黄色根茎及黄玉米中。在草食动物小肠内被吸收。大多数动物对维生素 A 需要量较低，多余者储藏在肝脏中。食入过量维生素 A 并超过肝脏储藏能力时，可引起中毒。维生素 A 对上皮的正常形成、发育及维持十分重要。当维生素 A 缺乏时，黏膜细胞中的糖蛋白生物合成受阻，改变了黏膜上皮的正常结构，导致所有的上皮细胞萎缩，特别是具有分泌机能的上皮细胞被复层角化上皮细胞取代，常导致胎盘变形、眼干燥、角膜变化等临床症状。维生素 A 可维持成骨细胞和破骨细胞的正常位置和活动，缺乏时，成骨细胞活性增高，导致骨皮质内钙盐过度沉积，软骨内骨形成失调，特别是骨的细致造型不能正常进行，骨质肥厚腔隙缩小，可造成神经系统严重的损伤。

维生素 A 缺乏的原因有三种：①缺乏青绿饲料、黄玉米、胡萝卜等，或饲料收获、储存不良，存放时间过长，导致胡萝卜素破坏；②胆汁或胰液分泌障碍或因腹泻、慢性肠炎时，可致肠道不能吸收维生素 A；③存在氯化萘等维生素 A 的对抗物，干扰其代谢。

2. 病理变化 维生素 A 缺乏可引起上皮结构受损，骨和牙齿生长障碍，畸胎和神经系统病变。

（1）上皮的完整性受损。视网膜感暗光的锥体细胞中的视紫质因缺乏维生素 A 不能再合成，感暗光机能减退，引起夜盲。眼结膜和泪腺上皮化生为复层鳞状上皮，导致干眼症，可继发结膜炎、角膜炎症或溃疡。唾液腺小叶间导管化生，因分泌物停滞并继发感染，可引起犊牛和猪化脓性涎腺炎。猪膀胱黏膜化生，眼观黏膜上有 1～2 mm 大小结节，并易引起尿结石。对于鸡，常可造成口腔、咽部、食管甚至嗉囊黏膜表面形成多量 1～2 mm 大小白色脓疱样结节，有的可见溃疡、干酪样坏死或白喉样伪膜，部分堵塞鼻腔、喉头和声门。

（2）齿、肾和骨骼生长障碍。因成牙质细胞分化不当，齿质形成不规则，出牙延长或不出牙。母猪肾异位、畸形或纤维化。扁骨生长受损，使颅骨和脊髓管的容积相对变小。骨形成失调，出现长骨变短和骨骼变形。

（3）畸胎、神经系统受损。维生素 A 缺乏可引起母畜（猪、牛）发生流产、死胎、胎儿畸形。犊牛视神经孔狭窄而使视神经萎缩和纤维化。小脑膜骨性增厚，小脑呈圆锥状，大脑水肿。

二、维生素 D 缺乏症

1. 原因及发病机理　维生素 D 是一种固醇类衍生物，脂溶性，有 6～8 种，其中与动物营养最为密切的是维生素 D_2（麦角骨化醇）和维生素 D_3（胆固化醇）两种。主要是调节血钙浓度、促进骨骼正常钙化。维生素 D_3 主要来源于饲料，动物皮肤颗粒层中的 7-脱氢胆固醇在紫外线照射下，也可转变为维生素 D_3，储存在肝脏。维生素 D 缺乏时，小肠对钙、磷的吸收和运输降低，血钙、血磷水平下降。低血钙可引起破骨细胞活性加强，使钙盐溶出，同时抑制肾小管对磷的重吸收，结果血液中钙磷沉积降低，钙、磷不能在骨生长区的基质中沉积转化为骨质，引起幼畜佝偻病。对于成年动物，因骨盐不断溶解而发生骨软症。

2. 病理变化

（1）佝偻病。为幼畜生长性骨骼疾病，可因饲料中维生素 D 或磷缺乏，影响钙、磷的吸收和血液内钙、磷的平衡而引起本病。主要病变表现为：软骨不能钙化，骨化线呈锯齿状；骨干比正常短，骨髓腔狭窄，长骨因负重而弯曲或骨折；关节肿大，在肋软骨连接处出现一排珠状干骺端（佝偻珠）；颅骨比正常更呈圆顶状，囟门可能仍然开放，骨缝增宽。

（2）骨软症。为成年动物骨骼代谢病。其原因可能为饲料中维生素 D 含量低，舍饲动物受阳光照射少，妊娠和泌乳使维生素 D 流失等。其病变特征为大量类骨质聚积，使骨骼变软变形，骨盆腔狭窄，胸腔扁平，胸骨凸出。骨髓腔增大并可能延伸到骨骺，骨皮质变薄，多孔状。动物表现为低血钙。

三、维生素 E 和硒缺乏症

1. 原因及发病机理　维生素 E 和硒常同时缺乏。缺硒多与土壤有关，如多石灰质性、玄武岩性土壤，因硒含量低，其生长的植物含硒也低。此外，某些治疗药物、矿物添加剂与硒络合而诱发本病。有研究认为，饲料中硒含量低于 0.05 mg/kg 时就会引起 40 多种动物的 20 多种缺硒病的发生，但饲料中硒含量高于 0.5 mg/kg 时则可发生硒中毒。维生素 E 缺乏则多由于饲料变质、动物性饲料中含有不饱和脂肪酸等引起。

维生素 E 和含硒酶（谷胱甘肽过氧化物酶）都有抗氧化和抗自由基作用。硒还可以促进淋巴细胞增生，增强动物对传染病的抵抗力。维生素 E 和硒缺乏时，动物机体在氧化过程中不断形成的过氧化物和自由基，可引起细胞膜的过氧化作用与蛋白质分子的损伤，从而损伤细胞，造成血管通透性增高，血液外渗，神经内分泌机能和繁殖机能障碍等。

2. 病理变化

（1）牛、羊。犊牛、羔羊营养性肌萎缩，四肢僵硬，犊牛走路时常伴有跗关节的旋转运动，羔羊则表现为僵硬的鹅步或踩高跷步态，肌肉颤抖。触摸肌肉有硬感，似橡胶，并常见肿胀。严重病例，由于肌肉损害，致使肩胛骨上缘凸出甚至高于背中线，并且远离胸壁，腕关节和掌关节松弛。无力抬头，吞咽困难，舌无力，腹肌松弛，饮水时常发生呛噎。尸体剖检病变以骨骼肌与心肌钙化为主。心外膜与心内膜下有白色刷状条纹，钙化处呈不透明乳白色。有的在大腿和肩胛部肌肉中也有病变，呈双侧对称。

（2）猪。猪缺硒和维生素 E 时有三种表现形式。

① 白肌病。常侵犯 6～20 周龄仔猪，主要病变为骨骼肌颜色苍白，镜检见肌纤维变性。

② 桑葚心病。心脏表面广泛出血，状如桑葚，心外膜和心内膜面有苍白坏死条纹与斑点伸入心肌。全身多处小动脉壁形成透明血栓或纤维素变性。

③ 营养性肝病。肝肿大，灰白色坏死区与深红色出血区呈镶嵌状，残存的肝小叶呈黄褐色。此外还可见心肌、骨骼肌变性，体脂呈黄褐色，皮下普遍发生水肿。

（3）鸡。主要病症有三种：渗出素质病、肌肉营养性病变和胰脏营养性萎缩。渗出素质病：发病一般在 3～6 周龄；皮下、肌间间质水肿与出血，尤以胸、腹部最为严重，呈褐红色或蓝色；病雏常发生贫血和低蛋白血症，生长缓慢。肌肉营养性病变（白肌病）：特征是虚弱、运动困难，腿、颈、胸等处肌肉及肌胃壁中，可见对称性、与肌纤维平行的灰黄色条纹，大部分雏鸡心室壁有灰白色条纹；镜检可见横纹肌发生变性、坏死。胰脏营养性萎缩：症状特征为胰脏硬化、萎缩，且胰脏机能消失，病鸡生长受阻，羽毛生长不良。

任务二　中毒病病理

一、氨 中 毒

1. 原因及发病机理　氨中毒是指由氨合成的铵态和部分硝态的氮素肥料，以及由厩肥和其他来源的氨所引起的一种中毒性疾病。化肥保管不严而被动物误食误饮、氨化饲料处理不当或用尿素喂牛过量，可使氨经消化道吸收而中毒；装有液氨或氨水的容器密闭不严或有损坏，氨气逸出，或因进行畜禽舍熏蒸消毒后，未充分通风换气而过早地放入畜禽，极易经呼吸道和皮肤吸收而引起氨气中毒；另外，畜禽舍内粪便不能及时清除，粪便或其他含氮物质发酵分解产生多量氨气，加之通风不良时，极易引起动物氨中毒，应当引起重视。

氨对接触的部位产生强烈的刺激作用。皮肤和黏膜接触不同形态的氨时，可引起皮肤充血、水疱，结膜炎，角膜炎，甚至角膜溃疡。低浓度的氨气引起眼结膜、角膜、黏膜和上呼吸道充血、水肿、分泌物增加，高浓度的氨对所接触的局部引起碱性化学灼伤，吸收水分，碱化脂肪，造成组织呈溶解性坏死。氨进入消化道后，直接刺激黏膜，发生口膜炎、咽炎、咽水肿和胃肠炎等。吸入高浓度氨时，可引起喉炎、喉水肿和喉痉挛，以及气管、支气管、肺的炎症和肺水肿，还可以通过刺激三叉神经末梢，引起反射性呼吸中枢抑制。

氨被吸收入血后，可阻断柠檬酸循环，使糖原无氧酵解，导致血糖和乳酸增多，引起动物酸中毒。干扰脑细胞的能量代谢，引起中枢神经机能障碍。呼吸中枢抑制，引起呼吸衰竭。血氨可增加毛细血管壁的通透性，引起肺水肿、体液丧失，血液浓缩；血氨增加还能引起中毒性肝病、肾间质性炎症，重者因心肌变性导致心力衰竭而死亡。

2. 病理变化 急性病例皮肤及整个尸体浆膜下布满出血斑，血液稀薄而色淡。口腔黏膜充血、出血、肿胀及糜烂。胃肠黏膜水肿、出血和坏死，胃肠内容物有氨味。鼻、咽、喉、气管、支气管黏膜充血、出血，管腔内有大量泡沫状炎性渗出液。肺脏充血、出血和水肿。肝脏、脾脏肿大，质地脆弱，有出血点。肾脏有出血和坏死灶，肾小管混浊肿胀。心包和心外膜点状出血，心肌色淡。慢性病例可见肾脏肿大，尿道黏膜充血、炎症。

二、亚硝酸盐中毒

1. 原因及发病机理 亚硝酸盐多由硝酸盐通过还原菌或反硝化菌（具有硝化酶和供氢酶的细菌）的作用而产生。富含硝酸盐的植物性饲料由于加工、调制或保存不当，如焖泡时间过长、堆制中发生腐败等，为细菌滋长造成良好条件，使饲料中的硝酸盐还原成亚硝酸盐。另外，动物胃肠道内有许多细菌在适宜的 pH 条件下，也能将摄入饲料中的硝酸盐还原成亚硝酸盐而引起中毒。

亚硝酸盐是一种强氧化剂。当过量吸入血液后，使血红蛋白中的二价铁（Fe^{2+}）脱去电子而氧化成为三价铁（Fe^{3+}），形成的高铁血红蛋白与羟基结合牢固，流经肺泡时不能氧合，流经组织时不能氧离，失去正常运载氧的能力，导致全身性缺氧。当高铁血红蛋白达到30％～40％时，即可引起动物缺氧，引起全身组织尤其是脑组织的急性损伤。亚硝酸盐还有扩血管作用，导致外周循环障碍，使全身组织缺氧加剧，表现为呼吸困难，神经功能紊乱。当短时间摄入大量亚硝酸盐，形成的高铁血红蛋白量达到70％～90％时，可引起动物严重缺氧而迅速死亡。另外，硝酸盐对消化道黏膜有刺激作用，可引起胃肠道炎症。

2. 病理变化 大多突然发病，流涎呕吐，呼吸急促。皮肤、可视黏膜发绀，呈蓝紫色或紫褐色。血液呈咖啡色或酱油样，在空气中长期暴露也不变红、不凝固。心外膜点状出血，心肌变性，心腔内充满暗红色血液。气管与支气管充满白色或淡红色泡沫样液体，肺胸膜下有散发性出血点，肺膨大，气肿明显，伴发淤血、水肿。肝脏、脾脏、肾脏淤血，呈黑红色；胃内充满饲料，内容物有硝酸样气味，胃底腺区黏膜充血或见密集小出血点，黏膜容易剥脱，小肠黏膜散在点状出血。

三、黄曲霉毒素中毒

1. 原因及发病机理 黄曲霉毒素是黄曲霉群真菌的代谢产物，对人和大多数动物都具有强烈的毒性作用，主要损害肝脏。依据其化学结构不同，黄曲霉毒素有20多种，其中以黄曲霉毒素 B_1 的毒性最强。动物摄入黄曲霉毒素 B_1 后，迅速经胃肠道吸收，毒素从门静脉进入肝脏，在肝脏中通过羟基化、去甲基作用转化为毒性较低的代谢产物，大部分经胆汁进入肠道随粪便排出。

黄曲霉毒素在体内代谢过程中，抑制 RNA 聚合酶，使核糖蛋白体和细胞的RNA 合成受阻；抑制 DNA 前体，干扰 DNA 转录，抑制蛋白质合成。据研究证实，黄曲霉毒素进入细胞内，首先引起核仁变化，然后出现细胞质变化。核染色体碎裂，核分裂受阻，结果使细胞增大，肝内可见巨肝细胞。黄曲霉毒素还可作为致癌物，经代谢活化后与 DNA 或 RNA 的特异受体以共价键相结合，引起遗传密码改变，最终引起肿瘤发生。

2. 病理变化 由于动物品种、年龄及饲料含毒量不同，中毒的病变有所差别。

（1）猪。仔猪常为急性中毒，可见耳、腹、四肢内侧皮肤出血紫斑，腹腔中有淡黄或淡红色腹水。肝脏肿大，苍白或砖红色，质脆易碎，切面结构模糊不清；心包积液，心内外膜上有出血斑点或条纹；小肠有出血斑点，粪便因含多量血液而呈煤焦油样；血液稀薄且凝固不良。病程稍长的皮肤、黏膜黄染，肌肉苍白；肝脏枯黄色，表面及切面有胆汁沉积的小斑块；肾脏土黄色并有小出血点，结肠壁及黏膜水肿，全身淋巴结水肿。慢性病例特征性病变为结节性肝硬化、黄色脂肪变性和胸、腹腔积液。

（2）犊牛。主要病变为肝硬化、腹水、内脏器官水肿。肝脏质地坚实，色泽苍白，胆囊扩张，腹腔内有橙黄色液体，在空气中易凝固。瘤胃浆膜、皱胃黏膜、肠系膜、直肠黏膜水肿。

（3）雏鸭。急性中毒者肝脏肿大，色泽变淡，有弥漫性出血斑点，显微镜下见肝细胞变性、坏死，卵圆细胞和胆管组织显著增生。慢性中毒时，肝脏硬度增加，体积缩小，表面粗糙呈颗粒状，胆囊扩张，肾脏苍白肿大，常发生心包积水和腹水症。镜下可见肝脏内胆管上皮增生更加明显，肝小叶内淋巴细胞广泛增生形成结节，肉眼看如针尖样灰白色小点。慢性中毒病例，易诱发原发性肝癌。

任务三 细菌性传染病病理

一、炭 疽

1. 原因及发病机理 炭疽是由炭疽杆菌引起的急性败血性传染病。主要通过采食、饮水经消化道感染，也可因皮肤创伤、昆虫叮咬感染，也可因吸入带有炭疽芽孢的灰尘，经呼吸道感染。病原体侵入机体后，在侵入局部增殖或发芽繁殖，形成局部感染病灶并侵入局部淋巴结。在组织内增殖的炭疽杆菌多形成荚膜，它具有保护菌体抵御白细胞吞噬的作用，荚膜的可溶性物质（荚膜黏液素）及菌体死亡后的崩解产物进入血液能中和血液中的杀菌物质，并对机体产生强烈的致病作用，炭疽杆菌繁殖过程中可产生水肿因子、保护性抗原、致死因子三种外毒素蛋白复合物，使局部组织细胞发生变性、坏死，血管通透性增高，局部浆液、纤维素渗出和出血。炭疽杆菌在局部形成的炎症灶，称炭疽痈，当病灶内细胞大量繁殖和产生毒素时，可突破和瓦解组织的防御屏障，进入血液和淋巴液，扩散到全身组织和器官继续繁殖，最终发展为败血症而引起动物死亡。

2. 病理变化

（1）败血型。多见于牛、羊、马。死于败血症的病例，尸僵不全，尸体容易腐败，可视黏膜发绀、出血，天然孔流出暗红色或煤焦油样不凝固的血液。全身组织均可见出血斑点。脾脏明显肿大，暗红色，脾髓软如烂泥样，脾白髓及小梁结构模糊不清。全身淋巴肿大出血，暗红或砖红色，心脏、肝脏、肾脏变性、出血，肺脏淤血、水肿和出血。镜检脾脏和淋巴结，除发现有充血、出血、组织细胞变性坏死外，还可见大量炭疽杆菌。

（2）痈型。由于动物机体抵抗力强，或侵入的病菌数量少、毒力弱等原因，病原体在入侵局部形成炭疽痈病灶。根据发生部位有不同名称。

① 咽炭疽。主要见于猪。急性者整个咽喉或一侧腮腺肿胀，皮肤发紫，有时肿胀蔓延至颈部与胸前。剖检可见以咽扁桃体为中心，黏膜出血、坏死，咽喉和颈部皮下出血性胶样浸润，下颌淋巴结明显肿大、充血、出血，有的可见中央有稍凹陷的黑红色坏死灶。慢性者多在宰后检查时发现，下颌淋巴结肿大质硬，切面干燥，有砖红色坏死灶，有的形成脓肿或外周包囊。

② 皮肤炭疽。最典型的皮肤炭疽见于人，初期在皮肤上形成炎性肿胀，出现鲜红色、圆锥状隆起，在病灶顶端形成含有混浊液体的小水疱，小水疱干涸后后期形成煤炭样褐色痂，病灶周围有广泛的水肿区，局部淋巴结呈浆液出血性淋巴结炎。牛和绵羊有时也可发生皮肤炭疽。

③ 肠炭疽。见于马、牛、羊和猪，主要发生在小肠。多数以肿大、出血和坏死的淋巴滤泡为中心，形成局灶性出血性坏死性肠炎。痈灶表面覆有纤维素性固膜性痂，邻接的肠黏膜呈出血性胶样浸润。光镜下见肠绒毛大片坏死，黏膜下层水肿、出血和中性粒细胞浸润，肠系膜淋巴结呈浆液出血性炎症。

④ 肺炭疽。较少见。主要位于膈叶前下部，有多少不等、拇指或鸡蛋大的硬块，切开呈暗红或黑褐色，干燥，无弹性，周围水肿，呈明显的胶样浸润。镜检可见肺组织充血、出血，肺泡内有多量浆液和纤维素渗出物，也可见到炭疽杆菌。

二、沙门菌病

1. 原因及发病机理 沙门菌病是由沙门菌属细菌引起的各种动物疫病的总称。致病菌的血清型有30多种。有的只对相应动物有致病性，如羊流产沙门菌、鸡白痢沙门菌；有的对多种动物有致病性，如鸭沙门菌、肠炎沙门菌。本病除通过直接或间接接触传播外，健康动物的带菌现象较为普遍，消化道、淋巴组织和胆囊内常有病菌潜藏，当机体抵抗力降低时，可造成内源感染。鸡患本病时可通过种蛋传播。病菌在体内可产生内毒素、肠毒素，突破屏障系统进入血液，引起毒血症、败血症，最终导致病畜死亡。当动物抵抗力强或病菌的毒力较弱时，进入血液的病菌大部分被消灭，其余的可局限在肝脏、脾脏、肺脏、肠等器官内，形成局灶性损害。

2. 病理变化

（1）猪副伤寒。急性者主要为败血症病变，皮肤淡蓝或淡紫色，全身浆膜、黏膜斑点状出血；淋巴结出血，呈大理石样；肠系膜淋巴结索状肿大、水肿和出血。脾脏肿大，暗蓝色，质硬如橡皮。肝实质有时可见糠麸样细小坏死点。慢性病例以坏死性肠炎为特征，盲肠、结肠壁增厚，黏膜上覆盖污灰色糠麸样物，撕去后露出红色不规则溃疡面，周围呈堤状隆起。肠系膜淋巴管因淋巴淤滞或淋巴栓而变粗，呈灰白色条索状。肝被膜下或切面可见灰黄色坏死小点。

（2）牛副伤寒。成年牛主要表现为急性出血性肠炎。肠黏膜潮红、出血，大肠黏膜脱落，有局灶性坏死，肠系膜淋巴结水肿、出血。肝脏局灶性坏死。犊牛常呈败血症变化。脾脏肿大 2～3 倍，黑红色，包膜下见出血、粟粒大坏死灶和结节；肝脏肿大柔软，色泽苍白，被膜下散在性针尖大病灶，为组织坏死或细胞增生形成；心壁、皱胃、小肠和膀胱黏膜有小出血点；肠淋巴滤泡髓样肿胀，呈半球状或堤状隆起。病程较长者，小肠可见浮膜性或固膜性炎。慢性病例，可见肺脏有卡他性和化脓性支气管肺炎病变，局部色红质硬，有时见散在性粟粒至豌豆大小、灰黄色病灶，切开时流出黏液或脓性渗出物。关节囊肿大，关节腔中有脓汁或纤维素渗出物。

（3）鸡白痢。雏鸡发生本病时，尸体消瘦，肛周沾污石灰浆样白色稀粪。肝脏肿大变性，表面散在针尖或粟粒大灰黄色坏死点或灰白色结节。胆囊肿大，充满胆汁。脾脏肿大达 2～3 倍，被膜下有小坏死灶。肺脏充血出血，有灰黄色干酪样坏死灶或灰白色结节。心肌苍白柔软，见有米粒大坏死灶，有的在心外膜上见到灰白色突起结节，状如小丘。输尿管充满尿酸盐而扩张。盲肠中常含有白色干酪样物，有时混有血液。成年母鸡以卵巢慢性炎症为特征，卵泡变色变形，内容物呈干酪样或稀薄油样。常因卵泡破裂，卵黄物质布满腹腔而引起腹膜炎，腹腔内可见多量黏稠的卵黄或纤维素渗出物。输卵管内充满煮熟样的卵白和卵黄物质。患病公鸡可见一侧或双侧睾丸肿大或萎缩变硬，睾丸鞘膜增厚，实质内有许多坏死灶或小脓肿，输精管增粗，充满稠密的均质渗出物。

三、巴氏杆菌病

1. 原因及发病机理　病原主要为多杀性巴氏杆菌，有许多血清型。本病可因病畜的分泌物、排泄物污染饲料、水源等经消化道感染，也可因病畜禽咳嗽排菌经呼吸道感染。此外，畜禽扁桃体和上呼吸道正常情况下即有本菌寄居，当机体抵抗力降低时，这些寄居的病菌毒力增强，病原菌突破局部防御屏障，经淋巴进入血流形成菌血症。由于受害局部组织坏死及菌体崩解，产生内毒素，导致机体功能紊乱，很快发展为败血症，导致动物死亡。

2. 病理变化

（1）猪巴氏杆菌病。又称猪肺疫，有流行性和散发性两种。

① 流行性。为感染 Fg 型菌所致，发病急，死亡快，口、鼻流出红色泡沫样液

体。外观咽喉及颈部肿胀，硬实，切开可见多量淡黄色浆液，局部组织呈黄色胶冻样，故俗称"锁喉疯"。颌下、咽后及颈部淋巴结充血、出血、水肿明显，全身浆膜和黏膜有点状出血，胸、腹腔及心包内积液；肺脏局部呈红色肝变病灶。脾脏眼观变化不明显。

② 散发性。多为感染 Fo 型菌引起，肺部病变明显，多发生于心叶、尖叶和膈叶前部，严重时累及整个肺叶。病变肺组织肿大、坚实，色泽暗红或灰黄，被膜粗糙等，呈现不同阶段的纤维素性肺炎病变，外观呈大理石样。胸膜有斑点状出血，表面常因纤维蛋白附着而粗糙，失去光泽。有的肺脏和肋胸膜粘连。心包液增多，内含絮状纤维素，心外膜充血、出血。镜检：病变部肺泡壁毛细血管充血、出血，肺泡内充满了浆液、纤维蛋白和红细胞及大量中性粒细胞浸润。

（2）牛巴氏杆菌病。多为 Fg 型菌引起，根据剖检特征可分为三种类型。

① 败血型。生前无明显症状，剖检呈一般败血症病变。可视黏膜紫红色，全身组织器官均可见散在性出血点，实质器官变性，淋巴结肿大、充血，呈急性浆液性炎症。心包液增多，含多量纤维素渗出物。

② 水肿型。主要表现为颌下、咽喉部、面部和颈胸部肿胀，切开时流出淡黄色稍混浊液体，颌下、咽背、颈部及肺门淋巴结肿胀充血，上呼吸道黏膜红肿，肺脏淤血水肿，胃肠黏膜呈急性卡他性或出血性炎，各实质器官变性，脾脏不肿大。

③ 肺炎型（胸型）。除出现败血症的各种病变外，突出病变为纤维素性肺炎和胸膜炎。肺脏不同部位呈不同肝变期，质地硬软不一，表面和切面大理石样。胸膜表面附着灰白色纤维素薄膜，胸腔、心包腔内有多量纤维素渗出物，有的发生粘连。

（3）兔巴氏杆菌病。由 Fo 型菌引起，病变因临床表现不同而异。

① 败血症型。生前无症状而突然死亡，剖检见一般败血症变化。全身浆膜、黏膜有散在性出血点，肺脏淤血水肿，心包和胸腔积液，肝脏有细小坏死灶，淋巴结肿胀出血。

② 鼻炎型。比较多见，鼻腔黏膜红肿，表面覆有黏稠脓液，鼻窦和副鼻窦内也积有脓性渗出物。慢性病例可见鼻黏膜增厚。

③ 肺炎型。两侧肺叶同时表现为纤维素性炎症，有的还可见化脓或坏死。常伴发纤维素性胸膜炎和心包炎，心包和胸腔积液，胸膜有纤维素伪膜。

④ 子宫内膜炎型。主要病变为子宫内膜炎和子宫积脓。

⑤ 中耳炎型。外耳道有脓液流出，耳郭内侧皮毛黏有脓痂或碎屑。

⑥ 睾丸炎和附睾炎型。阴囊肿大积脓，睾丸或附睾有小脓肿灶。

（4）禽巴氏杆菌病。又称禽霍乱，由 Fo 型菌引起，传染性强，死亡率高。最急性者往往突然死亡，病变不明显。急性病例可见鸡冠和肉髯发紫，嗉囊积食，口鼻流黏稠液体，肛周羽毛被粪便污染。剖检见全身组织器官有出血点，尤其心冠状沟明显。心包腔扩张并蓄积多量纤维素性渗出液。肝脏肿大，表面见针尖大到粟粒大坏死灶（具有证病意义）。十二指肠扩张，黏膜充血肿胀和出血，肠腔内有多量混有血液的黏液样渗出物。

慢性病例，通常表现为局部病变，如纤维素性坏死性肺炎、心包炎、胸膜腹膜炎、关节炎及鸡冠和肉髯坏死等。发生纤维素性坏死性肺炎时，肺炎病灶大小不一，胸膜也可伴发纤维素性炎，胸腔内有混浊液体或干酪样纤维素凝块。肝脏肿大，表面呈结节样高低不平。关节炎时，关节肿胀、变形，关节囊内蓄积黏稠或干酪样纤维素性或脓性渗出物。

四、布鲁菌病

1. 原因及发病机理　布鲁菌病是由布鲁菌引起的一种人兽共患传染病，动物以流产、不孕、睾丸炎等为特征。细菌可通过消化道、生殖道、皮肤、结膜以及呼吸道等途径感染。细菌侵入机体后，由淋巴管到达淋巴结定居，条件允许时，细菌开始增殖并突破淋巴结防御进入血液，出现菌血症、毒血症，并引起发热和抗体产生。细菌因寄生于中性粒细胞和巨噬细胞内，从而逃避了宿主免疫作用而长期生存。同时，病菌通过血液循环散播于生殖系统和肝脏、脾脏、乳腺、骨髓、关节等各个器官组织，引起广泛的病理变化。

母畜感染布鲁菌后，细菌感染胎盘，引起胎盘化脓性和坏死性炎症，常常引发流产、胎儿发育不良、死胎及胎衣不下。公畜感染后多出现睾丸和附睾炎症。

2. 病理变化

（1）牛。子宫绒毛膜的绒毛有坏死病灶，表面有污灰色或黄色无气味的胶样渗出物；胎膜因水肿而肥厚，呈胶样浸润，表面覆以纤维素和脓汁。子宫内膜充血、水肿，呈污红色，有时还可见弥漫性红色斑纹，有时尚可见到局灶性坏死和溃疡。输卵管肿大，有时可见卵巢囊肿。严重时乳腺可因间质性炎而发生萎缩和硬化。流产的胎儿主要为败血症变化，浆膜和黏膜有出血斑点，脾脏与淋巴结肿大，肝脏中有坏死灶，肺脏常见支气管肺炎。

公牛主要是化脓性坏死性睾丸炎或附睾炎。睾丸显著肿大，其被膜与外层浆膜粘连，切面可见到坏死灶或化脓灶。阴茎可以出现红肿，其黏膜上有时可见到小而硬的结节。

（2）羊。淋巴结、脾脏、肝脏等表现为网状内皮细胞增生，呈弥漫肿大，有的表现为结节性肉芽肿。子宫、胎盘与胎儿的病变与牛相似，可见子宫内膜有结节性肉芽肿，切开结节，其中心可见坏死灶。

（3）猪。流产母猪的子宫黏膜坏死脱落，黏膜深部有许多灰黄色粟粒样结节，向表面隆起，结节中央含有脓液或干酪样物质。胎盘布满出血点，胎膜由于水肿而增厚，表面覆盖有纤维蛋白和脓汁。镜检：子宫腺体和内膜基质有淋巴细胞浸润，腺体周围有结缔组织增生。

胎儿通常因感染而死亡，多呈败血症病理变化。主要表现为浆膜、黏膜有出血斑点，皮下组织炎性水肿；淋巴结、脾脏肿大，出血；肝脏出现小坏死灶；脐带也常呈现炎性水肿变化。

公猪的主要病变发生在睾丸，据统计有 $34\% \sim 95\%$ 的患病公猪有睾丸病变。病初，睾丸肿大，出现化脓性或坏死性炎；后期病灶可发生钙化，睾丸萎缩。切开睾丸，肿大的睾丸多呈灰白色，有大量的结缔组织增生，在增生组织中常见出血及坏死灶；而萎缩的睾丸多发生出血和坏死，睾丸的实质明显减少；除睾丸外，附睾、精囊、前列腺和尿道球腺等均可发生相同性质的炎症。病猪颌下、颈部、腹股沟和咽淋巴结肿大，皮下淋巴结、胸腔淋巴结、脾、腱鞘等脓肿，有的肝脏肿大充血。有的还可见化脓性关节炎、滑腱炎及腱鞘炎。

五、链球菌病

1. 原因及发病机理 链球菌能引起人和多种动物患病，菌属分类复杂，临床报道大多为 β 溶血型。病菌可经过呼吸道、消化道、皮肤黏膜的创口或昆虫叮咬而传播。由于链球菌是禽肠道菌群的一部分，因此禽也可发生内源性感染。病菌进入机体后，能很快突破防御屏障侵入淋巴或血流，迅速播散到全身。由于细菌大量生长繁殖并产生溶血素、杀白细胞素、透明质酸酶等毒素，溶解红细胞，损伤血管壁等，致使机体内相继发生菌血症、毒血症和败血症。因本菌菌型、侵害部位及各种动物抵抗力不同，所引起的症状和病理变化多种多样。

2. 病理变化

（1）猪。最急性死亡的猪，解剖病变不明显，多见脑膜增厚、充血，脑实质有化脓性脑炎变化。急性病例多以败血症为主。胸腹下部和四肢内侧皮肤呈紫红色并有出血点；上呼吸道黏膜充血，表面覆有黏液；肺脏充血肿大，表面和切面有出血点；心肌柔软色淡，心外膜点状或弥漫性出血，有时因附着纤维素而呈"绒毛心"，并常与心包粘连，心室内积有煤焦油样血块；胸、腹腔积有含纤维素絮片的混浊液体；肝脏、脾脏肿胀，胆囊水肿，囊壁增厚；肾脏肿胀或淤血，皮质和髓质有斑点状出血；胃底部弥漫性出血，黏膜脱落；肠黏膜、浆膜点状或条索状出血；膀胱积尿，有出血点；全身淋巴结出血、肿大或坏死。有的关节周围肿胀，滑液混浊，甚至关节软骨坏死，周围组织化脓。

（2）禽。急性型剖检主要呈败血症变化，皮下、浆膜及肌肉出血、水肿；肝脏肿大，表面有红色、黄褐色或白色坏死灶；脾脏、肾脏肿大；肺脏淤血或水肿。部分病例喉头有干酪样粟粒大小坏死，气管、支气管黏膜出血，心包积液，心冠脂肪、心内膜出血，心肌布满出血点。腹膜炎，卡他性肠炎，十二指肠、直肠出血。少数腺胃出血或肌胃角质膜糜烂。输卵管黏膜出血。雏鸡还可见皮下有淡红色胶冻样浆液渗出。胸肌、大腿肌有针尖样出血。肝脏稍肿，呈淡黄色。尿酸盐类沉积，腺胃黏膜增厚，卵黄吸收不全。

（3）羊。特征病变为全身出血性败血症，可视黏膜紫红，各脏器广泛出血。咽喉部组织水肿、多汁，黏膜上有斑块状出血。心外膜出血，心肌色泽混浊，质脆易碎。肝脏肿胀质脆，呈槟榔样花纹，表面紫红，切面黄褐色。胆囊肿大。脾脏明显肿大，质度柔软，切面结构模糊不清，全身淋巴结肿大出血。病程稍长者，表现为纤维素性胸膜肺炎和腹膜炎病变。胸腔积有纤维素性渗出液，肺脏呈纤维素性大叶性肺炎，肺脏与胸膜和横膈粘连；腹腔积液混浊，含有纤维素絮片，肝脏与横膈及肠袢可发生粘连。

六、大肠杆菌病

1. 原因及发病机理 大肠杆菌病是由致病性大肠杆菌引起的人和多种动物共

患的传染病，病菌抗原结构复杂，有数千个血清型。感染途径多为消化道。病菌的荚膜、K抗原、脂多糖等有抗吞噬活性，并能抵御血清免疫物质。根据对人和动物的致病性不同，可将致病性大肠杆菌分为8类，其致病机理各有差异。有的通过菌毛黏附于小肠黏膜表面生长繁殖，产生肠毒素，刺激肠道分泌增加而引起腹泻。有的能产生神经毒素，经肠壁吸收后，引起肠毒血症，导致水肿和神经症状。有的病菌产生溶血素，溶解红细胞。也有的虽不产生肠毒素，但可产生束状菌毛和紧密素，与十二指肠、空肠和回肠上段的肠壁细胞紧密黏附，导致细胞损伤、吸收不良和腹泻，或是在大、小肠黏膜上皮细胞内增殖，引起局部溃疡和炎症。有些病原菌株能产生大肠杆菌素V等，可抵御宿主防御机制，引起败血症，也可引起局部组织器官感染，如脑膜炎、关节炎、气囊炎、心包炎等。

2. 病理变化

（1）猪大肠杆菌病。按其发病日龄可分为3种。

① 仔猪黄痢。见于1周龄内仔猪，尸体严重脱水，肛周有黄色稀粪沾污。胃内充满酸臭的凝乳块，胃底潮红出血，被覆多量黏液。肠壁变薄，肠黏膜和浆膜充血水肿，肠腔内充满腥臭黄色稀薄液状内容物或气体，以十二指肠最严重，空肠、回肠次之，结肠较轻，肠系膜淋巴结有弥漫性小出血点。实质器官变性，肝脏、肾脏有小的凝固性坏死灶。

② 仔猪白痢。多发生于10～30日龄仔猪，病死仔猪消瘦，胃内有凝乳块，幽门部和小肠黏膜充血，肠壁淋巴滤泡肿大。肠腔内有灰白色糊状内容物，混有腥臭气体。病程稍长者，肠壁变薄而透明，实质器官发生变性。

③ 仔猪水肿病。为断乳前后仔猪的一种急性肠毒血症。常见皮肤、黏膜苍白，眼睑、前额水肿。胃底部黏膜水肿增厚，黏膜与肌层分离，内含淡黄色液体。结肠襻的肠系膜呈透明胶样水肿。各处淋巴结水肿，边缘充血。组织学检查，脊髓、大脑皮层及脑干部水肿和局灶性脑软化，动脉管壁水肿、细胞坏死或玻璃样变及单核细胞、嗜酸性粒细胞浸润。胃肠黏膜下层结缔组织水肿增宽，心脏、肝脏、肾脏细胞肿胀或脂肪变性。

（2）禽大肠杆菌病。由于致病性大肠杆菌血清型不同，可引起败血症、心包心肌炎、腹膜炎、关节炎、输卵管炎等各种疫病。

① 败血症型。以4～10周龄雏鸡多发，不见任何症状而突然死亡。剖检可见鸡冠暗红，鼻分泌物增多，心包内有纤维素性渗出物；肝脏呈铜绿色，表面散布针尖大灰白色小点；肠黏膜充血出血，有的腹腔积液或有血凝块。

② 浆膜炎型。包括心包炎、肝周炎、卵黄性腹膜炎、气囊炎等。共同的病变特点为有纤维素性渗出物附着于浆膜表面，浆膜增厚甚至与周围器官粘连。卵黄性腹膜炎时，腹腔内积有多量卵黄状物，散发有腥臭气味，卵泡变形、破裂。发病公鹅可见阴茎肿大，有芝麻到黄豆大小黄色脓性或干酪样结节。

③ 肉芽肿型。主要在肝脏、肠、肠系膜或肺脏生长出白色或黄色、花椰菜样肉芽肿，结节较坚硬，一般如粟粒或玉米粒大小。

④ 其他病型。输卵管炎型，病变输卵管膨大，管内有条索状含有坏死组织和细菌的干酪样物。肠炎型，多见肠黏膜充血、出血，肠内容物稀薄，含有黏液或血液。关节炎型，见关节肿胀，关节囊肥厚，关节液混浊，并有干酪样渗出物。

（3）犊牛大肠杆菌病。急性死亡的病犊常无明显病变。有下痢症状的病犊，尸体消瘦，真胃内有大量凝乳块，黏膜充血、水肿，覆有胶状黏液，皱褶部有出血。小肠黏膜充血、出血，上皮脱落，肠内容物混有血液和气泡，散发恶臭气味，肠系膜淋巴结肿大。肝脏、肾脏苍白，有时有出血点，胆囊充满黏稠暗绿色胆汁。病程长的有肺炎及关节炎病变。

（4）羔羊大肠杆菌病。

① 败血型。胸腹腔和心包腔内见有大量积液，内含纤维蛋白。某些关节，尤其是肘和腕关节肿大，滑液混浊，关节囊内含纤维素性脓性絮片，脑膜充血，有很多小出血点，大脑沟含有脓性渗出物。

② 肠型。真胃、小肠和大肠内容物呈黄灰色半液体状，黏膜充血、微肿，肠系膜淋巴结肿胀发红，有的肺脏淤血、水肿，呈初期肺炎病变。四肢可发生纤维素性化脓性关节炎。

（5）兔大肠杆菌病。会阴部皮毛污染粪便，肠内充满积液，黏膜下水肿和出血，肠道固有层水肿，有肉芽肿，但没有黏膜溃疡，在回肠和盲肠常见到绒毛膜脱落。

七、结 核 病

1. 原因及发病机理　本病是由结核分枝杆菌所引起的人和畜禽共患的慢性传染病。主要通过消化道和呼吸道传播，交配也能感染。分枝杆菌是细胞内寄生的细菌，病菌侵入机体后，被吞噬细胞吞噬，但不能与溶酶体融合，因此不能形成充分成熟的吞噬体，反而使吞噬细胞成了分枝杆菌的庇护所和携带者。吞噬细胞将分枝杆菌带入局部的淋巴管和组织，在侵入的组织或淋巴结处发生原发性病灶，细菌被滞留并在该处形成结核。如果机体抵抗力强，此局部的原发性病灶局限化，长期甚至终生不扩散。如果机体抵抗力弱，疾病进一步发展，细菌经淋巴管向其他一些淋巴结扩散，形成继发性病灶。如果疾病继续发展，细菌进入血流，散布全身，引起其他组织器官的结核病灶或全身性结核。有研究发现，结核病的细胞免疫随病情好转而加强，而体液免疫则随病情恶化而加强。

2. 病理变化　结核病的病理特点是在多种组织器官形成肉芽肿和干酪样、钙化结节病变。在器官组织发生增生性或渗出性炎，有时两者混合存在。机体抵抗力强时，机体对分枝杆菌的反应以细胞增生为主，形成增生性结核结节，即增生性炎。结核结节中心为坏死细胞、细菌及分泌物形成的干酪样物，其外层由上皮样细胞和巨细胞聚集在干酪样物周围，构造特异性肉芽肿。最外围是一层密集的淋巴细胞和成纤维细胞，形成非特异性肉芽组织。当机体抵抗力降低时，机体的反应则以渗出性炎为主，即在组织中有纤维蛋白和淋巴细胞的弥漫性浸润，后发生干酪样坏死、化脓或钙化。这种变化主要见于肺脏和淋巴结。

（1）肺脏。有粟粒到蚕豆大小白色或黄白色结节，外有包膜包裹。发生钙化时，刀切有沙砾感。有的坏死组织溶解软化、排出后，形成肺空洞。

（2）胸膜。多见于牛，胸膜上可见密集的粟粒至豌豆大、灰白色半透明状结节，有的融合成菜花状团块，有的呈球状，排列成层，状如珍珠，俗称"珍珠病"。

（3）淋巴结。肺门淋巴结和纵隔淋巴结病变较常见，淋巴结肿大，切面外翻，切面上可见灰白色坏死点。

（4）乳房。乳房内有大小不一的病灶，内含干酪样物质，病灶周围有一层包膜，最外层可见充血现象。

（5）肠道。禽结核多发生于肠道，结节凸出于肠腔，质度较硬，刀切有沙砾感。

八、猪　丹　毒

1. 原因及发病机理　本病由猪丹毒杆菌引起。除外源性感染外，健康猪体内也可带菌，当机体抵抗力下降时而发病。病原通过消化道或破损的皮肤进入体内后，很快侵入淋巴道及血液循环而发展成为菌血症。如果细菌毒力强、数量多及猪的抵抗力低时，则细菌在血液和组织中大量繁殖并产生毒素，使机体的正常代谢、机能障碍，引起败血症，最终导致死亡。如果细菌弱或机体抵抗力较强时，则病菌被局限在局部器官组织中，引起局部病变，如皮肤疹块等。某些病例，由于细菌长期存在于体内的某些部位，反复刺激机体，引起局部变态反应性病变，如心内膜炎、关节炎、皮肤坏死等。

2. 病理变化

（1）急性败血型。呈现败血症的一般病变。体表皮薄的部位可见不规则形、稍隆起的紫红色充血区，即丹毒性红斑。全身淋巴结肿大，潮红或紫红，有出血斑点。脾脏肿大，樱桃红色，心冠状沟点状出血，心肌混浊质脆，肝脏、肺脏淤血、出血。肾脏暗红色，皮质上有散在出血点。胃肠黏膜红肿，呈卡他性或出血性炎症。

（2）亚急性疹块型。疹块多位于颈、背部并向后延至尾根部。疹块大小不等，边缘明显，呈方形、菱形或不规则形，较周围皮肤稍有隆起。损伤较重的疹块，可变为干性坏疽。

（3）慢性型。常有如下几种变化。

① 心内膜炎，在左心二尖瓣处，可见大量灰白色的血栓样赘生物，如菜花样，表面高低不平，不易剥离。由于瓣膜变形，常引起心肌代偿性肥大，心腔扩张。

② 关节炎，以四肢腕关节和跗关节多见。关节囊增大、变厚，关节面粗糙，关节腔内充满渗出液。严重的关节囊纤维结缔组织增生，关节变形或完全愈合。

③ 皮肤坏死，常见于疹块型猪丹毒。皮肤坏死部逐渐干燥变为干性坏疽，形成褐色质硬干痂。

任务四　病毒性传染病病理

一、口　蹄　疫

1. 原因及发病机理　口蹄疫是反刍动物、猪等多种动物共患的高度接触性热性传染病。病毒经消化道、呼吸道黏膜或损伤的皮肤侵入机体上皮层中，首先在侵入部位上皮细胞中繁殖，引起细胞浆液渗出，形成一个或多个原发性水疱，又称第一期水疱，通常不被发觉。几小时后，病毒从原发性水疱侵入血液中，随血流到达淋巴结、乳腺、甲状腺、肾上腺、肝脏、肾脏等各内脏及黏膜和皮肤的上皮细胞中增殖，引起多处继发性水疱，又称第二期水疱。特别在口腔、乳头、足端、瘤胃肉柱等常受机械刺激的黏膜和皮肤处，病变较为明显。病毒还可侵入心肌和骨骼肌中，引起变性、坏死。

2. 病理变化

（1）恶性口蹄疫。无水疱形成而死亡率高，以心肌炎为特征。心室壁和乳头肌内有大小不等、界限不清的淡灰或黄白色条纹和斑块，状似虎斑，称"虎斑心"。镜检可见心肌纤维坏死，伴有单核细胞浸润，骨骼肌也有类似变化。有的还可见非化脓性脑炎。

（2）良性口蹄疫。病畜的口腔、唇黏膜、舌、齿龈、蹄叉、蹄踵、蹄冠部和母畜的乳头、乳房均可见明显水疱和烂斑，继发感染者，可出现化脓性病变。个别病例在支气管、食道、胃和肠黏膜上也有水疱或溃疡，表面覆盖一层细致的纤维素薄膜。牛的瘤胃，有时在瓣胃的瓣叶上，可见 1～2 cm 大小圆形或不规则形的棕黑色痂块，脱落后则留下烂斑。小肠黏膜潮红，有点状出血，心包腔积液，脑室液有时增多并且混浊。

不同动物的病变有些差异。如绵羊可能不发生水疱，或表现为坏死性糜烂，多以蹄部为主；猪一般口腔无特征性病变，而蹄冠、趾间等较明显。

二、痘　病

1. 原因及发病机理　痘病是由痘病毒引起的各种家畜、家禽和人类共患的一种急性、热性、接触性传染病。哺乳动物痘病的共同特征是在皮肤上发生痘疹，禽痘则在皮肤产生增生性和肿瘤样病变。

病毒可以通过呼吸道、昆虫叮咬或破损的皮肤进入机体，在感染部位的表皮和真皮细胞内复制后被巨噬细胞吞噬，吞噬后感染的巨噬细胞到达局部淋巴结，导致广泛性淋巴结增生和肿大，病毒大量增殖。然后病毒从淋巴结中释放，伴随感染的巨噬细胞进入血液并扩散到全身，产生病毒血症。病毒还可在表皮、真皮、内皮层、肌肉、关节、睾丸、浆膜等部位广泛复制。病毒在上皮细胞内复制，引起细胞变性，诱发典型的水疱性变性。由于病毒游离到血管末端，损伤血管内皮，导致血管炎或血栓，诱发局部变性和坏死。

2. 病理变化　痘疹有特征性的发生次序，即从红斑开始，变为丘疹，然后是水疱。水疱进一步发展，形成中心凹、边缘隆起发红的脐状脓疱，脓疱破溃后表面结痂，愈合后留下瘢痕。黏膜发生暂时性水疱，发展为溃疡而不形成脓疱。

（1）猪痘。眼结膜和鼻黏膜潮红、肿胀，并有分泌物。痘疹主要发生于腹下、股内侧、背部或体侧部皮肤。开始为深红色凸出于皮肤表面的圆形硬实结节，直径 1～3 cm，周围有红晕，以后见不到水疱即转为脓疱，并很快结痂。有的因摩擦使痘疹破溃，而有浆液或血液渗出物。痂皮脱落后遗留白色斑块而痊愈。镜检常见上皮细胞坏死，真皮和表皮下层出现中性粒细胞和巨噬细胞的浸润。

（2）绵羊痘。死亡病例，呼吸道和消化道黏膜有出血性炎症。嘴唇、鼻咽、乳房、食道、气管黏膜常有痘疹。有明显的水疱期，水疱呈脐状，内含少量液体。脓疱多形成薄的痂壳，严重时互相融合，真皮有明显胶样水肿。前胃和真胃黏膜，有大小不等圆形或半球形坚实的结节，有的还形成糜烂或溃疡。肺脏见有干酪样结节和卡他性肺炎区。另外，常见细菌性败血症变化，如肝脂肪变性、心肌变性、淋巴结急性肿胀等。

（3）山羊痘。病羊鼻腔、眼角有脓样分泌物，皮肤无毛和毛少的部位可见痘疹，有的已形成水疱，内含黄色透明液体，有的痘疹形成痂皮。

（4）禽痘。特征是在无毛或少毛的皮肤上发生痘疹，或在口腔、咽喉部黏膜形成纤维素性坏死性伪膜，又名禽白喉。有的病禽，两者可同时发生。

① 皮肤型。在鸡冠、眼睑、喙角、耳球、腿、脚、泄殖腔以及翅内侧形成特异的痘疹。起初为轻度隆起小红斑点，迅速长成灰白色小结节，结节增大相互融合，形成粗糙、坚硬、凹凸不平的褐色痂块。眼部出现痘疹时致使鸡眼难睁。

② 黏膜型（白喉型）。口腔、咽喉等处黏膜发生痘疹，初为圆形黄色斑点，迅速增大融合成一层黄白色干酪样坏死物，形成伪膜，故又称禽白喉，随后变厚而成棕色痂块，痂块不易脱落，强行撕脱则引起出血。有的病例，伪膜可延伸到喉部。如痘疹发生在眼及眶下窦，则眼睑肿胀，结膜上有多量脓性或纤维素性渗出物。

③ 混合型。皮肤、黏膜均受侵害，发生痘疹。

三、狂犬病

1. 原因及发病机理 狂犬病俗称疯狗病，是由狂犬病毒引起的一种人兽共患的急性接触性传染病。病毒存在于患病动物的唾液腺、唾液、泪腺、胰腺和神经组织中。通过咬伤易感动物或人的皮肤，病毒随唾液进入皮肤和皮下组织，与神经-肌肉处的乙酰胆碱受体及神经节苷脂受体等特异性结合，在靠近伤口部的肌细胞内复制。狂犬病毒对神经节细胞极为敏感，是病毒增殖的重要场所。病毒沿神经末梢向中枢神经系统扩散，经脊髓进入脑内，并大量复制，引起神经细胞变性、坏死和功能紊乱，表现为神经症状。

2. 病理变化 本病通常无特征性剖检变化。组织学检查可见非化脓性脑炎和神经炎变化，神经元变性坏死，神经胶质细胞增生，血管周围有淋巴细胞呈围管样浸润，形成血管套。具有诊断意义的是在大脑海马回的锥体细胞或小脑浦金野细胞、脊神经节等部位的神经细胞内，见有圆形、嗜酸染色的核内包含体。犬狂犬病时，包含体主要见于大脑海马回的锥体细胞；牛狂犬病时，小脑浦金野细胞内包含体检出率高。

但应注意，未检出包含体，并不能排除本病，有报道称，猫的包含体检出率为75%左右，猪则更低。因此需结合其他检查方法，以便确诊。

四、猪蓝耳病

1. 原因及发病机理 猪蓝耳病又称猪繁殖和呼吸障碍综合征（PRRS），PRRS

病毒只感染猪，不同品种、年龄和用途的猪均可感染，但以繁殖母猪和 1 月龄以内的仔猪最易感。病猪的鼻分泌物、粪便、尿均含有病毒。接触感染、呼吸道和精液是主要传播途径，也可通过胎盘垂直传播。PRRS 病毒进入机体后，侵害巨噬细胞，尤其肺泡巨噬细胞是 PRRS 病毒的靶细胞。病毒在细胞内增殖，使巨噬细胞破裂、溶解，数量减少，巨噬细胞对其他细菌和病毒的免疫功能降低，常造成其他细菌和病毒继发感染。这是本病与其他疫病常同时存在的主要原因。PRRS 病毒可通过血液循环穿过胎盘使胚胎受到感染，从而引起妊娠后期母猪流产。

2. 病理变化 部分病猪耳朵发紫，耳、背、腹壁皮肤出血，全身淋巴结肿大，棕褐色。无并发症的病例除有淋巴结轻度或中度水肿外，呈现间质性肺炎变化，有时有卡他性肺炎。肺脏水肿，灰白至棕色，表面似透明，间质增宽呈胶冻样，切面湿润多汁。肝脏、脾脏、心外膜、脑膜等处有点状出血，全身淋巴结肿大、充血。镜检可见支气管上皮黏膜脱落进入管腔，支气管周边有组织细胞浸润及成纤维细胞增生，肺泡间隔增厚，单核细胞浸润及Ⅱ型上皮细胞增生，多数肺泡融合，形成大小不一的空洞结构。肺泡腔内有坏死细胞碎片。

若 PRRS 和细菌、病毒混合或继发感染时，则可出现相应的病理变化，如心包炎、胸膜炎、腹膜炎及脑膜炎等。间质性肺炎常混合化脓性纤维素性支气管肺炎。有些感染病例还可见胸膜炎。

鼻甲部黏膜的病变是 PRRS 感染后期的特征，其上皮细胞纤毛脱落，上皮内空泡形成和黏膜下层淋巴细胞、巨噬细胞和浆细胞浸润。淋巴结、胸腺和脾脏组织肥大、增生、中心坏死，淋巴窦内有多核巨细胞浸润。血管、神经系统、生殖系统的病变也主要表现为淋巴细胞、巨噬细胞、浆细胞的增生和浸润。

流产的胎儿血管周围出现以巨噬细胞和淋巴细胞浸润为特征的动脉炎、心肌炎和脑炎。脐带发生出血性坏死性动脉炎。母猪可出现子宫内膜炎及子宫肌炎。

五、禽 流 感

1. 原因及发病机理 禽流感是由 A 型禽流感病毒引起的禽类传染病。根据临床表现可分为高致病性禽流感（HPAI）和中低致病性禽流感（MPAI）。病毒按照血凝素（HA）和神经氨酸酶（NA）的差异，可分为许多亚型。不同的 H 抗原或 N 抗原之间无交叉反应。低致病性毒株在合适条件下很容易变为高致病性。各种品种和不同日龄的禽类均可感染 A 型流感病毒，在家禽中以鸡和火鸡最易感。病毒可经消化道、呼吸道、损伤的皮肤和眼结膜等途径传播。吸血昆虫可传播病毒，带毒的种蛋可垂直传播。野鸟特别是迁徙的水鸟，在本病的传播上有重要意义。

病毒侵入机体后首先在呼吸道和消化道黏膜上皮细胞内增殖，当达到一定浓度时，病毒随淋巴液进入血液，形成病毒血症，并随血流侵入肺脏、肝脏、肾脏、心脏和脑等全身组织器官，引起组织细胞肿胀、变性和坏死。疾病的严重程度主要取决于病毒毒株的毒力、宿主的抵抗力及有无并发症等。有报道认为，病毒致病能力以及在机体内扩散能力与病毒 HA 碱性氨基酸的多少和宿主体内蛋白裂解酶的分布有密切关系。

2. 病理变化 本病的病理变化因病毒株毒力强弱、病程长短及禽种不同而变化不一。

（1）低致病性禽流感。鸡的剖检病变：呼吸道尤其是鼻窦出现卡他性、浆液纤维素性或纤维素性脓性的炎症。气管黏膜充血水肿，偶尔出血，管腔中有浆液或干酪样渗出物，气囊膜混浊。腺胃、肌胃出血，肠道出血及溃疡。腹腔内及小肠可见卡他性或纤维素性炎症。蛋鸡发生卵巢炎症、卵泡出血、变性和坏死，输卵管黏膜充血、水肿，浆液性、干酪样渗出，卵黄性腹膜炎。胰腺有斑点状灰白色坏死点。有的病例肾脏肿胀，有尿酸盐沉积。

（2）高致病性禽流感。暴发型死亡禽仅见冠和肉髯、皮肤呈紫红色，头部、眼睑水肿，鼻窦有黏性分泌物。病程稍长者，眼观病鸡头部、上颈和脚部肿胀，鸡冠、肉髯发绀、坏死及出血。皮下可见黄色胶冻样液体，胸部、腿部等各处骨骼肌斑点状出血。气管黏膜轻度水肿，气囊壁增厚，有浆液性、纤维素性或灰黄色干酪样渗出物。心肌、脑、肺脏、肝脏、脾脏和肾脏、胃与小肠广泛充血和出血，腺胃乳头肿胀，腺胃与肌胃交界处呈带状或者球状出血，肝脏、脾脏、肾脏和肺脏常见灰黄色坏死灶，有的还可见纤维素性心包炎、胸膜炎和腹膜炎，产蛋鸡多见卵黄性腹膜炎。组织学检查：血管周围发生淋巴细胞围管现象（血管套），实质器官变性且有灶状坏死。脑膜充血、水肿，神经元变性和坏死，胶质细胞灶状或弥漫性增生。法氏囊、脾脏淋巴细胞坏死和减少。

六、猪圆环病毒感染

1. 原因及发病机理　猪圆环病毒（PCV）有 2 个血清型，即 PCV-1 和 PCV-2。研究认为，仅 PCV-2 对猪具有致病性。临床上很多疾病，如仔猪断奶后多系统衰竭综合征、繁殖障碍、呼吸道综合征、增生和坏死性肺炎、仔猪先天性震颤、猪皮炎肾病综合征、增生性肠炎、渗出性表皮炎、坏死性淋巴结炎等均与 PCV-2 感染相关。

猪圆环病毒致病机理至今尚不十分清楚。一般认为，PCV-2 可通过消化道、呼吸道传播。成年猪可通过交配感染，仔猪可以通过垂直传播。病毒在扁桃体、局部淋巴结增殖后，向其他淋巴组织、肺脏、肝脏、肾脏扩散，引起临床上相关疾病的出现。诱发免疫抑制、间质性肾炎、肠炎及肝脏损伤。由于正常免疫功能受损，机体抵抗力下降，极易引起继发或并发感染，使疾病更加严重和复杂。

2. 病理变化

（1）断奶仔猪多系统衰竭综合征（PMWS）。主要病变为全身淋巴结，特别是腹股沟浅淋巴结、肠系膜淋巴结、支气管淋巴结肿胀，切面湿润，土黄色，淋巴结皮质出血者，则呈紫红色。显微镜下可见淋巴器官肉芽肿和不同程度的淋巴细胞缺失。

肺间质性炎，间质增宽，棕黄或棕红色斑驳状，触之有橡皮样弹性。镜检时见单核细胞（主要是巨噬细胞和淋巴细胞，偶尔有多核巨细胞）和Ⅱ型肥大细胞浸润，使肺泡间隔增厚。

心脏变形，质地柔软，心冠脂肪萎缩。

胸膜炎、腹膜炎。肝脏萎缩或肿胀，呈土黄色（黄疸）。肾脏肿胀，颜色变浅，皮质变薄，有时有出血点或灰白色病灶，镜检可见间质性肾炎和肾盂肾炎，炎症周围出现纤维素性增生区。

若继发细菌感染，则心包炎、胸膜肺炎和肝周炎等比较明显，并有纤维素性渗出物，引起器官粘连，甚至化脓性病变。

（2）猪皮炎肾病综合征（PDNS）。

① 眼观病变。患猪会阴部和后肢皮肤出现圆形至不规则的红色或紫色斑块，直径为1～20 mm。并且随着病情的恶化，这些斑块会连成一片，形成不规则的结节。皮肤病变首先出现在后躯和腹部，然后逐渐向胸部、肋和耳部扩展。双肾肿大，皮质苍白，有大量直径为2～4 mm 的红色点状出血斑。腹股沟淋巴结肿大出血；关节出血和肠道出血。

② 显微病变。全身坏死性脉管炎，真皮和皮下组织出现坏死性血管炎，常涉及毛细血管、小血管和中等大小血管，甚至动脉，并常伴随有表皮坏死和溃疡；肾纤维素性坏死性肾小球肾炎，这种病损是Ⅲ型过敏反应的特征，属免疫介导性障碍，由免疫复合物在脉管和肾小球微血管的管壁上沉淀所致。

（3）繁殖障碍。临床出现流产、死胎、木乃伊胎增多。病猪常见非化脓性、坏死性或纤维素性心肌炎，心脏肥大和多处心肌变色。在心肌炎病变组织中存在大量PCV‑2。组织学检查可见肺泡中渗入单核细胞，心肌变性水肿和纤维素性坏死，而且常有淋巴细胞和巨噬细胞渗入并分布其中。

（4）猪呼吸道综合征（PRDC）。其特征性病变是出现纤维素性支气管炎和细支气管肺炎，肺泡间隔淋巴细胞和浆细胞数量减少，而单核细胞和巨噬细胞渗入，使肺泡间隔明显增厚，很多肺泡内含有大量坏死碎片，充满Ⅱ型肥大细胞，使肺泡粘连。

（5）猪增生和坏死性肺炎（PNP）。特征性病变为组织细胞和多核巨细胞的细胞质中出现形态多样的、体积较大的嗜碱性或两性葡萄球状包含体。另外，也常可见到小肠和大肠派氏结的淋巴细胞减少和出现肉芽肿性炎症。

七、猪　　瘟

1. 原因及发病机理　本病是由猪瘟病毒（CSFV，以前称为 HCV）引起的猪传染病。CSFV 毒株存在抗原变异，通常可将其分为高、中、低和无毒力株。病毒一般经消化道、鼻咽黏膜、眼结膜感染，也可经胎盘感染。病毒通过黏膜进入体内，先在扁桃体内复制增殖，然后扩散到周围淋巴结，在感染后 16 h 内出现病毒血症。3～4 d 后病毒侵入包括咽黏膜、胃肠道、胆囊、胰、唾液腺、子宫、肾上腺和甲状腺的内皮细胞和上皮细胞。通常在感染后 5～6 d 病毒即可传到全身，并随口鼻、泪腺分泌物及尿粪等排泄到外界环境中。

病毒在扁桃体、内脏淋巴结、骨髓、肝脏、脾脏、肾脏等组织器官内大量复制，破坏免疫器官结构，抑制机体免疫功能，引起内皮细胞变性、导致血小板严重减少、纤维原合成障碍，致使机体出现多发性出血。

2. 病理变化　由于感染的 CSFV 毒力差异，病猪临床表现及病理变化有所不同，可分为不同类型。近年来，猪瘟的典型病理变化往往不明显。

（1）最急性型。一般无特征病变，仅见浆膜、黏膜和内脏有少量出血斑点。

（2）急性型。全身皮肤、浆膜、黏膜和内脏器官均有不同程度的出血，是病毒损伤微血管系统内皮细胞的结果。全身淋巴结特别是颌下、支气管、肠系膜及腹股沟等处淋巴结充血肿胀、出血，外观紫褐色，切面大理石样。肾皮质有针尖状数量不等的出血点，严重时有出血斑。肾盂、肾乳头出血。膀胱黏膜散在出血点。血液稀薄、发黑，不易凝固。脾脏不肿大，边缘出现特征性出血性梗死。

（3）亚急性型。主要为淋巴结、肾和胆囊等处有数量不等的出血，肺炎、坏死性肠炎病变明显，全身出血性变化较急性型轻。

（4）慢性型。实质器官见少量陈旧出血斑点，回肠、结肠、盲肠（特别是回盲瓣处）的淋巴组织和肠黏膜坏死，形成凸出于黏膜表面的灰色纽扣状溃疡（固膜性炎）。

（5）持续感染型。主要是肾脏表面有数量不等的陈旧性针尖状出血点，皮质、肾盂、肾乳头均可见小出血点，颌下淋巴结、肠系膜淋巴结、腹股沟淋巴结有少量出血点。有时扁桃体也可见到少量出血点。本型常因病变不明显而被忽视。

（6）复杂感染型。因混合感染其他病原，体内多种组织均可出现病变。主要表现为淋巴结肿大，大理石样，肝脏、脾脏、肾脏等有陈旧的针尖样出血斑点和坏死灶，可见纤维素性出血性肺炎、纤维素性坏死性肠炎等病变。

八、非洲猪瘟

1. 原因及发病机理 本病是由非洲猪瘟病毒（ASFV）感染家猪和各种野猪（如非洲野猪、欧洲野猪等）引起的一种急性、出血性、烈性传染病。在猪体内，非洲猪瘟病毒可在几种类型的细胞质中，尤其是网状内皮细胞和单核巨噬细胞中复制。该病毒可在钝缘蜱中增殖，并使其成为主要的传播媒介。

ASFV可经过口和上呼吸道系统进入猪体，在鼻咽部或是扁桃体发生感染，病毒迅速蔓延到下颌淋巴结，通过淋巴和血液遍布全身。强毒感染时细胞变化很快，在呈现明显的刺激反应前，细胞都已死亡。弱毒感染时，刺激反应很容易观察到，细胞核变大，普遍发生有丝分裂。

2. 病理变化 病毒由口和上呼吸道进入体内，在鼻腔或扁桃体部发生感染，然后蔓延到下颌淋巴结等部位，猪浆膜表面先充血、后出血，内脏表面均有出血点；胃和肠道黏膜、胆囊和膀胱等均有出血；肺脏肿大，切开肺脏，可见泡沫性液体流出，气管内亦有带血泡沫样黏液；脾脏肿大、易碎，呈深红色或黑色，边缘呈网状，有时边缘出现梗死；颌下淋巴结、腹腔淋巴结肿大，严重时有出血。

九、猪传染性胃肠炎

1. 原因及发病机理 本病是由猪传染性胃肠炎病毒（TGEV）所致的猪的高度接触性肠道传染病。各种年龄的猪都易感，但以10日龄以内的仔猪发病率和病死率高。病毒随粪便、乳汁、鼻分泌物及呼出气体排出，可通过呼吸道、消化道或乳汁感染。无论是何种感染途径，病毒都被吞咽进入消化道，到达肠内的病毒在空肠、回肠上皮细胞内及结肠的某些部位增殖，引起小肠黏膜上皮细胞变性、坏死、脱落，小肠绒毛萎缩，使黏膜功能破坏和酶活性下降，造成营养成分分解及吸收障碍，电解质平衡紊乱，肠内渗透压升高而发生腹泻、脱水，最终死亡。

2. 病理变化 病猪尸体消瘦，明显脱水。病变主要在胃和小肠。胃内充满凝乳块，胃底黏膜充血，有时有出血点。小肠壁变薄，缺乏弹性，肠管扩张呈半透明状，肠腔内充满黄绿色或灰白色液体，含有气泡或凝乳块；小肠黏膜轻度充血，黏膜上皮变性、脱落。小肠黏膜绒毛萎缩，特别是空肠段绒毛可明显缩短到原来的1/7。小肠肠系膜淋巴管内缺乏乳糜，肠系膜淋巴结充血、肿胀，切面多汁，带有红色。

心脏、肺脏、肾脏一般无明显病变。部分猪脾脏背面有斑点，凸出于表面，肾脏、肺脏有不同程度的肿胀和间质增宽。

十、鸡新城疫

1. 原因及发病机理 鸡新城疫病毒可通过呼吸道、消化道、眼结膜、损伤的皮肤以及交配等侵入机体。病毒先在侵入的局部组织内增殖，然后迅速侵入血液扩散到全身，引起病毒血症并发展为败血症，机体多个系统受损。病毒在血液中损伤血管壁，引起出血、血浆渗出和坏死变化；消化机能紊乱，使营养物质吸收障碍，由于下痢，体内水分和蛋白质成分大量丧失，还因炎性产物和坏死组织被吸收，可导致机体严重的自体中毒；巨噬细胞系统和淋巴组织受损，使机体造血功能障碍；中枢神经系统受损，则病鸡出现共济失调和肢体麻痹等神经症状；呼吸中枢功能紊乱，引起呼吸困难。

2. 病理变化 本病的主要病理变化是全身黏膜和浆膜出血。口腔和咽部有米粒大隆起、黄白色坏死性纤维素附着物，气管出血或坏死，周围组织水肿，气管中常蓄积多量污黄色黏液。嗉囊充满酸臭味的稀薄液体和气体。

腺胃病变具有特征性。腺胃黏膜上附着多量透明或脓样黏液，腺胃乳头或乳头间有鲜红或暗红色粟粒大小出血点，或有溃疡和坏死。肌胃角质层下也有出血点。小肠、盲肠、直肠黏膜有大小不等的出血点，尤以小肠最严重。肠黏膜出血性溃疡，表面隆起，覆有纤维素渗出物形成的伪膜。

心脏扩张，心包液增多，心冠脂肪有针尖样出血点。产蛋鸡卵泡和输卵管充血明显，若卵泡膜破裂，卵黄流入腹腔则引起卵黄性腹膜炎。肝脏、脾脏、肾脏一般无特殊病变，胰腺组织中可见均匀分布的灰白色、粟粒大变性或坏死灶。脑膜充血或出血。

鹅发生本病时常见食管有散在白色或带黄色的坏死灶，肌胃和腺胃黏膜坏死出血，肠道有广泛坏死灶和出血，腔上囊萎缩。

镜检：心脏、肝脏、肾脏实质细胞不同程度变性，胃肠黏膜上皮、肠淋巴滤泡坏死、出血及淋巴细胞浸润，脑实质中神经细胞变性，胶质细胞增生，血管周围淋巴细胞浸润。

十一、鸡传染性喉气管炎

1. 原因及发病机理　鸡传染性喉气管炎病毒（ILTV）可经呼吸道、消化道、眼感染，种蛋也可能传播。病毒进入鸡体后，在喉和气管黏膜上皮细胞内大量增殖，引起喉和气管炎症，在感染组织的上皮内形成核内包含体，并出现明显病毒血症。喉气管炎症由浆液性而变为黏液性，继而发展为纤维素性、坏死性，同时伴有明显的出血病变。炎症中形成的纤维素性伪膜和出血性渗出物及凝血条块，阻塞喉头和气管，引起病鸡呼吸困难，甚至因窒息而死亡。

ILTV 具有潜伏感染特征，病毒在体内潜伏感染的部位是三叉神经节。在应激状态、抵抗力降低时，病毒可被激活而引起发病，并在鸡群内传播。

2. 病理变化　本病的病理变化有喉气管型和结膜型两种。

（1）喉气管型。病死鸡皮肤发绀，鼻腔内积有浆液或黏液，或带有血凝块或呈纤维素性干酪样物。喉头和气管肿胀、充血、出血，黏膜上覆有多量浓稠黏液或黄白色伪膜或黄白色豆腐渣样渗出物，并常有血液凝块。有的在喉和气管内存有纤维素性的干酪样物质，附着于喉头周围，堵塞喉腔。气管的病变在靠近喉头处最重，往下稍轻，部分病例在两支气管或一侧支气管内有条柱状黄白色豆腐渣样渗出物，从支气管伸到肺脏，有些堵塞在两支气管交叉狭窄处，导致窒息死亡。镜检：早期病例在喉和气管黏膜上皮内可发现呈聚集状态的核内包含体。呼吸道黏膜上皮细胞明显脱落，残存的黏膜上皮细胞肿胀、增生，核呈空泡变性而肿大。黏膜固有层充血、水肿，血管内皮肿胀、增生，管壁纤维素样变。固有层有多量浆细胞、淋巴细胞及单核细胞浸润。

（2）结膜型。单侧或双侧眼结膜充血、淤血、水肿，有时有点状出血。有的病鸡眼睑水肿，角膜混浊，眶下窦出血，窦内充满干酪样渗出物。鼻窦黏膜淤血，有黏性渗出物蓄积，喉和气管出血轻微。

十二、鸡传染性支气管炎

1. 原因及发病机理　鸡传染性支气管炎病毒（IBV）有 10 多个血清型，所引起的症状和病变不完全相同。主要侵害鸡的呼吸、泌尿生殖和消化系统等，以呼吸困难，排白色或水样稀便，患病雏鸡有较高死亡率，成鸡产蛋下降，产畸形蛋、软壳蛋等为主要临床特征。IBV 主要经空气传播，进入机体后在呼吸道、肠道、肾脏和输卵管中复制。气管组织是病毒最集中侵害的器官，常出现呼吸道症状；而引起肾病型的 IB 毒株则形成间质性肾炎、肾小管内尿酸盐大量沉积；肾机能障碍时，病禽可因中毒和脱水而死亡。

2. 病理变化

（1）呼吸型传染性支气管炎。主要病变可见气管环出血，管腔中有黄色或黑黄色栓塞物。鼻腔、鼻窦黏膜充血潮红，鼻腔、支气管中有黏稠分泌物，病程稍长的，分泌物变成干酪样，或形成栓条状阻塞气管。肺脏水肿或出血。患鸡输卵管发育受阻，变细、变短或成囊状。产蛋鸡的卵泡变形，甚至破裂。光镜下，气管、支气管黏膜纤毛脱落，上皮细胞内有包含体，黏膜固有层和下层可见大量的淋巴细胞和浆细胞浸润。

（2）肾型传染性支气管炎。肾脏病变明显，而呼吸道病变较轻微或缺如。剖检可见鸡冠、肉垂颜色暗红，皮肤因大量失水而干燥，呼吸道可见多量黏液渗出。典型病变为肾脏肿大，出现暗红和白色条块相间斑块，或全肾苍白。两侧输尿管增粗，管内有白色尿酸盐结晶物。镜检：气管、支气管黏膜上皮坏死脱落，周围有大量淋巴样细胞增生。肾小管上皮颗粒变性，集尿管和肾小管管腔扩张，管腔中央为红染结晶，周围有大量多核白细胞和淋巴细胞增生。

（3）腺胃型传染性支气管炎。病鸡极度消瘦，雏鸡眼睛水肿，鼻腔、气管内有大量稀薄黏液，气管下段有红色环状充血。肺脏颜色变暗，气囊混浊。成年鸡的呼吸系统变化轻微或不出现。典型变化在腺胃。病初腺胃肿大如小圆球，较硬，胃壁增厚，切开后自行外翻。数日后见腺胃内壁乳头增大、肿胀，可挤出白色黏稠液体，腺胃与肌胃交界处出现溃疡、出血。有的在腺胃乳头基部有环状充血。后期腺胃松弛膨大，呈长囊状，胃壁软薄，腺胃乳头平整融合，完全消失；肌胃瘪缩。有的胰腺肿大有出血点；有的肾脏肿大，有尿酸盐沉积；盲肠扁桃体肿大出血；十二指肠、空肠、直肠和泄殖腔有不同程度的出血。

十三、减蛋综合征

1. 原因及发病机理　本病又称鸡产蛋下降综合征（EDS-76），是由禽腺病毒引起的，使蛋鸡产量下降的病毒性传染病。病毒可经消化道水平传播，但主要经种蛋垂直传播。雏鸡感染后不表现任何临床症状，血清抗体也为阴性。一直到开始产蛋，病毒才开始活动。EDS-76病毒能使黏膜上皮细胞变性、脱落，细胞质内分泌颗粒减少或消失，子宫的腺体细胞萎缩，这样使得钙离子转运障碍和色素分泌量减少，并使输卵管内pH明显降低，这种酸性环境可以溶解卵壳腺所分泌的碳酸钙，使钙盐沉着受阻，从而导致蛋壳形成紊乱而出现蛋壳异常。由于输卵管各部功能异常使鸡的正常产蛋周期和排泄机制受到干扰和破坏，导致产蛋率下降或产蛋停止。

经口感染成年母鸡后，病毒在鼻黏膜进行一定量的复制，形成病毒血症。感染后3~4 d病毒在全身淋巴组织中复制，7~20 d，病毒在输卵管狭部蛋壳分泌腺大量复制，导致了黏膜分泌功能紊乱，蛋壳形成受阻，产蛋减少或停止。

2. 病理变化　本病眼观病变不明显，有时可见卵巢发育不良，或有出血；输卵管萎缩，黏膜发炎，卵泡软化。少数病例可见子宫水肿，腔内有白色渗出物或干酪样物，卵泡有变性和出血现象。

病理组织学检查子宫输卵管腺体水肿，单核细胞浸润，黏膜上皮细胞变性坏死。子宫黏膜及输卵管固有层出现浆细胞、淋巴细胞和异嗜细胞浸润。输卵管上皮细胞中有嗜伊红的核内包含体，核仁、核染色质偏向核膜一侧。

十四、鸭　瘟

1. 原因及发病机理　本病又称鸭病毒性肠炎，由鸭病毒性肠炎病毒引起。传播途径主要是消化道，也可经交配、眼结膜或呼吸道传播。易感鸭经消化道等途径感染后，病毒首先在整个消化道黏膜层大量复制，引起黏膜上皮破坏脱落并发生凝固坏死后，经血流形成病毒血症。病毒广泛分布于病鸭的肝脏、脾脏、脑、血液、肺脏、肌肉、肾脏等组织器官，以食管、肺脏、泄殖腔和脑组织含毒量最高。局部由多量炎性细胞广泛浸润，导致广泛的局灶性坏死、肠炎和脉管炎。

2. 病理变化　以头颈部肿大和消化道黏膜出血、形成伪膜或溃疡为特征。眼睑肿胀，眼角有浆液性或脓性分泌物。头和颈部皮肤肿胀，有出血斑点，切开时，流出淡黄色的透明液体。口腔、食道黏膜有点状出血或纵行排列呈条纹状的灰黄色伪膜覆盖，伪膜剥离后留下溃疡斑痕。泄殖腔黏膜病变与食道相似，即有出血斑点和不易剥离的伪膜与溃疡。食道膨大部分与腺胃交界处有一条灰黄色坏死带或出血带，肌胃角质膜下层充血和出血。十二指肠、空肠、直肠可见重度出血及坏死病灶。

病死鸭呈败血症变化，皮肤、气管、肺、心冠脂肪及心外膜、肝脏、肾脏、卵黄蒂、胰腺、法氏囊等淤血或出血。肝脏表面和切面有大小不一、形状不规则的灰白色或灰黄色坏死灶，而有的白色坏死灶中心为红色出血点。胆囊肿大，充满黏稠的墨绿色胆汁。脾脏呈黑紫色，体积缩小，或有灰白或灰黄色坏死点。心外膜和心内膜上有出血斑点，心腔里充满凝固不良的暗红色血液。雏鸭感染时法氏囊充血发红，有针尖样黄色小斑点，到后期，囊壁变薄，囊腔中充满白色、凝固的渗出物。产蛋母鸭的卵巢滤泡增大，有出血点和出血斑，有时卵泡破裂，引起腹膜炎。

十五、鸭病毒性肝炎

1. 原因及发病机理　本病由鸭肝炎病毒引起，该病毒有 3 个血清型。鸭病毒性肝炎通常是由Ⅰ型病毒所致。易感鸭经消化道和呼吸道等途径感染Ⅰ型鸭肝炎病毒后，病毒在肝脏实质器官中大量繁殖，导致肝细胞弥漫性变性和坏死，肝出血区可见大量坏死的肝细胞。血管周围有不同程度颗粒白细胞和淋巴细胞等炎性细胞浸润，小叶间胆管上皮增生。病毒还可以随血液循环到达脾脏、肾脏、胰腺、脑和胆囊等器官，进行大量复制，造成细胞变性坏死，器官组织炎症等。如免疫器官受病毒侵害后发生退行性变化，导致免疫功能急剧下降。雏鸭感染后腔上囊出血、坏死并发生萎缩。发生病毒性脑炎时，病鸭出现痉挛、角弓反张等一系列明显神经症状。

2. 病理变化　特征性病变主要在肝脏。肝脏肿大、边缘钝圆，质地柔软脆弱，颜色灰红、土黄或斑驳状，表面有弥漫性出血点或出血斑；胆囊肿胀呈长卵圆形，充满褐色、淡绿色或淡茶色胆汁；胰腺有散在性分布的灰白色坏死灶和斑点状出血；脾脏和肾脏有不同程度的肿胀，表面有出血点或呈斑驳状；心肌常呈淡灰色，质软有淤血，似开水煮样；此外，部分病例还可见喉、气管、支气管等有轻度卡他性炎症及脑充血、出血等现象。镜检：肝组织广泛出血，肝细胞弥漫性变性、坏死，坏死灶周围和肝细胞索之间淋巴细胞浸润，小叶间胆管上皮增生；肾小管上皮细胞肿胀或脂肪变性；脑膜和脑内血管扩张，神经细胞变性和坏死，胶质细胞增生，淋巴细胞与胶质细胞形成血管套。雏鸭腔上囊上皮皱缩和脱落，淋巴小结萎缩。

Ⅱ型、Ⅲ型鸭肝炎病毒引起的病变与Ⅰ型肝炎相类似。

十六、小 鹅 瘟

1. 原因及发病机理　本病是由小鹅瘟病毒所引起的雏鹅的一种急性或亚急性败血性传染病。除经消化道感染外，也可经种蛋垂直传播。易感鹅感染小鹅瘟病毒后，病毒首先在肠道黏膜层大量复制，导致小肠黏膜广泛的急性卡他性炎症，肠黏膜绒毛因病毒损害及局部血液循环和代谢障碍，发生渐进性坏死，上皮层坏死脱落，整个绒毛的结构逐渐破坏，并与相邻的坏死绒毛融合在一起，黏膜层的整片绒毛连同一部分黏膜固有层脱落。随后细胞成分进一步发生崩解碎裂和凝固。小鹅瘟病毒经血液循环广泛存在于患鹅的血液、肝脏、脾脏、心脏、肺脏、肾脏、胃、肠和脑组织中，在各组织器官复制，引起这些器官组织的病理损害，导致全身性淋巴网状系统细胞增生反应。从神经组织、血管组织、淋巴网状系统和消化道黏膜引起变性、坏死和炎症过程，表明小鹅瘟病毒为嗜器官性病毒。

2. 病理变化

（1）最急性型。剖检时仅见小肠黏膜肿胀充血或出血，黏膜上覆盖有大量淡黄色黏液；肝脏肿大，充血出血，质脆易碎；胆囊胀大，充满胆汁，其他脏器的病变不明显。

（2）急性型。除全身呈现败血症病变外，肠道病变较为明显。十二指肠特别是起始部黏膜弥漫性红色，空肠中段、后段及回肠大片黏膜坏死脱落，与其纤维素性渗出物凝聚形成长短不一的栓子样物体，质地坚实，似香肠，长度 2～6 cm 或更长，堵塞肠腔。眼观肠管极度膨大，体积比正常肠管增大 2～3 倍，淡灰白色。剪开肠道后可见肠壁变薄，栓子不与肠壁粘连，易从肠道中取出。切开栓子，其中心是深褐色的干燥肠内容物，外层包裹着由坏死的肠黏膜和纤维素性渗出物凝固形成的厚层的灰白色伪膜。有些病例缺少这种典型变化，而是肠腔中充满黏稠的内容物，黏膜充血发红，呈卡他性炎症变化。解剖时还可见肝脏肿大，呈深紫色或黄红色，质脆；胆囊胀大，充满暗绿色胆汁；脾脏肿大，呈暗红色；肾脏稍微肿大，呈暗红色，质脆易碎；心壁扩张，心耳及右心室积血；大腿内侧皮下、胸肌、心内外膜、肺脏等部位有瘀斑、瘀点。

（3）亚急性型。病鹅肠道栓子病变更为明显。1 月龄以上的病鹅肠道形成的伪膜可以从十二指肠段开始，整个肠段均有栓子状伪膜，有的栓子状伪膜可延伸到直肠。

镜检可见，具有栓块的肠段呈纤维素性坏死性炎症，肠黏膜的绒毛和肠腺消失，固有层有淋巴细胞、单核细胞浸润。脑膜和脑实质小血管扩张充血和出血，脑内可见细小软化灶，神经细胞变性或坏死，胶质细胞增生形成"血管套"。肝淤血，肝细胞变性，局部有灶状坏死及炎性细胞浸润。

十七、犬 瘟 热

1. 原因及发病机理　本病是由犬瘟热病毒（CDV）引起的犬的一种高度接触性、致死性传染病。CDV 是一种泛嗜性病毒，可感染多种细胞与组织，造成相应的症状。一般情况下，通过气溶胶与上呼吸道黏膜上皮接触而感染，病毒首先侵入上呼吸道，经鼻腔、咽部和气管侵入机体，24 h 后扩散至扁桃体、咽后和支气管淋巴结，2~4 d 后病毒大量增殖，进入循环系统形成病毒血症，并且随着被感染的中性粒细胞和大单核细胞扩散到肝脏、脾脏、肺脏、胸腺、胃、小肠、骨髓等组织和器官，使机体免疫功能受到严重破坏，病毒是否进一步扩散及增殖取决于动物自身的抵抗能力。8~9 d 后病毒进一步扩散至上皮细胞和神经组织，免疫状态低下的犬，9~14 d 后病毒扩散分布到整个机体。患犬会发生肠炎、肺炎及皮肤溃疡灶，脚垫皮肤角化病等，3~4 周后会出现神经症状而死亡。

2. 病理变化　成年犬表现为结膜炎、鼻炎，上呼吸道、肺部和消化道也有不同程度的卡他性炎症，重症病例肺部充血性水肿和坏死性支气管炎。如果继发感染，可发生化脓性支气管肺炎。肠黏膜脱落，肠系膜淋巴结肿胀。有神经症状的犬常可见鼻和脚垫的皮肤角化病。脑膜充血，脑室扩张。幼犬通常出现胸腺萎缩。

病理组织学检查，在呼吸道、膀胱和肾盂上皮细胞、网状细胞中可以见到包含体。包含体常见于细胞质中，胞核中偶尔可见，多数呈卵圆形，嗜酸性。死于神经症状的病例，可在脑组织中发现非化脓性炎症，有时可见神经胶质细胞及神经元内有核内和细胞质内包含体。

任务五　寄生虫病病理

一、球 虫 病

1. 原因及发病机理　球虫病是由球虫引起的原虫病。土壤、饲料或饮水中的感染性卵囊被畜禽吞入后到达肠管，子孢子脱囊逸出，进入肠上皮细胞吸取营养，通过反复地由裂殖体分裂而成为裂殖子，并重新进入新的上皮细胞内生长发育，这样多世代增殖，使上皮细胞遭受严重破坏。肠黏膜上皮细胞消失，绒毛萎缩，降低采食量和饲料中养分的吸收率，上皮糜烂与溃疡引起渗出性肠炎，可诱发贫血、低蛋白血症、脱水等。

鸡球虫生
活史
（动画）

经两个或多个世代后，一部分裂殖子发育为大配子母细胞，最后发育为大配子。另一部分发育为小配子母细胞，继而生成许多带有 2 根鞭毛的小配子。活动的小配子钻入大配子体内（受精），成为合子。合子迅速由被膜包围而成为卵囊，离开宿主细胞随粪便排出体外。因此，检查粪便中卵囊是诊断本病的一种重要方法。

2. 病理变化　球虫的毒力与宿主种类、感染细胞的类型和定位等多种因子有关。

（1）鸡球虫病。死鸡消瘦，鸡冠和可视黏膜苍白或青紫，泄殖腔周围羽毛被粪便污染，常带有血液。不同球虫种类引起的肠道病变部位和程度有所不同。柔嫩艾美耳球虫主要侵害盲肠，故又称盲肠球虫病，急性者两根盲肠肿大 3～5 倍，肠内充满凝固的混有暗红色血液的内容物，肠上皮变厚并有糜烂，直肠黏膜可见有出血斑。毒害艾美耳球虫损害小肠中段，病变部肠管扩张、肥厚、变粗，严重坏死。肠管中有凝固血块，使小肠在外观上呈现淡红色或黄色。巨型艾美耳球虫主要侵害小肠中段，肠管扩张，肠壁肥厚，内容物黏稠，呈淡灰色、淡褐色或淡红色，有时混有少量血液。堆型艾美耳球虫多侵害十二指肠前段，在上皮表层发育，而且同期发育阶段的虫体常聚集在一起，因此被损害的十二指肠和小肠前段出现大量淡灰色斑点或条纹，排列成横行，外观呈阶梯样。布氏艾美耳球虫主要引起小肠后段与直肠的伪膜形成和干酪样肠栓，镜检坏死物中有大量球虫。

（2）兔球虫病。引起兔球虫病的球虫有许多种，兔艾美耳球虫寄生于胆管上皮引起肝球虫病，其余均寄生于肠黏膜上皮引起兔球虫病，但多见混合感染。肝脏肿大，表面和实质内有粟粒至豌豆大白色或淡黄色脓样结节或条索，沿胆小管分布，胆囊肿大，胆汁浓稠。慢性肝球虫可见肝小叶间和胆小管周围结缔组织增生，肝细胞萎缩。肠管充血，有的出血，肠臌气，十二指肠扩张肥厚，慢性病例肠黏膜呈淡灰色，有白色小结节，并有化脓性或坏死性病灶。

（3）猪球虫病。特征性病理变化主要发生在空肠和回肠。空肠和回肠内充满暗红色稀薄水样内容物，肠黏膜有大量出血斑和弥漫性坏死，肠系膜淋巴结肿大，肠壁充血肿胀，其他脏器无肉眼可见病变。镜检：在肠黏膜上皮细胞内见到大量似成熟的球虫裂殖体、裂殖子等。

（4）牛球虫病。病牛尸体消瘦，可视黏膜苍白，肛门外翻，肛门周围和后肢被含血稀便所污染。盲肠、结肠、直肠发生出血坏死性炎症，内容物稀薄，混有血液、黏液和纤维素。肠壁淋巴滤泡肿大，呈灰白色，其上部黏膜常发生溃疡。肠系膜淋巴结肿大。组织学检查，病变部位的肠黏膜上皮细胞发生变性、坏死和脱落，在肠腔内形成许多细胞碎屑。尚存的上皮细胞内可发现处于不同发育时期的球虫。黏膜固有层有大量嗜酸性粒细胞浸润。

（5）鸭球虫病。整个小肠呈出血性肠炎，肠壁肿胀、出血，黏膜上有出血斑或密布针尖大小的出血点，有的见有红白相间的小点，有的黏膜上覆盖一层糠麸状或奶酪状黏液，或有淡红色或深红色胶冻状出血性黏液。

二、附红细胞体病

1. 原因及发病机理　附红细胞体是一种能引起人和多种动物感染的寄生生物。据报道，吸血昆虫、注射针头、交配等可传播本病，也可经胎盘垂直传播，很多呈隐性感染。致病机理尚未完全清楚。附红细胞体感染机体后，吸附于红细胞上，并从中吸取养分，使红细胞膜出现损伤，细胞膜通透性增加，膜脆性增高，甚至出现膜凹陷和空洞，使血浆进入红细胞内引起红细胞破裂，携氧功能丧失。当机体免疫力下降或受到其他病原体侵袭时，附红细胞体大量增殖，损伤的红细胞增多，逐渐出现贫血及黄疸。在机体免疫系统免疫监视和自身识别功能作用下，将附红细胞体寄生的红细胞作为异种抗原，加速进行吞噬，从而加剧了贫血和血红蛋白尿的形成。同时还引起机体产生自身抗体 IgM 型冷凝素，攻击被感染的红细胞，导致 II 型变态反应，进一步引起红细胞溶解，加重了贫血和血红蛋白下降。除此之外，由于附红细胞体大量繁殖，可引起部分组织器官严重损伤，机体代谢紊乱、酸碱失衡，如酸中毒和低糖血症等严重后果。

2. **病理变化**　主要病理变化为贫血及黄疸。皮肤及可视黏膜苍白、黄染，并有大小不等暗红色出血点或出血斑，眼角膜混浊，无光泽。皮下组织干燥或黄色胶冻样浸润。血液稀薄色淡，呈水样，不易凝固。全身肌肉、浆膜腔内脂肪黄染。皮下组织及肌间水肿，黄染。多数有胸水和腹水。

心包积液，心外膜有出血点，心肌松弛，色熟肉样，质地脆弱，心冠沟脂肪轻度黄染。肝脏肿大变性呈黄棕色，表面有黄色条纹状或灰白色坏死灶。胆囊膨胀，内部充满浓稠明胶样胆汁。脾脏肿大变软，呈暗黑色或土黄色，有的脾脏有针头大至米粒大灰白或灰黄色丘疹样坏死结节，脾组织中吞噬细胞含铁血黄素沉着。肾脏混浊肿胀，质脆，皮质有微细出血点或黄色斑点。全身淋巴结肿大，呈紫红色或灰褐色，切面多汁，有灰白色坏死灶和出血斑点。脑膜充血、出血，脑室内脑脊髓液增多。膀胱黏膜黄染并有少量出血点。胃底出血，坏死，十二指肠充血，肠壁变薄。

三、旋毛虫病

1. **原因及发病机理**　本病为人兽共患的寄生虫病。动物采食了含有包囊幼虫的肌肉后，幼虫在胃内脱囊而出，到达小肠内发育为成虫。成虫交配后，钻入肠腺和淋巴间隙，经过 7～10 d 产出幼虫。幼虫大部分进入黏膜下的微血管，随着血液循环到达全身各处，只有在横纹肌纤维内才能进一步发育为感染性幼虫，特别是活动量较大的肋间骨、膈肌中较多，常引起肌肉发生变性。

旋毛虫的宿主范围十分广泛，犬、猪的活动范围广，吃到动物尸体的机会很多，对动物粪便的嗜食性较强，因此感染率要比其他动物高。

2. **病理变化**　成虫侵入小肠上皮时，易引起急性肠炎，可见小肠黏膜肥厚、水肿、充血、出血，炎性细胞浸润。肠腔内充满黏液样分泌物，黏膜有出血斑，或溃疡。

幼虫侵入肌肉时，局部肌肉急性发炎，表现为肌细胞变性，肌纤维肿胀，横纹消失，组织充血和出血，局部炎性细胞浸润。严重者肌纤维发生坏死，肌间结缔组织增生。后期，采取肌肉做活组织检查或死后肌肉检查发现肌肉表现为苍白色，切面上有针尖大小的白色结节，显微镜检查可以发现虫体包囊，包囊内有卷曲状的幼虫一至数条，外围有结缔组织包裹，时间较长的可发生钙化。

四、猪囊尾蚴病

1. **原因及发病机理**　猪囊尾蚴病又称猪囊虫病，是由猪带绦虫的幼虫引起的人兽共患寄生虫病。人是猪带绦虫的终末寄主，也是其中间寄主，人因吃了污染其虫卵的食物而感染。虫卵入胃后，其胚膜经胃液处理，为消化液中的蛋白酶所破坏，头节外翻，利用吸盘和小钩固着于肠黏膜，以肠内消化的食物为营养，除对肠黏膜的机械损伤外，其代谢产物可引起肠道功能紊乱和某些神经症状，不断产生的节片脱落后随粪便排出。

猪是猪带绦虫的中间寄主。虫卵被猪吞食后，在小肠经消化液作用，六钩蚴逸出，通过肠系膜静脉和淋巴循环到达全身各个部位，如肌肉组织、脑、肝脏、肺脏、肾脏等器官。在寄生局部形成占位与机械损伤，其分泌代谢产物或虫体死亡释放的蛋白类物质，往往引起周围组织的炎症反应及水肿。

2. 病理变化 猪囊尾蚴为白色半透明的小囊泡，长 6～10 mm，宽约 5 mm，囊内含有透明的液体，囊壁上有一乳白色的小结，其中嵌藏着一个头节。囊虫包埋在肌纤维间，像散在的豆粒或米粒。在严重感染的情况下，病猪肉呈苍白色而湿润，囊尾蚴除寄生于各部分肌肉外，还可寄生于脑、眼、肝脏、脾脏、肺脏等部位，甚至在淋巴结和脂肪内也能找到囊尾蚴。在寄生初期，囊尾蚴外部有细胞浸润，继之发生纤维性变，约半年后虫体死亡而钙化。

五、弓形虫病

1. 原因及发病机理 本病是由龚地弓形虫引起的人和多种动物共患的寄生虫病。猫是终末宿主，其他动物为中间宿主。猫食入了感染弓形虫的动物（老鼠等）后，速殖子与缓殖子在肠上皮细胞内进行无性生殖和有性繁殖，生成裂殖体、配子体、合子，变为卵囊，随粪便排出体外。

弓形虫经消化道、呼吸道及伤口侵入中间宿主后，其中的子孢子随血液和淋巴液进入全身各脏器或组织的细胞中，在细胞质内以出芽方式进行无性繁殖，增殖大量的速殖子，直至细胞胀破。逸出的速殖子又可侵入邻近的细胞，如此反复不已，造成局部组织的灶性坏死和周围组织的炎性反应。如机体免疫功能正常，可迅速产生特异性免疫而清除弓形虫，形成隐性感染。虫体可在体内形成包囊，长期潜伏。一旦机体免疫功能降低，包囊内缓殖子即破囊逸出，引起复发。如机体免疫功能缺损，则虫体大量繁殖，引起全身广泛性损害。

2. 病理变化 内脏最特征的病变是肺脏、淋巴结和肝脏，其次是脾脏、肾脏、肠。肺脏肿大，呈暗红色，间质水肿增宽，切面流出多量带泡沫的浆液，肺脏表面有局灶性灰白色坏死灶。全身淋巴结肿大，有大小不等的出血点和灰白色的坏死点，尤以鼠蹊部和肠系膜淋巴结最为显著。肝脏淤血肿大，表面有散在针尖至黄豆大小灰白或灰黄色的坏死灶。脾脏在病的早期显著肿胀，有少量出血点，后期萎缩。肾脏黄褐色，表面和切面有针尖大出血点和坏死灶。胃肠黏膜肿胀肥厚，有糜烂或溃疡灶，从空肠至结肠有出血斑点。心包、胸腔和腹腔有积水。有的脑、脊髓组织内有灰白色坏死灶。

组织学检查，在肝坏死灶周围的肝细胞质内、肺泡上皮细胞内和单核细胞内、淋巴窦内皮细胞内，常见有单个和成双的或 3～5 个数量不等的弓形虫，形状为圆形、卵圆形、弓形或新月形等不同形状。

实操：鸡的病料采集及镜检

实 践 应 用

1. 根据你所掌握的知识，剖检时，哪些动物疾病可出现败血性病变？

2. 动物心肌、骨骼肌有坏死灶，一般见于哪些疾病？哪些动物疾病可出现肝脏坏死灶？

3. 猪瘟的特征性病理变化有哪些？鸡新城疫的主要病理变化有哪些？

4. 剖检时，若发现其肠道有明显的坏死、出血性炎症病变，应考虑哪些疾病？

5. 某 500 头规模的猪场，进入 4 月份以来，陆续有部分猪发病，少数严重者出现死亡。剖检发现肺脏肿大，间质增宽，切开后从切面流出多量泡沫样液体，试分析其可能的疾病。如要确诊，还需进行哪些检查？

6. 在进行病理学检查诊断过程中，哪些病理变化具有示病意义？

7. 一养猪户有 50~60 kg 肉猪 100 多头，近期有 30 多头突然发病，干咳，呼吸困难，呈犬坐姿势，有的口鼻流出泡沫样分泌物，体温 41~42 ℃。取严重者剖检，见全身黏膜、实质器官、淋巴结出血，心包积液，肺脏切面呈大理石样，质度稍硬，气管、支气管黏膜有泡沫状黏液。试分析：该群病猪的主要病变是什么？可能是什么疾病？如何处理？

8. 哪些疾病可以引起肝肿大？其病理变化特点如何？

9. 猪囊虫病、旋毛虫病的病变特征有哪些，如何检查？

历年执业兽医师考试真题

（2020）86 - 87. A. 恶性卡他热　B. 牛蝇蚴病　C. 口蹄疫　D. 痘病　E. 牛瘟

86. 成年牛感染常呈良性经过，尸体剖检见口腔和蹄部皮肤及前胃黏膜分布有大量水疱。该病最可能的诊断（　　）。　　**答案：D**

87. 犊牛感染呈恶性经过，尸体剖检见典型的"虎斑心"。该病最可能的诊断是（　　）。　　**答案：C**

（2021）53. 在下列疾病中，鸡痛风常见于（　　）。　　**答案：A**

　　A. 鸡肾型传染性支气管炎　　　　B. 鸡新城疫

　　C. 鸡流感　　　　　　　　　　　D. 雏鸡脑软化

　　E. 鸡传染性脑脊髓炎

项目十五
尸体剖检诊断技术

学习目标

能说出尸体剖检的意义和动物死后尸体的变化；能正确识别动物生前和死后的病理变化；能对反刍动物、禽类和猪等动物进行尸体剖检、脏器病变的检查以及病料的采集；能运用辨证的观点对病理诊断作出分析。

任务一　概　　述

（一）尸体剖检概念

动物尸体剖检是运用病理基本知识和技能，通过检查动物尸体的病理变化，进而诊断疾病、确定死因的一种方法。

按剖检目的不同，尸体剖检分为诊断学剖检、科学研究剖检和法兽医学剖检三种。诊断学剖检主要在于查明病畜发病和致死的原因、目前所处的阶段和应采取的措施。这要求对待检动物的全身每个脏器和组织都要做细致的检查，并汇总相关资料进行综合分析，最后得出诊断结论。科学研究剖检以学术研究为目的，如人工造病以确定实验动物全身或某个组织器官的病理变化规律。多数情况下，目标集中在某个系统或某个组织，对其他的组织和器官只做一般检查。法兽医学剖检则以解决与兽医有关的法律问题为目的，是在法律的监控下所进行的剖检。

在兽医临床实践中，尸体剖检是较为简便、快速的畜禽疾病诊断方法之一，因而被广泛应用。通过尸体剖检，直接观察器官特征病变，结合临床症状和流行病学调查等，可以及早做出诊断（死后诊断），为及时采取有效的防控措施提供可靠的诊断依据。通过尸体剖检，还可以检验临床诊断和治疗的准确性，积累经验，提高诊疗质量。

尸体剖检的对象是患病动物，因此在剖检操作过程中必须遵循一定的规程，保证真实反映疾病所造成的病变，严格防止个人感染和污染环境。必须对病尸进行全面、细致的检查，科学、综合的分析，才能得出可靠的结论。

（二）尸体的变化

动物死亡后，因体内酶和细菌的作用以及外界环境的影响，其尸体逐渐发生一系列的死后变化。正确地辨认尸体变化，可以避免把某些死后变化误认为生前的病理变化。

1. 尸冷 指动物死亡后，尸体温度逐渐降至外界环境温度相等的现象。由于动物死亡后，机体的新陈代谢停止，产热过程终止，而散热过程仍在继续进行。在死后的最初几小时，尸体温度下降的速度较快，以后逐渐变慢。通常在室温条件下，一般以每小时 1 ℃的速度下降，因此动物的死亡时间大约等于动物的体温与尸体温度之差。尸体温度下降的速度受外界环境温度的影响，如冬季天气寒冷，尸冷过程较快，而夏季则尸冷速度较慢。检查尸体的温度有助于确定死亡的时间。

2. 尸僵 动物死亡后，最初由于神经系统功能丧失，肌肉失去紧张力而变得松弛柔软。但经过一段时间后，肢体的肌肉即行收缩，使肢体各关节固定于一定的形状，称为尸僵。尸僵开始的时间，因外界条件及机体状态不同而异。大、中动物一般在死后 1.5～6 h 开始发生，10～24 h 最明显，24～48 h 开始缓解。尸僵从头部开始，然后是颈部、前肢、后躯和后肢的肌肉逐渐发生，此时各关节因肌肉僵硬而被固定，不能屈曲。解僵的过程也是从头、颈、躯干到四肢。

除骨骼肌以外，心肌和平滑肌同样可以发生尸僵。在死后 0.5 h 左右心肌即可发生尸僵，心肌收缩变硬，同时将心脏内的血液驱出，肌层较厚的左心室表现得最明显，而右心室往往残留少量血液。经 24 h，心肌尸僵消失，心肌松弛。如果心肌变性或心力衰竭，则尸僵可不出现或不完全，这时心脏质度柔软，心腔扩大，并充满血液。血管、胃、肠、子宫和脾脏等处平滑肌僵硬收缩时，可使腔状器官的内腔缩小，组织质度变硬。当平滑肌发生变性时，尸僵同样不明显，例如败血症的脾脏，由于平滑肌变性而使脾脏质度变软。

尸僵出现的早晚、发展程度，以及持续时间的长短，与外界因素和自身状态有关。如周围气温较高，尸僵出现较早，解僵也较迅速，寒冷时则尸僵出现较晚，解僵也较迟。肌肉发达的动物，要比消瘦动物尸僵明显。死于破伤风或番木鳖碱中毒的动物，死前肌肉运动较剧烈，尸僵发生快而明显。死于败血症的动物，尸僵不显著或不出现。另外，如尸僵提前，说明动物急性死亡并有剧烈的运动或高热疾病，如破伤风。如尸僵时间延缓，尸僵不全或不发生尸僵，应考虑到生前有恶病质或烈性传染病，如炭疽等。

检查尸僵时，应与关节本身的疾病相区别。发生慢性关节炎时关节也不弯曲。但如是尸僵，四个关节均不能弯曲，若是慢性关节炎，不能弯曲的关节只有一个或两个。

3. 尸斑 动物死亡后，由于心脏和大动脉的临终收缩及尸僵，血液被排挤到静脉系统内，并因重力作用，血液流向尸体的低下部位，使该部血管充盈血液，这种现象称为坠积性淤血。尸体倒卧侧组织器官的坠积性淤血称为尸斑，一般在死后 1～1.5 h 即可出现。尸斑坠积部的组织呈暗红或青紫色。初期，用指按压该部可使红色消退，并且这种暗红色的斑可随尸体位置的变更而改变。随着时间的延长，红细胞发生崩解，形成的血红蛋白通过血管壁向周围组织浸润，使心内膜、血管内膜及血管周围组织染成紫红色，这种现象称为尸斑浸润，一般在死后 24 h 左右开始出现。此时改变尸体的位置，尸斑浸润的变化也不会消失。

检查尸斑，对于死亡时间和死后尸体位置的判定有一定的意义。临床上应与淤血和炎性充血加以区别。淤血发生的部位和范围，一般不受重力作用的影响，如肺淤血或肾淤血时，两侧的表现是一致的，肺淤血时还伴有水肿和气肿。炎性充血可出现在身体的任何部位，局部还伴有肿胀或其他损伤。而尸斑则仅出现于尸体的低下部，除重力因素外没有其他原因，也不伴发其他变化。

4. 尸体自溶和腐败 尸体自溶是指动物体内的溶酶体酶和消化酶如胃液、胰液中的蛋白分解酶，在动物死亡后，引起的自体消化过程。表现最明显的是胃和胰腺，胃黏膜自溶时表现为黏膜肿胀、变软、透明，极易剥离或自行脱落和露出黏膜下层，严重时自溶可波及肌层和浆膜层，甚至可出现死后穿孔。尸体腐败是指由于细菌作用而发生尸体组织蛋白腐败分解的现象，主要是由于肠道内厌氧菌的分解、消化作用，或血液、肺脏内的细菌作用，也有从外界进入体内的细菌作用。腐败过程中，产生大量气体，如氨、二氧化碳、甲烷、氮、硫化氢等。因此，腐败的尸体内含有多量的气体，并产生恶臭。尸体腐败可表现在以下几个方面。

（1）死后臌气。这是胃肠内细菌繁殖，胃肠内容物腐败发酵产生大量气体的结果。尤其是反刍兽的前胃和单蹄兽的大肠更明显。此时，气体可以充满整个胃肠道，使尸体的腹部膨胀，肛门凸出且哆开，严重臌气时可发生腹壁或横膈破裂。死后臌气应与生前臌气相区别，生前臌气压迫横膈，可造成胸内压升高，引起呼吸及静脉回流障碍，出现淤血，尤其头、颈部明显，浆膜面还可见出血，而死后臌气则无上述变化。死后破裂口的边缘没有生前破裂口的出血性浸润和肿胀，在肠道破裂口处有少量肠内容物流出，但没有血凝块和出血，只见破裂口处的组织撕裂。

（2）肝脏、肾脏、脾脏等内脏器官的腐败。肝脏腐败往往发生较早，变化也较明显。此时，肝脏体积增大，质度变软，污灰色，肝包膜下可见到小气泡，切面呈海绵状，从切面可挤出混有泡沫的血水，这种变化，称为泡沫肝。肾脏、脾脏发生腐败时也可见到类似肝脏腐败的变化。

（3）尸绿。由于组织分解产生的硫化氢与红细胞分解产生的血红蛋白和铁相结合，形成硫化血红蛋白和硫化铁，致使腐败组织呈污绿色，称为尸绿。这种变化在肠道表现得最明显。临床上可见到动物的腹部出现绿色，尤其是禽类，常见到腹底部的皮肤为绿色。

（4）尸臭。尸体腐败过程中产生大量带恶臭的气体，如硫化氢、己硫醇、甲硫醇、氨等，致使腐败的尸体具有特殊的恶臭气味。

尸体腐败的快慢，受周围环境温度和湿度及疾病性质的影响。适当的温度、湿度或死于败血症和有大面积化脓性炎症的动物，尸体腐败较快且明显。在寒冷、干燥的环境下或死于非传染性疾病的动物，尸体腐败缓慢且微弱。

尸体腐败可使生前的病理变化遭到破坏，会给剖检工作带来困难。因此，病畜死后应尽早进行尸体剖检，以免死后变化与生前的病变发生混淆。

5. 血液凝固 动物死后不久，心脏和大血管内的血液凝固成血凝块。血液凝固较快时，血凝块呈一致的暗红色。血液凝固缓慢时，由于血液凝固前红细胞沉降，血凝块分成明显的两层，上层为主要含血浆成分的淡黄色鸡脂样凝血块，下层为主要含红细胞的暗红色血凝块。

血凝块表面光滑、湿润，有光泽，质柔软，富有弹性，并与血管内膜分离。应注意与血栓区别。血栓为动物生前形成，表面粗糙，质脆而无弹性，并与血管壁有粘连，不易剥离，硬性剥离可损伤内膜。在静脉内的较大血栓，可同时见到黏着于血管壁上呈白色的头部（白色血栓）、红白相间的体部（混合血栓）和全为红色的游离的尾部（红色血栓即血凝块）。

因败血症、窒息及一氧化碳中毒等死亡的动物，往往血液凝固不良。

任务二　尸体剖检准备及注意事项

（一）尸体剖检准备

尸体剖检前，必须做好相应的准备工作，以保证剖检能顺利进行，同时既要注意防止病原扩散，又要预防自身感染。

1. 场地选择　为方便消毒和防止病原扩散，一般应在病理剖检室进行。如条件不许可而在室外剖检时，应选择地势较高、环境干燥，远离水源、道路、房舍和畜舍的地点进行。剖检前挖一不低于 2 m 的深坑，剖检后将内脏、尸体连同被污染的土层投入坑内，再撒上石灰或喷洒 10％的石灰水、3％～5％来苏儿或臭药水，然后用土掩埋。

2. 器械和药品　根据动物死前症状、剖检目的准备解剖器械。一般应有解剖刀、剥皮刀、脏器刀、外科刀、脑刀、外科剪、肠剪、骨剪、骨钳、镊子、骨锯、双刃锯、斧头、骨凿、阔唇虎头钳、探针、量尺、量杯、注射器、针头、天平、磨刀棒或磨刀石等。如没有专用解剖器材，也可用其他合适的刀、剪代替。准备装检验样品的灭菌平皿、棉拭子和固定组织用的内盛 10％福尔马林或 95％酒精的广口瓶。常用消毒液有 3％～5％来苏儿、石炭酸、臭药水、0.2％高锰酸钾、70％酒精、3％～5％碘酒等。此外，还应准备凡士林、滑石粉、肥皂、棉花和纱布等。

3. 自我防护　剖检人员应穿工作服，外罩胶皮或塑料围裙，戴胶手套、线手套、工作帽，穿胶鞋。必要时还要戴上口罩和眼镜。如缺乏上述用品时，可在手上涂抹凡士林或其他油类，保护皮肤，以防感染。在剖检中不慎划破皮肤时应立即消毒和包扎。

在剖检过程中，应保持清洁，注意消毒。可用清水或消毒液洗去剖检人员手上和刀剪等器械上的血液、脓液和各种污物。

剖检后，双手先用肥皂洗涤，再用消毒液冲洗。为了消除粪便和尸腐臭味，可先用 0.2％高锰酸钾溶液浸洗，再用 2％～3％草酸溶液洗涤，褪去棕褐色后，再用清水冲洗。

（二）尸体剖检的注意事项

1. 剖检时间　病畜死后应尽早剖检。尸体放久后，容易腐败分解，这会影响对原有病变的观察和诊断。剖检最好在白天进行，因为在灯光下，一些病变的颜色（如黄疸、变性等）不易辨认。供分离病毒的脑组织要在动物死后 5 h 内采取。一般死后超过 24 h 的尸体，就失去了剖检意义。此外，细菌和病毒分离培养的病料要先无菌采取，最后再取病料做组织病理学检查。如尸体已腐烂，可锯一块带骨髓的股骨送检。

2. 尸体运送　小动物可用不漏水的容器加盖运送，搬运大动物尸体时，应在体表喷洒消毒液，并用浸透消毒液的棉花团塞住天然孔，防止病原在搬运过程中沿途扩散。

3. 了解病史　尸体剖检前，应先了解病畜所在地区疾病流行情况、病畜生前病史，包括临床化验、检查和诊断等。还应注意治疗、饲养管理和临死前的表现等情况。

4. 病变切取　未经检查的脏器切面，不可用水冲洗，以免改变其原来的颜色和性状。切脏器的刀、剪应锋利，切开脏器时，要由前向后，一刀切开，切忌挤压或拉锯式切开。切开未经固定的脑和脊髓时，应先使刀口浸湿，然后下刀，否则切面粗糙不平。

5. 尸检后处理

（1）衣物和器材。剖检中所用衣物和器材最好直接放入煮锅或高压锅内，经灭菌后，方可清洗和处理；解剖器械可直接放入消毒液内浸泡消毒后，再清洗处理。胶手套消毒后，用清水洗净，擦干，撒上滑石粉。金属器械消毒清洁后擦干，涂抹凡士林，以免生锈。

（2）尸体。为了不使尸体和解剖时的污染物成为传染源，剖检后的尸体最好焚化或深埋。野外剖检时，尸体要就地深埋，深埋之前在尸体上用具有强烈刺激异味的消毒药如甲醛等喷洒消毒，以免尸体被意外挖出。

（3）场地。彻底消毒剖检场地，以防污染周围环境。如遇特殊情况（如禽流感），检验工作在现场进行，当撤离检验工作点时，要做终末消毒，以保证安全。

任务三　不同动物尸体剖检术式

由于动物种类不同，体型大小不一，以及剖检条件、目的不一样，剖检术式并不是固定不变的。只要不影响判断准确和方便操作，可根据具体情况灵活掌握。但为了全面系统地检查尸体的病理变化，防止漏检误判，必须遵循基本的剖检规程。

首先，要对尸体进行认真的外部检查，做到胸中有数，为重点剖检提供线索。内容包括：①畜别、品种、性别、年龄、毛色等基本特征；②被毛的光泽度，皮肤的完整性及弹性，有无脱毛、创伤，有无皮下水肿和气肿；③肌肉发育情况及尸体营养状态；④可视黏膜色泽，天然孔的开闭状态，有无分泌物、排泄物及其性状、数量；⑤检查尸体变化。

对于尚未死亡的动物，通常采用放血致死，如有特殊需要，也可采用注射药物、静注空气致死。

内部检查从剥皮开始，边切开边检查。通常先打开腹腔，然后检查胸腔、口腔和颈部、骨盆腔。如有必要，再检查脑、脊髓、骨和关节等。在采出脏器前，应先观察脏器位置和概貌，经初步检查后采出做详细检查。

通常情况下，先取与发病和致死的原因最有关系的器官进行检查，与该病理过程发生发展有联系的器官可一并检查。或考虑到对环境的污染，应先检查口腔器官，再检查胸腔器官，之后再检查腹腔脏器中的脾脏和肝脏，最后检查胃肠道。总之，检查顺序服从于检查目的和现场的情况，不应墨守成规。既要细致搜索和观察重点的病变，又要照顾到全身一般性检查。脏器在检查前要注意保持其原有的湿润程度和色彩，尽量缩短其在外界环境中暴露的时间。

一、反刍动物的尸体剖检术式

（一）外部检查

包括检查畜别、品种、年龄、性别、毛色、营养状态、皮肤和可视黏膜以及部分尸征等。

（二）内部检查

包括剥皮、皮下检查、体腔的剖开及内脏器官的采出等。

1. 剥皮 将尸体仰卧，自下颌部起沿腹部正中线切开皮肤，至脐部后将切线分为两条，绕开生殖器或乳房，最后于尾根部会合。再沿四肢内侧的正中线切开皮肤，到球节做一环形切线，然后剥下全身皮肤（图 15 - 1）。传染病尸体，一般不剥皮。在剥皮过程中，应注意检查皮下的变化。

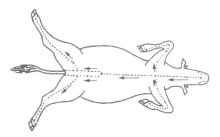

图 15 - 1　动物剖检剥皮顺序

2. 切离前、后肢 为了便于操作，反刍动物的尸体剖检，通常采取左侧卧位。先将右侧前、后肢切离。将前肢或后肢向背侧牵引，切断肢内侧肌肉、关节囊、血管、神经和结缔组织，再切离其外、前、后三方面肌肉即可取下。

3. 腹腔脏器采出

（1）切开腹腔。先将母畜乳房或公畜外生殖器从腹壁切除，然后从肷窝沿肋弓切开腹壁至剑状软骨，再从肷窝沿髂骨体切开腹壁至耻骨前缘（图 15 - 2）。注意不要刺破肠管，造成粪水污染。

切开腹腔后，检查有无肠变位、腹膜炎、腹水或腹腔积血等。

（2）腹腔器官采出。先将网膜切除，并依次采出小肠、大肠、胃和其他器官。

图 15 - 2　腹腔打开切线

切取网膜：检查网膜的一般情况，然后将两层网膜撕下。

采出小肠：提起盲肠的盲端，沿盲肠体向前，在三角形的回盲韧带处分离一段回肠，在距盲肠约 15 cm 处做双重结扎，从结扎间切断。再抓住回肠断端向身前牵引，使肠系膜呈紧状态，在接近小肠部切断肠系膜。由回肠向前分离至十二指肠空肠曲，再做双重结扎，于两结扎间切断，即可取出全部小肠。采出小肠的同时，要边切边检查肠系膜和淋巴结等有无变化。

采出大肠：先在骨盆口找出直肠，将直肠内粪便向前挤压并在直肠末端做一次结扎，在结扎后方切断直肠。抓住直肠断端，由后向前分离直肠系膜至前肠系膜根部。再把横结肠、肠盘与十二指肠回行部之间的联系切断。最后切断前肠系膜根部的血管、神经和结缔组织，可取出整个大肠。

采出胃、十二指肠和脾脏：先将胆管、胰管与十二指肠之间的联系切断，然后分离十二指肠系膜。将瘤胃向后牵引，露出食管，并在末端结扎切断。再用力向后下方牵引瘤胃，切离瘤胃与背部联系的组织，切断脾膈韧带，将胃、十二指肠及脾脏同时采出。

采出胰脏、肝脏、肾脏和肾上腺：胰脏可从左叶开始逐渐切下或将胰脏附于肝门部和肝脏一同取出，也可随腔动脉、肠系膜一并采出。

肝脏采出：先切断左叶周围的韧带及后腔静脉，然后切断右叶周围的韧带、门静脉和肝动脉（勿伤右肾），便可采出肝脏。

采出肾脏和肾上腺时，首先应检查输尿管的状态，然后先取左肾，即沿腰肌剥离其周围的脂肪囊，并切断肾门处的血管和输尿管，采出左肾。右肾用同样方法采出。肾上腺可与肾脏同时采出，也可单独采出。

4. 胸腔脏器采出

（1）锯开胸腔。锯开胸腔之前，应先检查肋骨的高低及肋骨与肋软骨结合部的状态。然后将膈的左半部从季肋部切下，用锯把左侧肋骨的上下两端锯断，只留第一肋骨，即可将左胸腔全部暴露，应注意检查左侧胸腔液的量和性状，胸膜的色泽，有无充血、出血或粘连等。

（2）心脏的采出。先在心包左侧中央做十字形切口，将手洗净，把食指和中指插入心包腔，提取心尖，检查心包液的量和性状。然后沿心脏的左侧纵沟左右各1 cm处，切开左、右心室，检查血量及其性状；最后将左手拇指和食指分别伸入左、右心室的切口内，轻轻提取心脏，切断心基部的血管，取出心脏。

（3）肺脏的采出。先切断纵隔的背侧部，检查胸腔液的量和性状；然后切断纵隔的后部；最后切断胸腔前部的纵隔、气管、食管和前腔动脉，并在气管轮上做一小切口，将食指和中指伸入切口牵引气管，将肺脏取出。

（4）腔动脉的采出。从前腔动脉至后腔动脉的最后分支部，沿胸椎、腰椎的下面切断肋间动脉，即可将腔动脉和肠系膜一并采出。

5. 骨盆腔脏器采出　先锯断髂骨体，然后锯断耻骨和坐骨的髋臼支，除去锯断的骨体，盆腔即暴露。切离直肠与盆腔上壁的结缔组织，母畜还应切离子宫和卵巢，再由盆腔下壁切离膀胱颈、阴道及生殖腺等，最后切断附着于直肠的肌肉，将肛门、阴门做圆形切离，即可取出骨盆腔脏器。

6. 口腔及颈部器官采出　先切断咬肌，在下颌骨的第一白齿前，锯断左侧下颌支，再切断下颌支内面的肌肉和后缘的腮腺、下颌关节的韧带及冠状突周围的肌肉，将左侧下颌支取下。左手握住舌体，切断舌骨支及其周围组织，将喉、气管和食管的周围组织切离，直至胸腔入口处，即可采出口腔及颈部器官。

7. 颅腔的打开与脑采出

（1）切断头部。沿环枕关节切断颈部，使头与颈分离，然后除去下颌骨体及右侧下颌支，切除颅顶部附着的肌肉。

（2）取脑。先沿两眼的后缘用锯横行锯断，再沿两角外缘与第一锯相接锯开，并于两角的中间纵锯一正中线，然后两手握住左右两角，用力向外分开，使颅顶骨分成左右两半，脑即可取出。

8. 鼻腔锯开　沿鼻中线两侧各1cm纵行锯开鼻骨、额骨，暴露鼻腔、鼻中隔、鼻甲骨及鼻窦。

9. 脊髓采出　剔去椎弓两侧的肌肉，凿（锯）断椎体，暴露椎管，切断脊神经，即可取出脊髓。

上述各体腔的打开和内脏的采出，是系统剖检的程序。实际工作中，可根据生前的病性，进行重点剖检，适当地改变或取舍某些剖检程序。

二、猪的尸体剖检术式

（一）外部检查

除一般检查外，要详细了解病死猪的生前情况，以便缩小对所患疾病的考虑范围，剖检时有重点地进行检查。

（二）内部检查

一般不剥皮，采用背位姿势。先切断四肢内侧的所有肌肉和髋关节的圆韧带，使四肢平摊，借以抵住躯体，保持仰卧。然后从颈、胸、腹的正中侧切开皮肤，只腹侧剥皮。如能确定不是传染病死亡，皮肤有加工利用价值时，可仍按常规方法剥皮，然后再切断四肢内侧肌肉，使尸体保持背位。

1. 皮下检查　皮下检查在剥皮过程中进行。查看皮下有无充血、炎症、出血、淤血、水肿（多呈胶冻样），体表淋巴结的大小、颜色，有无出血、充血，有无水肿、坏死、化脓等。断奶前仔猪还要检查肋骨和肋软骨交界处，有无串珠样肿大。

2. 腹腔剖开和腹腔脏器采出　从剑状软骨后方沿白线由前向后切开腹壁至耻骨前缘，观察腹腔中有无渗出物及数量、性状，腹膜及腹腔器官浆膜是否光滑，肠壁有无粘连，再沿肋骨弓将腹壁两侧切开，则腹腔器官全部暴露。

（1）采出脾脏和网膜：在左季肋部提起脾脏，并在接近脾脏根部切断网膜和其他联系后取出脾脏，然后将网膜从其附着部分离采出。

（2）采出空肠和回肠：将结肠盘向右侧牵引，盲肠拉向左侧，显露回盲韧带与回肠。在离盲肠约15cm处，将回肠做二重结扎并切断。然后握住回肠断端，用刀切离回肠、空肠上附着的肠系膜，直至十二指肠空肠曲，在空肠起始部做二重结扎并切断，取出空肠和回肠。一边分离一边检查肠系膜、肠浆膜、肠系膜淋巴结有无肿胀、出血、坏死等。

（3）采出大肠：在骨盆腔口分离直肠，将其中粪便挤向前方做一次结扎，在结扎后方切断直肠。从直肠断端向前方分离肠系膜，至前肠系膜根部。分离结肠与十二指肠、胰腺之间的联系，切断前肠系膜根部血管、神经和结缔组织，以及结肠与背部之间的联系，即可取出大肠。

（4）依次采出胃和十二指肠，肾脏和肾上腺，胰腺和肝脏。

3. 胸腔剖开及胸腔脏器采出　用刀先分离胸壁两侧表面的脂肪和肌肉，检查胸腔的压力，切断两侧肋骨与肋软骨的接合部，再切断其他软组织，除去胸壁腹面，胸腔即可露出。检查胸腔、心包腔有无积液及其性状，胸膜是否光滑，有无粘连。

实操：猪的
尸体剖检
过程

分离咽、喉头、气管、食道周围的肌肉和结缔组织，将喉头、气管、食道、心和肺一同采出。

4. 颅腔剖开　可在脏器检查完后进行。清除头部的皮肤和肌肉，在两眼眶之间横劈额骨，然后再将两侧颞骨（与颧骨平行）及枕骨髁劈开，即可掀掉颅顶骨，暴露颅腔。检查脑膜有无充血、出血。必要时，取材送检。

剖检小猪时，可自下颌沿颈部、腹部正中线至肛门切开，暴露胸腹腔，切开耻骨联合露出骨盆腔。然后将口腔、颈部，胸腔、腹腔和骨盆腔的器官一起取出。

三、禽的尸体剖检术式

实操：鸡的尸体剖检过程

1. 外部检查　了解死禽的种别、性别、年龄，生前症状，发病和治疗经过，死亡数及饲养管理状况。观察全身羽毛是否光洁，有无污染、蓬乱、脱毛，泄殖腔周围的羽毛有无粪便污染，皮肤、关节及脚趾有无肿胀或其他异常。检查冠、肉垂和面部的颜色、厚度、有无痘疹等。压挤鼻孔和鼻窝下窦，观察有无液体流出，口腔有无黏液。检查两眼虹彩的颜色。最后触摸腹部有无变软或积有液体。

2. 致死　如为活鸡，用脱颈法或颈部放血致死。

3. 内部检查　剖检前用水或消毒液将尸体表面及羽毛浸湿，以防剖检时绒毛和尘埃飞扬。将尸体仰卧于搪瓷盘内或垫纸上，用力掰开两腿，使髋关节脱位，拔掉颈、胸、腹正中部的羽毛（不拔也可），在胸骨嵴部纵行切开皮肤，然后向前、后延伸至嘴角和肛门，向两侧剥离颈，胸、腹部皮肤。观察皮下有无充血、出血、水肿、坏死等病变，注意胸部肌肉的丰满程度、颜色，有无出血、坏死，龙骨是否变形、弯曲。在颈椎两侧寻找并观察胸腺的大小及颜色，有出血、坏死点。检查嗉囊内容物的数量及性状。腹围大小，腹壁的颜色等。

在后腹部，将腹壁横行切开。顺切口的两侧分别向前剪断胸肋骨（注意别剪破肝脏和肺脏）、喙骨及锁骨，最后把整个胸壁翻向头部，显露整个胸腔和腹腔。

如进行细菌分离，应采用无菌技术打开胸、腹腔，采取病料进行分离接种。

体腔打开后，注意观察各脏器的位置、颜色、浆膜的状况，体腔内有无液体，各脏器之间有无粘连。然后分别取出各个内脏器官。可先将心脏连同心包一起剪离，再取出肝脏。在食管末端将其切断，向后牵拉腺胃，边牵拉边剪断胃肠与背部的联系，然后在泄殖腔前切断直肠（或连同泄殖腔一同取出），即可将胃肠道、胰脏、脾脏一同取出。在分离肠系膜时，要注意肠系膜是否光滑，有无肿瘤。在胃肠采出时，注意检查在泄殖腔背侧的腔上囊（原位检查即可，也可采出）。

气囊在禽类分布很广，胸腔、腹腔皆有，在体腔打开、内脏器官采取过程中，随时注意检查，主要看气囊的厚薄，有无渗出物、霉斑等。

肺脏和肾隐藏于肋间隙内及腰荐骨的凹陷处，可用外科刀柄或手术剪剥离取出。取出肾脏时，要注意输尿管的检查。

卵巢、输卵管、睾丸可在原位检查，注意其大小、形状、颜色（注意和同日龄鸡比较），卵黄发育状况和病变。输卵管位于左侧，右侧已退化，只见一水泡样结构。

口腔、颈部器官检查时，剪开一侧口角，观察后鼻孔、腭裂及喉口有无分泌物堵塞、口腔黏膜有无伪膜。再剪开喉头、气管、食道及嗉囊，观察管腔及黏膜的性状，有无渗出物及其性状、黏膜的颜色，有无出血、伪膜等，注意嗉囊内容物的数量、性状及内膜的变化。

脑的采出，可先用刀剥离头部皮肤，再剪除颅顶骨，即可露出大脑和小脑，剪断脑下部神经，将脑取出。

外周神经检查，在大腿内侧，剥离内收肌，即可暴露坐骨神经；在脊椎的两侧，仔细地将肾脏剔除，露出腰荐神经丛。对比观察两侧神经的粗细、横纹及色彩、光滑度。

4. 鹅、鸭剖检 方法与鸡相同，所不同的是，鹅、鸭有两对淋巴结，一对颈胸淋巴结位于颈的基部，紧贴颈静脉，呈纺锤形；另一对为腰淋巴结，位于腹部主动脉两侧，呈长圆形。剖检时要注意检查。

任务四 器官组织检查的方法

1. 淋巴结 要特别注意颌下淋巴结、颈浅淋巴结、髂下淋巴结、肠系膜淋巴结、肺门淋巴结等的检查。注意其大小、颜色、硬度，与其周围组织的关系及横切面的变化。

2. 肺脏 首先注意其大小、色泽、质量、质度、弹性、有无病灶及表面附着物等。然后用剪刀将支气管剪开，注意检查支气管黏膜的色泽、表面附着物的数量、黏稠度。最后将整个肺脏纵横切数刀，观察切面有无病变，切面流出物的数量、色泽变化等（图 15 - 3）。

3. 心脏 先检查心脏纵沟、冠状沟的脂肪量和性状，有无出血；然后检查心脏的外形、大小、色泽及心外膜的性状；最后切开心脏检查心腔。沿纵沟两侧切开右心室及肺动脉、左心室及主动脉。检查心腔内血液的性状，心内膜、心瓣膜是否光滑，有无变形、增厚，心肌的色泽、质度，心壁的厚薄等（图 15 - 4）。

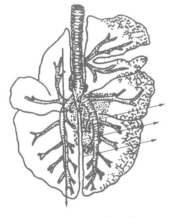

图 15 - 3 肺脏检查方法
→表示横纵切面

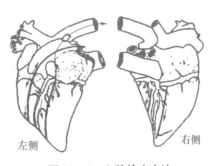

左侧　　　　右侧

图 15 - 4 心脏检查方法

4. 脾脏 脾脏摘出后，注意其形态、大小、质度，然后纵行切开，检查脾小梁、脾髓的颜色，红髓、白髓的比例，脾髓是否容易刮脱。

5. 肝脏 检查肝门部的动脉、静脉、胆管和淋巴结。然后检查肝脏的形态、大小、色泽、包膜性状，有无出血、结节、坏死等。最后切开肝组织，观察切面的色泽、质度和含血量等情况。注意切面是否隆突，肝小叶结构是否清晰，有无脓肿、寄生虫性结节和坏死等。

6. 肾脏 先检查肾脏的形态、大小、色泽和质度，然后由肾的外侧面向肾门部将肾脏纵切为相等的两半（禽除外），检查包膜是否容易剥离，肾脏表面是否光滑，皮质和髓质的颜色、质度、比例、结构，肾盂黏膜及肾盂内有无结石等（图15-5）。

7. 胃的检查 检查胃的大小、质度、浆膜的色泽、有无粘连、胃壁有无破裂和穿孔等，然后沿胃大弯剖开胃，检查胃内容物的性状、黏膜的变化等。

反刍动物胃的检查，特别要注意网胃有无创伤，是否与膈相粘连。如果没有粘连，可将瘤胃、网胃、瓣胃、皱胃之间的联系分离，使四个胃展开。然后沿皱胃小弯与瓣胃、网胃的大弯剪开；瘤胃则沿背缘和腹缘剪开，检查胃内容物及黏膜的情况（图15-6）。

图15-5 肾脏检查方法

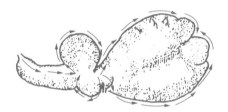

图15-6 复胃检查方法

8. 肠管的检查 从十二指肠、空肠、回肠、大肠、直肠分段进行检查。在检查时，先检查肠管浆膜面的情况。然后沿肠系膜附着处剪开肠腔，检查肠内容物及黏膜情况。

9. 骨盆腔器官的检查 公畜生殖系统的检查，从腹侧剪开膀胱、尿管、阴茎，检查输尿管开口及膀胱、尿道黏膜，尿道中有无结石，包皮、龟头有无异常分泌物；切开睾丸及副性腺检查有无异常。

母畜生殖系统的检查，沿腹侧剪开膀胱，沿背侧剪开子宫及阴道，检查黏膜、内腔有无异常；检查卵巢形状，卵泡、黄体的发育情况，输卵管是否扩张等。

任务五 尸体剖检记录

剖检记录是综合分析疾病的原始资料，也是尸体剖检报告的重要依据，必须遵守系统、客观、准确的原则，对病变的形态、大小、质量、位置、色彩、硬度、性质、切面的结构变化等都要客观地描述和说明，应尽可能用数据表示，避免使用诊断术语或名词来代替。有的病变用文字难以表达时，可绘图补充说明，有的可以拍照或将整个器官保存下来。

剖检记录最好与剖检同时进行，专人记录，与剖检顺序一致（表15-1）。

表15-1　动物尸体剖检记录

剖 检 号								
畜主		畜种		性别		年龄		特征	
临床摘要及临床诊断								
死亡日期				年　月　日				
剖检地点					剖检时间		年　月　日　时	
剖检所见								
病理解剖学诊断								
结论								
剖检者						（签字）　年　月　日		

任务六　病料采集与送检

在尸体剖检时，为了进一步做出确切诊断，往往需要采取病料送实验室进一步检查。送检时，应严格按病料的采取、保存和寄送方法进行。

1. 病理组织学检验材料　采样时要选取病变典型的部位，并保持主要组织结构的完整性，如肾脏应包括皮质、髓质和肾盂，胃肠应包括从黏膜到浆膜的完整组织等。采取的病料应包括病变组织和周围正常组织。切取组织块时，刀要锋利，应注意不要使组织受到挤压和损伤，切面要平整。要求组织块厚度5 mm，面积1.5～3 cm^2，易变形的组织应平放在纸片上，一同放入固定液中。

采取的病料应立即用10％福尔马林或95％酒精溶液固定，固定液量为组织块体积的5～10倍。容器底应垫脱脂棉，以防组织固定不良或变形，固定时间为12～24 h。已固定的组织，可用固定液浸湿的脱脂棉或纱布包裹，置于玻璃瓶封固或用不透水塑料袋包装于木匣内送检。送检的病理组织材料要有编号、组织块名称、数量、送检说明书和送检单，供检验单位诊断时参考。

2. 微生物学检验材料　采集的病料要新鲜，最好在病畜死后即行采取，不要超过6 h。以无菌操作法将采取的组织病料置于灭菌容器内，避免外界污染。

病料采集的部位，根据生前表现和诊断目的而定。如急性败血性疾病，可采取心血、脾脏、肝脏、肾脏、淋巴结等组织。生前有神经症状的，可采取脑、脊髓或脑脊液。局部性疾病，可采取病变部位的组织如坏死组织、脓肿病灶、局部淋巴结及渗出液等材料。如果不能确定是什么病时，则尽可能地全面采集病料。

脏器疑被污染时，可先用烧红的金属片在器官表面烧烙，然后除去烧烙过的组织，从深部采病料；采集体腔液时可用注射器吸取；脓汁可用消毒棉签收集，放入消毒试管内；胃肠内容物可收集放入消毒广口瓶内或剪一段肠管两端扎好，直接送检；血液涂片固定后，两张涂片涂面向内，用火柴杆隔开扎好，用厚纸包好送检；小动物可整个尸体包在不漏水的塑料袋中送检；对疑似病毒性疾病的病料，应放入50％甘油生理盐水溶液中，置于灭菌的玻璃容器内密封、送检。

送检微生物学检验材料要有编号、检验说明书和送检报告单。同时，应在冷藏条件下派专人送检。

3. 中毒病检验材料 应采取肝脏、胃等脏器的组织、血液和较多的胃肠内容物和食后剩余的饲草、饲料，分别装入清洁的容器内，并且注意切勿与任何化学药剂接触混合，密封后在冷藏条件下（装于放有冰块的保温瓶）送出。

任务七 病理诊断分析

（一）影响病理变化的因素

任何病变都是机体损伤和抗损伤相互作用的结果，病变的发生和形成与多种因素有关。

1. 致病因素的特性 不同的病因，其致病方式、作用部位以及引起的损伤不同。即使同一病因，由于其强度、毒力差异，对病变的形成也有明显影响。特别是生物性致病因素，由于其致病力、侵袭力差异，往往引起不同组织器官不同性质的病变。有些还表现出其典型的病理变化，如鸡新城疫，典型病理变化表现为呼吸道黏膜潮红、附有黏液，消化道腺胃黏膜出血、小肠黏膜枣核样出血坏死等。

2. 机体内部因素 由于饲养管理条件不同，机体的营养、免疫状况、年龄、品种差异，以及药物使用等，可引起疾病的非典型过程，影响临床示病症状和典型病变的出现。

3. 病程 疾病是一个不断发展变化的过程，组织器官的形态学变化随着疾病的不同阶段而表现不一。由于病变形成需要时间，所以急性病例往往不出现明显或典型的病变。

4. 混合感染和继发感染 混合感染和继发感染增加了疾病的复杂性，影响典型病变的形成和出现，剖检时应注意识别，总结时要辨证地分析。

（二）病变的认识和分析

任何一种病变形成，都是在正常的代谢功能和形态的基础上发展而来的。一般情况下往往都是先出现代谢和机能变化，然后是形态学变化。正确认识和科学分析器官组织病变，是病理学诊断的前提。病理形态千变万化，要善于从大量现象中去粗取精、去伪存真、由表及里，用辨证的、发展的观点去分析病变，才能认识病变的本质和发生发展的全过程。

1. 病变的识别 要想准确识别病变，首先要对正常器官组织的形态、结构有清楚的认识，通过对比观察，从而发现并识别病变的部位、性质。

（1）正确认识病变性质。任何一个病变发生于不同组织器官，尽管表现都不可能完全一样，但其病变的基本特征是一致的。如脂肪变性，由于发生的组织器官不同，疾病的轻重程度不同，但其体积、色泽、质度、弹性、切面以及细胞的形态学变化均有其基本特征，掌握各个病变的基本特征，对识别病变的性质十分重要。

（2）注意鉴别生前病变和死后变化。动物生前由疾病过程引起的病变，如淤血、出血、肿胀、炎性渗出等，往往有几种变化同时出现，死后变化则多呈单一性。例如胃肠生前破裂，破裂口边缘有炎症、肿胀、纤维素渗出等变化，而死后破裂，破口边缘没有其他反应。

生前病变是病因与机体相互作用的结果，有一定的特征性或特异性，具有病症诊断意义。如鸡腺胃乳头出血、坏死，可诊断为急性鸡新城疫。死后变化与疾病无关，不但没有诊断价值，其尸体自溶与腐败还会影响病变的识别，干扰诊断的正确性。

（3）注意濒死期病变。急性死亡的濒死期病变不应作为疾病的诊断依据，但可作为追溯死亡时间的参考。例如，濒死期往往出现左心内膜出血、肺尖部淤血出血等。这在法兽医学上具有一定的价值。

2. 病变的分析　病变的产生是一个复杂的过程，反映了致病因素和机体相互作用、消长的关系。组织器官的形态学改变是直观的，可以通过肉眼观察或镜检加以识别。但隐藏于其后的发生原因、形成过程及机制等，则需要通过科学细致的分析才能明确。

（1）分清病变的主次。任何一种疾病，都可能在多个组织器官出现多种病理变化，有的是损伤引起的，有些是抗损伤过程造成的新损伤。应分清病理过程的主次，找出疾病的主要形态学变化。特别是一些传染病，应找出最主要的病理变化，由此去分析和判断，最后做出科学的诊断。

（2）分析病变的先后。病变出现的先后，要根据病变的特征、新旧程度来分析。如淋巴结出血，急性的、新鲜的出血色泽较鲜艳；慢性的、陈旧的出血则较暗淡。有的要根据形成过程判断其先后。如猪瘟纽扣状肿的形成，结核结节、肿瘤的原发灶和转移灶等。

（3）分清局部和全身的关系。局部疾病可以在全身反映，全身性疾病可以在局部表现。一个脏器的病变可以引起另一器官发生病变。如尿路感染可引起肾炎；胃肠炎可引起肝变性；器官的炎症往往引起该器官所属淋巴结的变化。因此，分析病理变化要注意局部变化和全身其他部位病变的联系。

3. 全面观察，综合分析　正确的解剖诊断，必须建立在详细剖检、全面观察的基础上。同一疾病的典型病变不一定在一个动物身上全部表现出来，一个病例往往代表该疾病的某一侧面，有条件时应多剖检几个病例，才能够全面、客观、真实地反映出该疾病的病理特征，即所谓病变群。然后对收集大量的感性材料进行分析，还要结合临床流行病学诊断、临床症状诊断、微生物学与免疫学诊断、临床诊治等情况，综合分析病因，探索死因，做出较准确的诊断。

（三）病理诊断错误的原因

病理诊断在临床诊疗实践中具有十分重要的地位。但和其他科学一样，不是万能的，更不是绝对正确的。由于主、客观因素的制约，也必然有其局限性。造成病理误诊的原因很多，绝大多数的误诊原因在于观察和分析方法错误。当然，也不能排除由于工作草率，把标本遗失、号码颠倒、内容物污染以及报告抄写错误等不应当发生的错误所造成的误诊。了解病理诊断的局限性和制约因素，尽量减少可以避免的因素，才能减少病理的误诊和漏诊。

1. 认识方法偏误　正确的病理诊断乃是正确地抓住了基本病变，以病变的形态特征为基础，揭示疾病的本质。在多数情况下，既要依靠形态学变化特征为客观指标，又要结合临床资料、病理理论、技术和个人的经验等进行鉴别、分析、综合，才能做出比较合乎实际的诊断。认识上主观臆断，先入为主，过分信赖经验，是引起误诊的重要原因。

2. 病检材料不当 取材部位与诊断结果密切相关，尸检取材不足或不当，不按规范取材，缺乏病变组织学特点，组织严重挤压或牵拉，使组织细胞严重变形，取出的组织标本未及时固定或固定不透等，都会影响病理诊断。

3. 疾病的复杂性 各种疾病都有一个逐渐发展的过程，有些疾病的早期病变未得到充分表现，病理变化不典型，而有些疾病的后期因器官组织适应与修复、结构重建，掩盖了原发病变；同一疾病，可以表现出不同的病理形态，同一种病理变化可见于多种疾病，如肺巨细胞肉芽肿可见于结核、恶性肿瘤、霉菌感染等多种疾病，仅凭活检标本中见到巨细胞肉芽肿很难明确诊断出是哪种疾病。

4. 疾病病理知识不足 在现阶段，病理的科学水平尚在发展中，对于许多疾病的发生不明了或未肯定，对于许多肿瘤划不清良恶界限。这些都是病理工作者所面临的课题，需要在实践中不断探索。

技 能 训 练

一、病理大体标本制作技术

【目的要求】了解病理大体标本制作的注意事项，掌握病理大体标本的制作过程。

【实训材料】病死的畜禽、手术刀、手术剪、镊子、标本缸、玻璃板、纱布、棉花、福尔马林、硝酸钾、酒精、蒸馏水、甘油、松香等。

【方法步骤】

1. 取材和清理

（1）选作病理标本的器官，越新鲜越好，病变要具有代表性，既有病变部分，也有正常部分作为对照。

（2）标本厚度以 2～5 cm 为宜，较大的器官切取部分组织固定。在切取过程中，尽量避免暴力牵拉和挤压，防止组织受到损坏。

（3）标本取出后，应根据实际需要加以修整，除去多余的组织或根据标本的情况切开、剪裁，切面应平整。

（4）新鲜标本忌水洗，遇有液体过多时，可用干布拭去，必须冲洗时，可用生理盐水略洗。

2. 标本的固定 除特殊要求外，均用 10% 福尔马林溶液为固定液。固定时间一般为 1 周左右。固定时应注意以下几点：

（1）固定液的量应为所采标本体积的 5～10 倍。

（2）标本在固定的容器中应平展，以免在固定过程中变形。较大标本在固定过程中要更换固定液 1～2 次。

（3）固定的标本应避光放置，室温不可过高或过低，以 18 ℃为宜。

（4）每个标本在固定时，应以细线系一小木牌，记下编号。标本入缸后，可将木牌悬于缸外，以便检查。

3. 装瓶和保管　保存液为5%～10%的福尔马林溶液。采用大小不等的立方形玻璃（或有机玻璃）标本瓶（缸）盛放标本，用封瓶剂封口，贴上标签，写明病变名称、固定液种类和标本采取与制作日期。在装瓶和保管时应注意以下几点：

（1）标本装瓶前，应将玻璃瓶（缸）洗刷干净，洗后用5%石炭酸溶液浸泡，晾干备用。

（2）固定好的标本取出后应先用流水充分冲洗，根据需要可做适当修整。

（3）标本瓶（缸）内可根据观察需要放置自制的玻璃支架或玻璃板，用以绑缚标本。

（4）封瓶剂的制备：氧化锌300 g，桐油100 g，松香5 g，将桐油加热煮熔松香，煮后冷却置入密瓶封闭保存。用时取氧化锌放在石板上，注入桐油，随加随搅，越加越稠时制成面条状使用。将制成的胶条趁热粘瓶口周围，用瓶盖用力压下，使之牢固密贴瓶口，置暗处2～3 d。

【实训报告】按要求自行制备一个病理大体标本。

二、组织切片技术

【目的要求】了解病理组织切片的制作方法，掌握石蜡切片制作的基本技术。

【实训材料】病死的畜禽、手术刀、手术剪、镊子、切片机、恒温箱、烤片机、福尔马林、酒精、蒸馏水、二甲苯、冰醋酸、丙酮、石蜡、苏木精、伊红等。

【方法步骤】

1. 取材　病理组织越新鲜越好，切取组织块的刀剪要锋利，不可挤压、扯拉病料，以免造成人为的损伤。取材时必须选择正常与病灶交界处的组织，由表及里、由浅入深地切取，大小以1.5 cm×1.5 cm×0.3 cm为宜。特殊病料应根据器官的结构特点切取。管状、囊状和皮肤组织应注意横切和纵切的区分。切取好的组织，放入事先准备好的装有固定液的广口瓶中并做好标记。

2. 固定　常用的固定液为10%的福尔马林溶液。所用固定液应为组织块体积的10倍左右。一般把组织块浸入固定液后过夜，于第2天更换固定液1次，以便取得更好的固定效果。

3. 冲洗　固定后的组织块，应将固定液洗去。常用流水冲洗12～24 h。及时冲洗有停止固定的作用，防止固定过度，有利于制片染色。

4. 脱水　常用的脱水剂为酒精。用从低浓度至高浓度的酒精逐渐脱尽组织中的水分。程序为70%、80%、90%、95%、100%的酒精（两次）各脱水2～4 h。脱水的时间要适度，时间短，脱水不尽；若时间过长，则会促使组织收缩变硬。如中途因故不能进行下去，则可将组织退回80%酒精中保存。

5. 透明　常用的透明剂为二甲苯。组织在二甲苯中停留的时间不宜过长，应根据不同组织而定，一般透明时间在30 min左右即可。在透明过程中，应不断观察组织内的酒精和二甲苯的交换情况，切勿透明过度。

6. 浸蜡　浸蜡的目的是以石蜡置换出组织块中的二甲苯，使较软的组织块变成有一定硬度的组织蜡块，以便切成薄片。浸蜡时，先将组织块放入二甲苯加石蜡各半的混合液中，于52～58 ℃温箱中放置1 h，然后将组织移入保持在52～56 ℃

温箱中的石蜡 2～3 h，一般更换石蜡 3 次总共 3 h 左右即可。浸蜡时间过长会造成组织脆硬，切片时易破碎；浸蜡时间短，则浸蜡不透，难以制成好的切片。

7. 包埋　取出已烘热的包埋框，随即将温箱中熔蜡缸中的熔蜡倒入包埋框中，再用加热的镊子取出组织块，将切面向下，平置于框底，用镊子轻轻压平，待包埋框内石蜡表面凝结成薄层，即可投入冷水中，使之迅速凝固。石蜡完全凝固后，用加热的外科刀片，按组织块位置将蜡块修整成大小相当、平整的方块备用。

8. 切片　在切片之前应先修块，将修好的蜡块固定在石蜡切片机上，将切片刀装在刀架上，刀刃与蜡块表面呈 5°夹角，调整蜡块与刀至合适位置，使蜡块与刀刃接触。转动切片机转轮，修出标本，直至切出完整的切片，切片的厚度为 4～6 μm。切出蜡条之后，用毛笔轻轻托起，用眼科镊夹起，放入展片机中，展片的温度为 40 ℃左右。待切片完全展平后，即可进行分片和捞片。捞片后应立即写上编号，在空气中略微干燥后即可烤片。

9. 染色　组织切片先经二甲苯 I 脱蜡 10～20 min，二甲苯 II 脱蜡 5 min，然后分别放入 100％（两次）、95％、85％、70％酒精 2～5 min，水洗 2 min。水洗后将切片依次放入苏木精染液 1～5 min、自来水洗 3～5 min、1％盐酸酒精分化 20 s、自来水洗 1 min、1％稀氨水返蓝 30 s、自来水洗 5～10 min、伊红染色 20 s～5 min、自来水洗 30 s、85％酒精脱水 20 s、90％酒精 30 s、95％ I 酒精 1 min、95％酒精 II 1 min，无水乙醇 I 2 min、无水乙醇 II 2 min，二甲苯 I 2 min、二甲苯 II 2 min、二甲苯 III 2 min。

10. 封片　将已透明的切片从二甲苯中取出，适当擦去二甲苯，在切片部位，滴一滴中性树胶，随即用盖玻片盖上，轻压，排出气泡。贴上标签，送恒温箱中烤干。

一个质量较好的常规石蜡切片应符合以下标准：切片完整，厚度 4～6 μm，厚薄均匀，无褶皱，无刀痕；染色核浆分明，红蓝适度，透明洁净，封裱美观。

【实训报告】按要求自行制备一片石蜡病理组织切片。

实 践 应 用

1. 尸体的变化有哪些？
2. 尸体剖检前应做哪些准备工作？
3. 反刍动物尸体剖检时应向哪侧倒卧？怎样取出反刍动物的腹腔器官？
4. 简述鸡的尸体剖检方法。
5. 尸体剖检中应注意哪些事项？
6. 病理材料采集的方法和要求、注意事项有哪些？

历年执业兽医师考试真题

答案：A　（2015）66. 进行牛的尸体剖检时通常采用（　　）。

A. 左侧卧位　　　　　　B. 背卧位
C. 右侧卧位　　　　　　D. 腹卧位
E. 吊挂式

(2018) 59. 10%的福尔马林组织固定液中的甲醛含量是（　　）。　　　　**答案：D**

A. 36%　　　　B. 10%　　　　C. 7%　　　　D. 4%　　　　E. 1%

(2018) 60. 猪的尸体剖检，摘出空肠和回肠时应先（　　）。　　　　**答案：D**

A. 在贲门部做双重结扎

B. 在十二指肠起始部做双重结扎

C. 在空肠的末端做双重结扎

D. 在空肠起始部和回肠末端分别做双重结扎

E. 在盲肠起始部做双重结扎

参 考 文 献

车有权，2021. 动物病理 [M]. 北京：中国农业大学出版社.

陈宏智，2021. 动物病理 [M].3 版. 北京：化学工业出版社.

高丰，贺文琦，赵魁，等，2013. 动物病理解剖学 [M].2 版. 北京：科学出版社.

黄爱芳，祝艳华，2016. 动物病理 [M]. 北京：中国农业大学出版社.

马学恩，王凤龙，2016. 家畜病理学 [M].5 版. 北京：中国农业出版社.

钱峰，2020. 动物病理 [M]. 北京：化学工业出版社.

谭勋，2012. 动物病理学（双语）[M]. 杭州：浙江大学出版社.

王子轼，刘俊栋，2012. 动物病理 [M]. 南京：江苏教育出版社.

许建国，王传锋，2021. 动物病理 [M]. 北京：中国轻工业出版社.

杨彩然，2020. 动物病理学 [M]. 北京：科学出版社.

杨文，2013. 动物病理 [M]. 重庆：重庆大学出版社.

杨玉荣，焦喜兰，2012. 动物病理解剖学实验教程 [M]. 北京：中国农业大学出版社.

于金玲，李金岭，2018. 动物病理 [M]. 北京：中国轻工业出版社.

于洋，2017. 动物病理 [M].3 版. 北京：中国农业大学出版社.

张勤文，俞红贤，2018. 动物病理剖检技术及鉴别诊断 [M]. 北京：科学出版社.

郑世明，2021. 动物病理学 [M].3 版. 北京：高等教育出版社.

读者意见反馈

亲爱的读者：

感谢您选用中国农业出版社出版的职业教育教材。为了提升我们的服务质量，为职业教育提供更加优质的教材，敬请您在百忙之中抽出时间对我们的教材提出宝贵意见。我们将根据您的反馈信息改进工作，以优质的服务和高质量的教材回报您的支持和爱护。

地　　址：北京市朝阳区麦子店街 18 号楼 （100125）

　　　　　中国农业出版社职业教育出版分社

联系方式：QQ（1492997993）

教材名称：_____　ISBN：_____

个人资料

姓名：_____所在院校及所学专业：_____

通信地址：_____

联系电话：_____电子信箱：_____

您使用本教材是作为：□指定教材□选用教材□辅导教材□自学教材

您对本教材的总体满意度：

　从内容质量角度看□很满意□满意□一般□不满意

　　改进意见：_____

　从印装质量角度看□很满意□满意□一般□不满意

　　改进意见：_____

　本教材最令您满意的是：

　□指导明确□内容充实□讲解详尽□实例丰富□技术先进实用□其他_____

　您认为本教材在哪些方面需要改进？（可另附页）

　□封面设计□版式设计□印装质量□内容□其他_____

您认为本教材在内容上哪些地方应进行修改？（可另附页）

_____

_____

本教材存在的错误：（可另附页）

第_____页，第_____行：　　　　　应改为：_____

第_____页，第_____行：　　　　　应改为：_____

第_____页，第_____行：　　　　　应改为：_____

您提供的勘误信息可通过 QQ 发给我们，我们会安排编辑尽快核实改正，所提问题一经采纳，会有精美小礼品赠送。非常感谢您对我社工作的大力支持！

欢迎访问"全国农业教育教材网"http://www.qgnyjc.com（此表可在网上下载）

欢迎登录"中国农业教育在线"http://www.ccapedu.com 查看更多网络学习资源

欢迎登录"智农书苑"read.ccapedu.com 阅读更多纸数融合教材

图书在版编目（CIP）数据

动物病理 / 於敏，周铁忠主编 . —5 版 . —北京：
中国农业出版社，2022.7（2022.9 重印）
ISBN 978 - 7 - 109 - 29720 - 3

Ⅰ. ①动⋯　Ⅱ. ①於⋯　②周⋯　Ⅲ. ①兽医学—病理
学—高等职业教育—教材　Ⅳ. ①S852.3

中国版本图书馆 CIP 数据核字（2022）第 129805 号

中国农业出版社出版

地址：北京市朝阳区麦子店街 18 号楼
邮编：100125
责任编辑：徐　芳
责任校对：吴丽婷
印刷：三河市国英印务有限公司
版次：2001 年 7 月第 1 版　　2022 年 7 月第 5 版
印次：2022 年 9 月第 5 版河北第 2 次印刷
发行：新华书店北京发行所
开本：787mm×1092mm　1/16
印张：16.25
字数：360 千字
定价：42.50 元